普通高等教育实验实践教学“十四五”规划教材

模拟与数字电子技术实验教程

主　编　梁秀梅

副主编　胡　建　谢加强　陈翠琴

王　朋　姜玉泉

中国铁道出版社有限公司

CHINA RAILWAY PUBLISHING HOUSE CO., LTD.

内容简介

本书根据高等工科院校电子技术基础实验课程的基本要求编写而成。全书共分六章，内容包括绪论、常用电子仪器介绍、模拟电子技术实验、数字电子技术实验、Xilinx 和 Altera 使用方法举例、Multisim 在模拟与数字电子技术仿真实验中的应用和附录。本书着重介绍了模拟与数字电子技术实验的基本任务、基本手段和基本规程，常用电子仪器的使用方法，常用电子元器件的规格与型号的命名方法，电子电路主要技术指标的测试方法，实验电路的设计、组装与调试以及实验数据的记录与误差分析方法，最后讲述了 Quartus Ⅱ、Vivado 和 Multisim 的使用方法。

本书适合作为普通高等院校电类、非电类专业的实验教材，也可作为有关工程技术人员的参考书。

图书在版编目(CIP)数据

模拟与数字电子技术实验教程/梁秀梅主编．—北京：中国铁道出版社有限公司，2022.4（2024.1重印）
普通高等教育实验实践教学“十四五”规划教材
ISBN 978-7-113-28899-0

Ⅰ.①模…　Ⅱ.①梁…　Ⅲ.①模拟电路-电子技术-实验-高等学校-教材 ②数字电路-电子技术-实验-高等学校-教材
Ⅳ.①TN7-33

中国版本图书馆 CIP 数据核字(2022)第 031687 号

书　　名：模拟与数字电子技术实验教程
作　　者：梁秀梅

责任编辑：贾　星　彭立辉　　　　**编辑部电话**：(010)63549501
封面设计：高博越
责任校对：苗　丹
责任印制：樊启鹏

出版发行：中国铁道出版社有限公司(100054，北京市西城区右安门西街 8 号)
网　　址：http://www.tdpress.com/51eds/
印　　刷：三河市兴达印务有限公司
版　　次：2022 年 4 月第 1 版　2024 年 1 月第 2 次印刷
开　　本：787 mm×1 092 mm　1/16　**印张**：15　**字数**：373 千
书　　号：ISBN 978-7-113-28899-0
定　　价：41.00 元

前　言

本书是根据高等学校电子技术实验课程改革的要求编写的模拟与数字电子技术实验教程，可指导高等院校电类、非电类专业的学生进行实践环节学习，也可作为单独开设实验课程的实验教材。

本书结合模拟与数字电子技术课程的特点，在选材和安排上，打破了以往实验教材的编写模式，实验内容丰富、由浅入深、由易到难，有最基础的验证性实验内容，也有自己设计参数或电路的设计性实验内容。根据教学要求和时间安排，本书给予教师和学生较大的选择范围，可以自由地进行内容上的选取和组合，每个实验标题下的内容，可以分几次完成、分段完成或部分完成。所有实验既可以通过 Multisim 软件进行虚拟仿真，也可以应用分立元件和集成电路设计实现，数字电子技术实验还可以通过 QuartusⅡ、Vivado 等 EDA 软件设计实现。这些内容使学生在掌握传统电子技术的同时，扩展了视野，也使学生的现代电子设计水平和创新能力得到了进一步的提升。

全书共分六章，第一章为绪论，主要介绍了电子技术实验必备的基本知识和技能。第二章主要介绍了示波器、万用表、交流毫伏表、低频信号发生器、直流稳压电源等常用电子仪器及数字逻辑实验箱的使用方法和技巧，有很强的针对性。第三章、第四章主要介绍了模拟与数字电子技术实验内容及实验方法，实验内容既有验证性实验，也有综合性和设计性实验，具有一定的难度梯度，学生可根据自身情况，选择难度适合的内容，达到因材施教的目的。每个实验既可以采用传统方法做实物实验，也可以通过腾讯课堂、QQ 软件及 Multisim 软件实现线上实验教学，这也是本书最大的亮点。第五章为 Xilinx 和 Altera 应用，介绍了利用 Altera 和 Xilinx 完成实验的主要流程。第六章为 Multisim 的应用，介绍了利用 Multisim 软件完成电子技术实验的主要流程。附录部分主要介绍了一些常用电子元器件的功能、参数及数字集成电路的型号与引脚图等。

软件中涉及的图形符号与国家标准图形符号不一致，二者对照关系参见附录 F。

本书由梁秀梅任主编，胡建、谢加强、陈翠琴、王朋、姜玉泉任副主编。具体分工如下：第一章，第三章的实验六、实验九及第四章的实验六、实验七、实验八、实验十二由梁秀梅编写；第三章的实验四、实验五，第四章的实验十、实验十一及附录 B 由胡建编写；第三章的实验七、实验十，第四章的实验二、实验九及第六章由陈翠琴编写；第三章的实验十一，第四章的实验一、实验三、实验四、实验五，附录A、附录C、附录D、附录E由王朋编写；第四章的实验六、实验八、实验十二及第五章由姜玉泉编写；第二章，第三章的实验一、实验三、实验八由谢加强编写。全书由梁秀梅统稿，邢毓华负责审核全书所有章节。在此，对所有为本书的编写和出版提出意见和建议，并给予大力支持和热情帮助的老师表示最衷心的感谢！

由于时间仓促，编者水平有限，书中难免存在疏漏与不妥之处，敬请读者批评指正，并提出宝贵意见。

编　者

2021年10月

目　　录

第一章　绪　　论

第一节　电子技术基础实验的性质与任务

电子技术是一门应用性、实践性很强的学科，实验在这一学科的研究及发展过程起着至关重要的作用。工程及科研人员通过实验的方法和手段分析器件、电路的工作原理，完成其性能指标的检测、验证和研究其功能及使用范围，设计并组装各种实用电子电路和整机。“电子技术”是电气、电子信息类专业的重要技术基础课，而电子技术实验是这一课程体系中不可或缺的重要教学环节。通过实验手段，使学生获得电子技术方面的基础知识和基本技能，并能够运用所学理论来分析和解决实际问题，提高团队合作等方面的实际工作能力，得到意志品质方面的磨炼，这对正在进行本课程学习的学生来说是极其重要的。在特别重视科学研究、创新发展的今天，很多高等院校已经认识到电子技术实验课程的特殊地位，所以开放式电子技术实验室应运而生，而电子技术基础实验也已经成为一门单独的必修课程。

电子技术实验分为三个层次：第一个层次是验证性实验。它主要是以电子元器件的特性、参数和基本单元电路为主，根据实验目的、实验电路、仪器设备和较详细的实验步骤来验证电子技术的有关原理和知识，从而巩固和加深理解所学的知识。第二个层次是提高性实验。它主要是根据给定的实验电路，由学生进行部分参数的设计、计算，选择测试仪器，拟定实验步骤，完成规定的电路性能指标测试任务。第三个层次是综合性和设计性实验。学生根据给定的实验题目、内容和要求，自行设计实验电路，选择合适的元器件并组装实验电路，拟定调整和测试方案，最后使电路达到设计要求。在这一阶段，实验教师只是起答疑解惑的作用。综合设计性实验可以培养学生综合运用所学知识和解决实际问题的能力，可以培养学生在实践中学习的本领。电子技术实验的任务是使学生在基础实验知识、基础实验理论和基本实验技能三个方面受到较为系统的训练，逐步使他们爱实验、敢实验，进而会实验，成为善于把理论知识与实践相结合，善于把理论知识服务于实际，并进而成为在实践中创新和发展理论知识的高级专业技术人才。电子技术基础实验的内容极其丰富，涉及的知识面极广，并且还在不断地充实和更新。在整个实验过程中，学生需要着重掌握的有：示波器、信号源、交流毫伏表、直流稳压电源、万用表等常用电子仪器的使用方法；常用元器件的规格与型号，手册的查阅；信号的频率、相位、周期，电压和电流的平均值、有效值、幅值以及电子电路主要技术指标的测试；实验电路的设计、组装与调试技术，实验数据的记录、分析、处理能力；EDA 软件的使用等。

第二节 电子技术实验的基本程序

电子技术实验的涉及面很广，每个实验的目的、内容、步骤都不相同，但基本过程却是类似的。为了达到实验的预期效果，要求实验者做到以下几方面。

一、实验前的预习

实验前要对实验内容进行充分的预习，实验要有备而行，目标明确。为了避免盲目性，使实验过程有条不紊地进行，每个实验者在实验前都要做好以下几方面的实验准备：

（1）阅读实验教材，明确实验目的、任务，充分了解实验内容。

（2）学习、弄懂有关理论知识，认真完成实验所要求的电路设计、参数计算等任务。

（3）根据实验内容拟好实验步骤，选择测试方案，选定测试仪器，学会并掌握所用仪器的使用方法。

（4）设计用于记录实验数据的表格和坐标图待用。

二、实验前的操作、安全准备

为了保证实验过程的安全和实验效果，在连线完毕即将通电测试之前，应做好以下准备工作：

（1）检查220 V交流电源和实验所需的仪器仪表等是否齐全且符合要求，检查各种仪器面板上的旋钮，使之处于所需的待用位置。例如，直流稳压电源应置于所需的电压挡级，并将其输出电压调整到所需要的数值；切勿在调整电压之前与实验电路板接通或者在测试之前打开实验电路箱的电源；示波器的旋钮应放在合适的位置上等。

（2）接线之前，应先对实验所用元器件的好坏进行检查，将使用的元器件进行合理布局，安插在实验电路板（或面包板）上，整理好导线，再按照设计好的实验电路图连接导线，完成实验电路的实物连接。

（3）在接通电源之前，应对实验电路板上的元器件和连接线进行仔细的寻迹检查，检查各引线有无错接、漏接，特别是电源与电解电容的极性是否接反，电源线、地线要区分开，实验电路板的地线和仪器地线要共地，并注意防止碰线短路等问题。经过认真仔细的检查，确认安装、接线无差错后，方可将实验电路板与电源及测试仪器等接通，开始实验。

三、实验

实验中必须严格遵守实验操作规程，集中精力，积极开动脑筋思考，仔细观察实验现象，认真做好实验记录。对于大的实验，最好分块进行或分步进行。出现问题或遇到挫折要冷静面对，运用理论知识去思考、分析，找出问题症结，切不可一急之下，把连线全部拔掉。因为重新来很可能还会遇到同样的问题。在实验中，出现问题是最正常不过的事情，有很多种出错的可能，不需要惊慌害怕。遇到问题时开动脑筋自己独立解决，是最能锻炼能力的，这样的实验也是收获最大的。当然实验中可以请教老师，和同学商量，但绝不是期待老师或同学代替你解决问题。

四、撰写实验报告

实验报告是实验结果的总结和反映，也是实验课的继续和提高。通过撰写实验报告，使知识条理化，从而培养学生综合分析问题的能力。一个实验的价值在很大程度上取决于报告质量的高低，因为报告中体现出的实验结果，是他人认识和了解你的实验内容的凭据，因此对撰写实验报告必须予以充分的重视。撰写一份高质量的实验报告必须做到以下几点：

1. 以实事求是的科学态度认真做好每次实验

（1）在实验过程中，对读测的各种实验原始数据应按实际情况记录下来，不应擅自修改，更不能杜撰和抄袭。

（2）对测量结果和所记录的实验现象，要会正确分析与判断，不能对测量结果的正确与否一无所知，以致出现因数据错误而导致实验完全失败，不得不重做。如果发现数据有问题，要认真查找线路并分析原因。数据经初步整理后，请指导教师审阅，然后方可拆线。

2. 实验报告必须独自撰写，实验小组成员不得共同撰写一份实验报告

实验报告要求包括以下几方面内容：

（1）实验目的。

（2）实验电路、测试方法和测试设备。

（3）实验的原始数据、波形和现象以及对它们的处理结果。

（4）结果分析及问题讨论。

（5）收获和体会。

（6）记录所使用元器件和仪器的规格及编号（以备以后复核）。

在编写实验报告时，经常要对实验数据进行科学的处理，才能找出其中的规律，并得出有用的结论。常用的数据处理方法是列表和作图。实验所得的数据可分类记录在表格中，这样便于对数据进行分析和比较。实验结果也可用坐标图绘成曲线直观地表示出来。在作图时，应合理选择坐标刻度和起点位置（坐标起点不一定要从零开始），并要采用方格纸绘图。当标尺范围很宽时，应采用对数坐标纸。另外，在波形图上通常还应标明幅值、周期等特征参数。

第三节 电子技术实验的操作规程

与其他许多实践环节一样，电子技术实验也有它的基本操作规程。工程及科研人员经常要对电子设备进行安装、调试和测量，因此，要求学生一开始就应注意培养正确、良好的操作习惯，并逐步积累实验经验，不断提高实验水平。

一、实验仪器的合理布局

实验时，各仪器、仪表和实验对象（如实验电路板或实验装置）之间应按信号流向，并根据连线简捷、调节顺手、观察与读数方便的原则进行合理布局。输入信号源置于实验板的左侧，测试用的示波器与电压表置于实验板的右侧，实验用的直流电源放在中间位置。

二、电子实验箱上的元件接插、安装与布线

目前，在实验室中常用的各类电子技术实验箱上通常有一块或数块多孔插座板（俗称面包板），利用这些多孔插座板可以直接接插、安装和连接实验电路而无须焊接，而且可以重复使用。然而，面包板接线很容易出现接触不良的连线问题，因此正确和整齐的布线在这里显得极为重要，不仅方便检查和测量，更重要的是可以确保线路稳定可靠地工作，因而正确和整齐的布线是顺利进行实验的基础。实践经验证明，草率和杂乱无章的接线往往会使线路出现难以排除的故障，以致最后不得不重新接插或安装全部实验电路，浪费很多时间。为此，在多孔插座板上接插安装时应注意做到以下几点：

（1）要搞清楚多孔插座板和实验台（箱）的结构，然后根据实验台（箱）的结构特点来安排元器件的位置和电路的布线。一般应以集成电路或晶体管为中心，并根据集成电路豁口一律朝左，输入、输出分离的原则，以适当的间距来安排其他元件。最好先画出实物布置图和布线图，以免发生差错。

（2）接插元器件和导线时要非常细心。接插前，必须先用钳子或镊子把待插元器件和导线的插脚拉平直。接插时，应小心地用力插入，以保证插脚与插座间接触良好。实验结束时，应逐一轻轻拔下元器件和导线，切不可用力太猛。注意：接插用的元器件插脚和连接导线均不能太粗或太细，一般线径以0.5 mm左右为宜，导线的剥线头长度为8~10 mm。

（3）布线的顺序一般是先布电源线与地线，然后按布线图从输入到输出依次连接好各元器件和接线。在可能的条件下应尽量做到接线短、接点少，但同时又要考虑到测量的方便。

（4）在接通电源之前，要仔细检查所有的连接线。特别应注意检查各电源的连线和公共地线是否接得正确。查线时建议以集成电路或晶体管的引脚为出发点，逐一检查与之相连接的元器件和连线，在确认正确无误后方可接通电源。

三、正确的接线规则

（1）仪器和实验板间的接线要用颜色加以区别，以便于检查，如电源线（正极）常用红色，公共地线（负极）常用黑色。接线头要拧紧或夹牢，以防接触不良或因脱落而引起短路。

（2）电路的公共接地端和各种仪表的接地端应连接在一起，既作为电路的参考零点

(即零电位点)，同时又可避免引起干扰，如图 1－1－1 所示。在某些特殊场合，还需要将一些仪器的外壳与大地接通，这样可避免外壳带电从而确保人身和设备安全，同时又能起到良好的屏蔽作用。例如，在焊接和测试 MOS 器件时，电烙铁和测试仪器均要良好接地，以防其漏电而造成 MOS 器件击穿。

(3) 信号的传输应采用具有金属外套的屏蔽线，而不能用普通导线，并且屏蔽线外壳要选择一点接地，否则有可能引进干扰而使测量结果和波形异常。

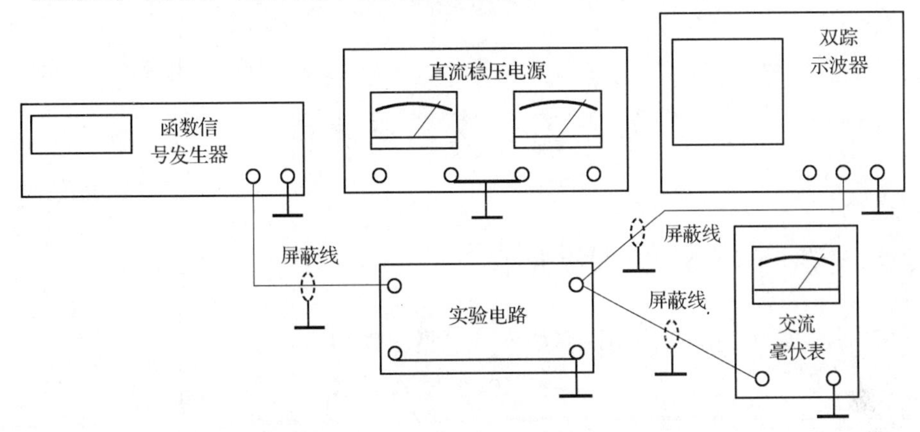

图 1－1－1　仪器与实验电路板的连接

四、注意人身和仪器设备的安全

1. 注意安全操作规程，确保人身安全

(1) 为了确保人身安全，在调换仪器时必须切断实验台的电源。同理，为防止元器件损坏，更换元器件、改接线路时要求先切断实验电路板上的电源。

(2) 仪器设备的外壳应接大地，防止机壳带电，以保证人身安全。在调试时，最好养成单手操作的习惯，并注意人体与大地之间有良好的绝缘。

2. 爱护仪器设备，确保实验仪器和设备的安全

(1) 在仪器使用过程中，不必经常开关电源，因为多次开关电源往往会引起冲击。结果使仪器的使用寿命缩短。例如，在实验结束前，不必因暂时不用而关闭示波器。

(2) 切忌无目的地随意扳弄仪器面板上的开关和旋钮。旋钮弄松后，会影响准确性，缩短仪器使用寿命。实验结束后，通常只要关断仪器电源和实验台的电源，而不必将仪器的电源线拔掉。

(3) 为了保证仪器设备的安全，在实验室配电柜、实验台、电子实验箱及各仪器中通常都单独装有熔断器。规格有 0.5 A、1 A、2 A、3 A、5 A 等，应注意按规定的容量调换熔断器，切勿以大代小。

(4) 要注意仪表的安全工作范围，如电压或电流切勿超过最大允许值。当被测量的大小无法估计时，应从仪表的最大量程开始测试，然后逐渐减小量程。

第二章　常用电子仪器介绍

第一节　模拟示波器

一、示波器（GOS-620）面板介绍

GOS-620 各主要控制旋钮作用说明如下（参见图 2－1－1）：

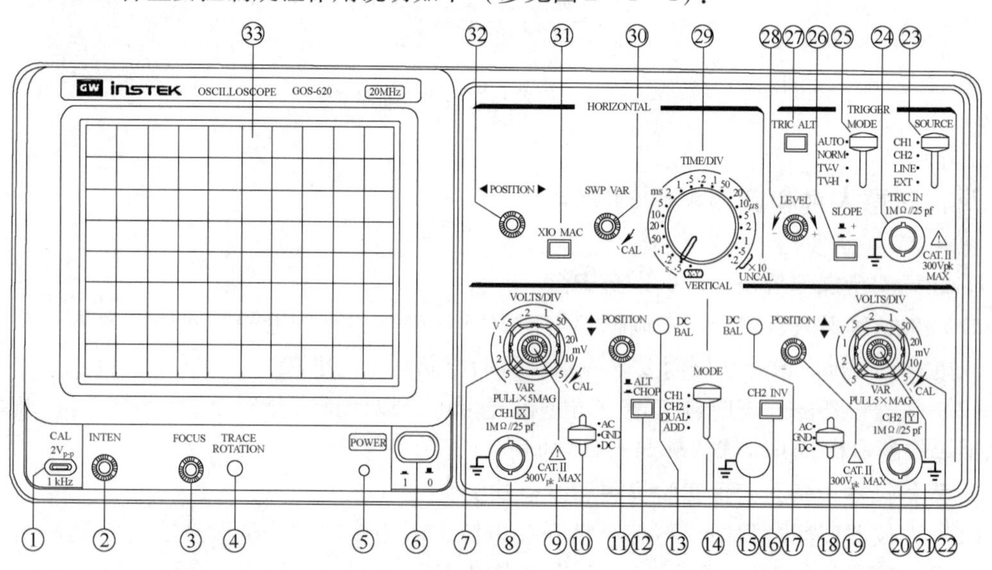

图 2－1－1　GOS-620 示波器前面板

①CAL 2 $V_{P\text{-}P}$：校准电压输出，从该端子输出的信号是标准的，其幅度为 2 $V_{P\text{-}P}$，频率为 1 kHz 的方波，用于校准示波器 y 轴系统和 x 轴系统放大器的灵敏度。

②INTEN：辉度旋钮，用于控制时基线的亮度。

③FOCUS：聚焦。

④TRACE ROTATION：水平校准旋钮，用于调整时基线的水平度。

⑤POWER：电源（指示灯）。

⑥电源开关：按下为 ON，释放为 OFF。

⑦、㉒VOLTS/DIV：y 轴灵敏度波段开关，量程为 5 mV～10 V/DIV，分 10 挡。

⑧、⑮、⑳y 轴输入插座：被测信号经探头由此输入，最大输入幅度为 400 $V_{P\text{-}P}$。

⑨、㉑y 轴灵敏度微调：用于微调显示波形的幅度，调整范围为（1～2.5）倍，顺时针

旋至最大位置，为标准 CAL。

⑩、⑱输入选择开关 AC-GND-DC：置 AC 时输入信号由电容耦合至 y 轴放大系统；置 DC 时输入信号直接耦合到 y 轴的放大系统；置 GND 时，y 轴放大器输入端接地，外信号送不进去。

⑪、⑲y 轴位移。

⑫单次扫描指示（按下时）：ALT 触发（抬起时），CH1、CH2 各自触发、扫描，此时，不能比较两路信号的相位。释放时，扫描方式正常。

⑬、⑰DC BAL（CH1、CH2）：调整垂直电流平衡点。

⑭VERT MODE：CH1 及 CH2 选择垂直操作模式。

CH1：设置示波器以 CH1 单一频道方式工作。

CH2：设置示波器以 CH2 单一频道方式工作。

DUAL：设置示波器以 CH1 及 CH2 双频道方式工作，此时可切换 ALT/CHOP 模式。

ADD：设置示波器以 CH1 及 CH2 双频道方式工作，此时显示结果为 CH1 及 CH2 输入信号的叠加。

⑯CH2 INV：按下时，CH2 通道信号波形反相显示。

㉓SOURCE：触发源开关，分内（CH1、CH2）、外和电源四挡，该开关到 EXT（外）时，触发信号从㉔输入。

㉔外触发输入插座。

㉕TRIGGER MODE（扫描方式）：

- AUTO（连续扫描方式）：在测试频率很低（<50 Hz 以下）或者直流信号时，用 AUTO 方式；在未知信号的频率和幅度时也常用 AUTO 方式来寻找显示波形。
- NORM（触发扫描方式）：采用 NORM 方式能够使被测波形稳定，且能比较两路波形的相位。

㉖SLOPE：触发极性开关，“+”代表触发信号的上升沿触发扫描；“-”代表触发信号的下降沿触发扫描。

㉗TRIG. ALT：触发源交替设定键，当⑭VERT MODE 选择在 DUAL 或 ADD 位置，且㉓SOURCE 置于 CH1 或 CH2 位置时，按下此键，仪器会自动设置 CH1 与 CH2 的输入信号交替作为内部触发信号源。

㉘LEVEL：触发电平，用于调整维持时间和触发灵敏度。

㉙TIME/DIV：扫描速度波段开关，范围从 0.5 s 至 0.2 μs 分 20 挡，另有 x-y 显示挡。

㉚SWP VAR：扫描微调，扫描时间，范围（1~2.5）倍，顺时针旋至最大位置，为校准 CAL。

㉛×10 MAG：水平放大键，按下此键可将水平方向扫描放大 10 倍。

㉜◀ POSITION▶：轨迹及光点的水平位置调整钮。

㉝显示屏。

二、示波器（GOS-620）使用方法

（一）基本操作

在接通电源之前，应检查一下所用电源电压是否符合后面板上表格的规定，以及面板旋

钮开关位置是否符合表 2－1－1 规定。

表 2－1－1　面板旋钮开关位置

旋　钮	号　码	位　　置	旋　钮	号　码	位　　置
电源开关	⑥	OFF 位置	SOURCE	㉓	内，CH1
INTEN	②	顺时针旋置适当位置	SLOPE	㉖	+
FOCUS	③	适当	LEVEL	㉘	逆时针至适当位置
MODE	⑭	CH1	TRIGGER MODE	㉕	AUTO
y 轴位移	⑪、⑲	适中	TIME/DIV	㉙	0.5 ms/DIV
VOLTS/ DIV	⑦、㉒	500 mV/DIV	SWP VAR	㉚	校准位置
y 输入幅度微调	⑨、㉑	CAL（顺时针到头）	x 轴位移	㉜	适中
AC－GND－DC	⑩、⑱	GND			

（1）打开电源，适当调整辉度和 y 轴位移旋钮，找出时基线，再适当调整聚焦旋钮，使时基线清晰、稳定，然后将时基线移到屏幕中心位置。

（2）将机内 2 V_{P-P}，1 kHz 的校准信号送至 CH1，CH1 输入选择至 AC。此时屏幕上波形幅度为 4 格，周期为 2 格。

（3）双踪显示校准信号：将校准信号同时送给 CH1 和 CH2，显示方式置 DUAL，适当调整两 y 轴 POSITION 和 V/DIV。使两路波形同时显示在屏幕的合适位置。在显示方式为 DUAL 或者 ADD 方式时，要采用触发扫描方式，触发源开关 SOURCE 置 CH1 或者 CH2（哪一路频率低，触发源开关就置哪一路），此时可以比较两路信号的相位，或者可以定量测试两路信号的相位差。当按下 ALT 按钮时，两路信号各自由自己作为触发信号，此时就不能反映两路信号正确的相位关系。

（4）ADD 操作：在显示方式置 ADD 时，屏幕上显示的波形是 CH1 和 CH2 叠加之和信号。

（5）$x－y$ 操作：$x－y$ 方式操作时，CH1 为 x 轴，CH2 为 y 轴。在 CH1 和 CH2 分别送入交流信号时，将 TIME/DIV 开关置 $x－y$ 位置。此时屏幕上就能显示出李沙育图形。

（二）双踪示波器使用练习

1. 时基线的调节

（1）先将面板上各控制钮置于表 2－1－2 所列位置，然后接通电源。

表 2－1－2　面板上各控制钮位置

控制部件名称	作用位置	控制部件名称	作用位置
INTEN	适中	TRIGGER MODE	AUTO（连续扫描）
MODE	DUAL（双踪）	y 轴位移	适中
DC—接地—AC	接地	x 轴位移	适中
SOURCE	内 CH1 或 CH2	TIME/DIV	1 ms

如果荧光屏上出现两条时基线，可适当调整辉度（INTEL），使其亮度适当。如果看不到时基线，可先将辉度旋钮顺时针拧至最大，然后适当调节 y 轴位移和 x 轴位移，找出时基

线，并调至屏幕的适当位置，再微调辉度、聚焦（FOCOS），使时基线清晰。

（2）按下 NORM 即置触发扫描（这时屏幕上可能只有两个亮点），调节 LEVEL 即电平旋钮，使屏幕上出现时基线。

（3）再按下 AUTO，观察是否无须调节“电平”旋钮，就能在屏幕上出现时基线。

（4）将扫描速度波段开关（TIME/DIV）拨至 50 ms，观察时基线上光点的运动，再拨至 0.5 μs，此时是否还能看到光点的移动过程。

2. 单踪显示脉冲波形

先将触发方式关置 NORM 触发源开关置 CH1；触发耦合方式开关置 AC；y 轴耦合开关 DC—GND—AC 置 DC；扫描速度波段开关 TIME/DIV 置 1 ms 挡。扫描微调置“校准”位置；灵敏度开关 V/DIV 置 0.2（V）挡，“微调”置校准位置。其他控制部件位置同表 2-1-1。然后，将示波器内产生的 $2V_{p\text{-}p}$、1 kHz 方波经同轴电缆线接入 CH1，调节触发“电平”旋钮，使波形稳定。

（1）观察荧光屏上矩形波的幅度为几格？在水平方向有几个周期？若再把 TIME/DIV 置 0.5 ms、0.2 ms 挡，观察波形周期各应增大几倍？

（2）观察触发极性置“+”时，是否从信号的上升沿开始扫描，显示波形，而置于“-”时，是否从信号的下降沿开始扫描，显示波形？

3. 测量直流电压

将触发方式置于 AUTO，y 轴输入耦合选择开关 DC—GND—AC 置于“接地”（GND），观察时基线的位置并移至屏幕中心，此时基线的位置作为零电位的参考基准线。然后将 y 轴输入耦合选择开关由 GND 转至 DC 位置，示波器的灵敏度选择开关 V/DIV 位于 2 V 挡，其“微调”位于“校准”位置。把实验箱“+5 V”电源经探头接入 CH1。观察时基线由中心位置（基准位置）向上移动几格？

4. 脉冲波形的测量

（1）测量脉冲波形的幅度及低电平和高电平。触发方式置 AUTO，触发耦合方式置 AC。先使 CH1 置 GND 处，调 CH1 移位将时基线对准并且固定在荧光屏某一横线上，然后将 CH1 输入开关置 DC 处，将示波器 CH1 探头接到实验箱连续脉冲输出端（高频段），选择适当的 V/DIV 挡级（“微调”置“校准”位置），测量该脉冲波的幅度是几伏，高低电平的值各是多少。

（2）测量脉冲波的周期，频率和宽度。将 SWP VAR 顺时针旋到头（至 CAL 位置），TIME/DIV 选择适当的挡级。要求在荧光屏上显示两个周期的稳定清晰的波形，测量上述连续脉冲波形一个完整的周期时间，然后按周期的倒数求出频率值。

测量脉冲宽度时，为便于观察，可使荧光屏中显示出一个 y 轴幅度为 2~4 格的脉冲波形，再调节 TIME/DIV 开关使它在 x 轴方向约占 4~6 格，此时测量出脉冲前沿及后沿中心的距离 D，代入公式：

$$T = \text{TIME/DIV} \times D \text{（格）} \tag{2-1-1}$$

即可求出脉冲宽度。

（3）多个波形之间相位及周期关系测量。用双踪示波器测量多个波形之间相位及周期关系时，假设被测波形为 Q_1、Q_2、Q_3、Q_4，其中 Q_4 频率最低，Q_3 次之，Q_1 频率最高。用示波器 CH1 通道接 Q_4，CH2 通道接 Q_3，显示方式置 DUAL，触发源开关 SOURCE 置 CH1，触发方式置 AUTO，适当调节 LEVEL、V/DIV 和 TIME/DIV 旋钮，使屏幕上能够清晰稳定地显示两路幅值相当的脉冲波形，再按下 NORM，调节 TIME/DIV 及其微调，使 Q_4 一个周期占 8 格，观察 Q_3 与 Q_4 之间的相位及其周期关系，然后保持 CH1 接 Q_4 不变，用 CH2 分别去测 Q_2、Q_1，观察 Q_2 与 Q_4、Q_1 与 Q_4 之间的相位及周期关系。最后将各波形记录下来，就得到了被测各波形之间的相位及周期关系。

第二节　数字示波器

一、示波器（DS 5202CA）面板介绍

示波器面板如图 2-2-1 所示，面板上包括旋钮和功能按键。旋钮的功能与其他示波器类似，显示屏右侧的一列 5 个灰色按键为菜单操作键（自上而下定义为 1~5 号）。通过它们，可以设置当前菜单的不同选项。其他按键（包括彩色按键）为功能键，通过它们，可以进入不同的功能菜单或直接获得特定的功能应用。

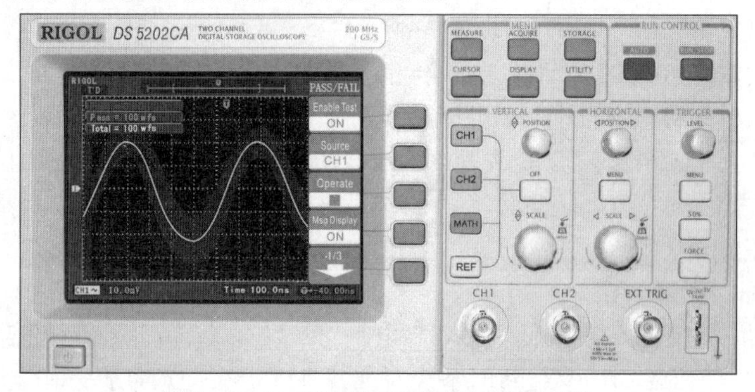

图 2-2-1　DS 5202CA 数字示波器面板

二、使用指南

（一）如何设置垂直系统

1. CH1、CH2 通道的设置

按 CH1 或 CH2 功能按键，系统显示 CH1 或 CH2 通道的操作菜单，说明见表 2-2-1 和表 2-2-2。

表 2-2-1　通道的操作菜单说明（1）

功能菜单	设　置	说　明
耦合方式	直流	通过输入信号的交流和直流成分
带宽限制	关闭	限制带宽至 20 MHz，以减少显示噪音

续表

功能菜单	设　置	说　明
探头	1X	
数字滤波	若设置“打开”数字滤波，参见表2-2-2进行选项	
挡位调节	粗调	粗调按1-2-5顺序设置垂直灵敏度
反相	关闭	波形正常显示
输入	1 MΩ、50 Ω	设置通道输入阻抗为1 MΩ；设置通道输入阻抗为50 Ω

表2-2-2　通道的操作菜单说明（2）

功能菜单	设　置	说　明
数字滤波	打开	打开数字滤波器
滤波类型	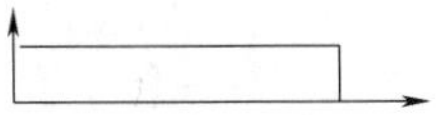	设置滤波器为低通滤波
	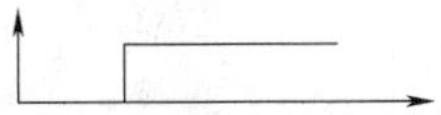	设置滤波器为高通滤波
	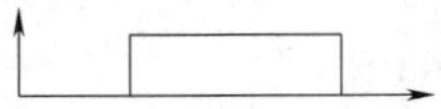	设置滤波器为带通滤波
	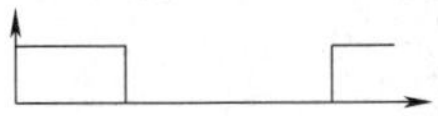	设置滤波器为带阻滤波
频率上限	<上限频率	调节水平 POSITION 设置频率上限
频率下限	>下限频率	调节水平 POSITION 设置频率下限

2. 垂直系统的垂直 POSITION 和垂直 SCALE 旋钮的应用

（1）垂直 POSITION 旋钮调整所有通道（包括数学运算和 REF）波形的垂直位置。这个控制钮的解析度根据垂直挡位而变化（使用中注意先选定调节对象，再进行位移）。

（2）垂直 SCALE 旋钮调整所有通道（包括数学运算和 REF）波形的垂直分辨率。粗调是以1-2-5方式步进确定垂直挡位灵敏度。顺时针增大，逆时针减小垂直灵敏度。细调是在当前挡位进一步调节波形显示幅度。同样顺时针增大，逆时针减小显示幅度。粗调、细调可通过按垂直 SCALE 旋钮切换。

操作技巧：切换粗调/细调不但可以通过此菜单操作，还可以通过按下垂直 SCALE 旋钮作为设置输入通道的粗调/细调状态的快捷键。

（二）如何设置水平系统

1. 水平控制旋钮

（1）水平 POSITION：调整通道波形（包括数学运算）的水平位置。这个控制钮的解析度根据时基而变化。

（2）水平 SCALE：调整主时基或延迟扫描（Delayed）时基，即秒/格（s/DIV）。当延迟扫描被打开时，将通过改变水平 SCALE 旋钮改变延迟扫描时基而改变窗口宽度。详情请参看延迟扫描（Delayed）的介绍。

2. 水平控制按键及设置

按下水平 MENU 菜单按钮：显示水平菜单，如表 2-2-3 所示。

表 2-2-3 水平菜单说明

功能菜单	设 置	说 明
延迟扫描	关闭	关闭延迟扫描
时基	$y-t$	$y-t$ 方式显示垂直电压与水平时间的相对关系

$x-y$ 方式（按下水平 MENU 菜单按钮→2 号灰键（时基）→$x-y$ 方式）此方式只适用于通道 1 和通道 2。选择 $x-y$ 显示方式以后，水平轴上显示通道 1 电压，垂直轴上显示通道 2 电压。CH1→垂直 POSITION 旋钮 = 左右位移，CH2→垂直 POSITION 旋钮 = 上下位移。

注意：$x-y$ 方式默认的采样率是 1 MHz。一般情况下，利用水平 SCALE 旋钮将采样率适当降低，可以得到较好显示效果的李沙育图形。采集李沙育图形时需按下 RUN/STOP 键停止采样。

（三）如何设置触发系统

示波器操作面板的触发控制区包括触发电平调整旋钮 LEVEL；触发菜单按键 MENU；设置触发电平在信号垂直中点的 50%；强制触发按键 FORCE。

（1）LEVEL：触发电平设置触发点对应的信号电压。

（2）50%：将触发电平设置在触发信号幅值的垂直中点。

（3）FORCE：强制产生一触发信号，主要应用于触发方式中的“普通”和“单次”模式。

注意：采集波形结束，按下 FORCE 激活示波器的旋钮和按键。

MENU：触发设置菜单键。

按下 MENU 触发设置键：显示触发设置菜单，如表 2-2-4 所示。

表 2-2-4 触发设置菜单说明

功能菜单	设 置	说 明
信源选择（较稳定的信号通道）	CH1 或 CH2	设置通道 1 作为信源触发信号；设置通道 2 作为信源触发信号
边沿类型	（上升沿）	设置在信号上升边沿触发
触发方式	自动	设置在没有检测到触发条件下也能采集波形
耦合	直流	设置允许所有分量通过

（四）如何进行自动测量

在 MENU 控制区的 MEASURE 为自动测量功能按键。

1. 菜单说明（见表 2-2-5）

表 2-2-5 MEASURE 菜单说明

功能菜单	设 置	说 明
信源选择	CH1 或 CH2	设置被测信号的输入通道

续表

功能菜单	设　置	说　明
电压测量		选择测量电压参数
时间测量		选择测量时间参数
清除测量		清除测量结果
全部测量	关闭 打开	关闭全部测量显示 打开全部测量显示

按 MEASURE 自动测量功能键，系统显示自动测量操作菜单。本示波器具有 20 种自动测量功能，包括峰峰值、最大值、最小值、顶端值、底端值、幅值、平均值、均方根值、过冲、预冲、频率、周期、上升时间、下降时间、正占空比、负占空比、延迟 1→2、延迟 2→2、正脉宽、负脉宽的测量，共 10 种电压测量和 10 种时间测量。

2. 操作举例：正弦波电压有效值测量

按键操作顺序：MEASURE→1 号灰键（被测通道）→2 号灰键（电压测量）（电压 2/3）→5 号灰键（均方根值），即 U_{Rms}值显示在屏幕下方。

注意：自动测量的结果显示在屏幕下方，最多可同时显示 3 个数据。当显示已满时，新的测量结果会导致原显示左移，从而将原屏幕最左的数据推挤出屏幕之外。

（五）如何进行光标测量

在 MENU 控制区的 CURSOR 为光标测量功能按键。

1. CURSOR 菜单及操作说明（见表 2 -2 -6）

表 2 -2 -6　光标菜单操作说明

功能菜单	设　置	说　明
光标模式	手动	手动调整光标间距以测量电压或时间参数
光标类型	电压测量 时间测量	光标显示为水平线，用来测量垂直方向上的参数； 光标显示为垂直线，用来测量水平方向上的参数
信源选择	CH1 或 CH2	选择被测信号的输入通道

2. 操作举例：测量 CH1 通道正弦波的周期值

按键操作顺序为：CURSOR → 1 号灰键（光标模式）→ 手动→ 2 号灰键（信源选择）→ CH1→3 号灰键（光标类型）→ 时间 → 垂直 POSITION（调 CurA）→水平 POSITION（调 CurB），使 CurA 和 CurB 相距一个周期正弦波，读取的 ΔX 值，即为正弦波的周期值。

注意：只有光标功能菜单显示时，才能移动光标。当光标功能菜单隐藏或显示其他功能菜单时，测量数值自动显示于屏幕右上角。

（六）如何使用执行按键

执行按键包括 AUTO（自动设置）和 RUN/STOP（运行/停止）：

（1）AUTO（自动设置）：自动设置仪器各项控制值，以产生适宜观察的波形显示。

（2）RUN/STOP（运行/停止）：运行和停止波形采样。

注意：在停止的状态下，对于波形垂直挡位和水平时基可以在一定的范围内调整，相当于对信号进行水平或垂直方向上的扩展。在水平挡位为 50 ms 或更小时，水平时基可向上或向下扩展 5 个挡位。

（七）多个波形之间相位关系及周期测量

用双踪示波器多个波形之间相位关系时，假设被测波形为 Q_1、Q_2、Q_3、Q_4，其中 Q_4 频率最低，Q_3 次之，Q_1 频率最高，Q_1 频率是 Q_2 频率的两倍，Q_2 频率是 Q_3 频率的两倍，Q_3 频率是 Q_4 频率的两倍。用示波器 CH1 通道接 Q_4，CH2 通道接 Q_3，按示波器面板上 AUTO 按钮，Q_4 和 Q_3 波形会以适当的大小显示在示波器上。调节水平方向 Scale 旋钮，使波形水平方向拉伸或压缩，再调节水平方向 Scale 微调旋钮或数字逻辑实验箱上频率调节旋钮，使 Q_4 波形一个周期占据屏幕水平方向八个大格子，即高低电平分别占据四格，观察 Q_3 与 Q_4 之间的相位及其周期关系，然后保持 CH1 接 Q_4 不变，用 CH2 分别去测 Q_2、Q_1，观察 Q_2 与 Q_4、Q_1 与 Q_4 之间的相位及周期关系。最后将各波形记录下来，就得到了被测各波形之间的相位及周期关系。

第三节　数字万用表（VC9802）

一、操作面板说明

VC9802 操作面板如图 2－3－1 所示。其中：

①液晶显示器：显示仪表测量的数值及单位。

②电源开关：启动及关闭电源。

③保持开关。

④型号：VC9802。

⑤hFE 测试插座：用于测量晶体管的 hFE 数值大小。

⑥电容、电感及温度插座。

⑦旋钮开关：用于改变测量功能及量程。

⑧电压、电阻及频率插座。

⑨公共地。

⑩小于 200 mA 电流测试插座。

⑪ 20 A 电流测试插座。

⑫当•))符号闪动，蜂鸣器发出间隙声响时，表示仪表的测试表笔插在电流插座而旋钮开关挡位并不在电流量程上，以警告使用有误。

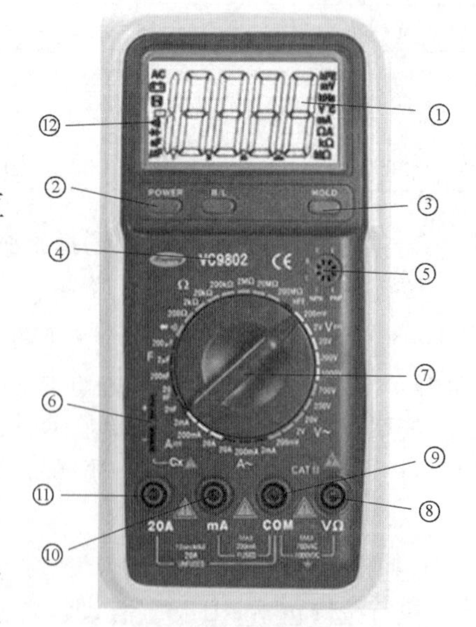

图 2－3－1　VC9802 操作面板示意

二、使用方法

1. 直流电压测量

（1）将黑表笔插入 COM 插孔，红表笔插入 V/Ω 插孔。

（2）将量程开关转至相应的 DCV 量程上，然后将测试表笔跨接在被测电路上，红表笔所接的该点与极性显示在显示器上。

注意：①如果事先对被测电压范围没有概念，应将量程开关转到最高的挡位，然后根据显示值转至相应挡位上；②如果在高位显“1”，表明已超过量程范围，须将量程开关转至较高挡位上；③输入电压切勿超过 1 000 V，如果超过，则有损坏仪表电路的危险；④当测量高电压电路时，千万注意避免触及高能电路。

2. 交流电压测量

（1）将黑表笔插入 COM 插孔，红表笔插入 V/Ω 插孔。

（2）将量程开关转至相应的 ACV 量程上，然后将测试表笔跨接在被测电路上。

注意：①如果事先对被测电压范围没有概念，应将量程开关转到最高的挡位，然后根据显示值转至相应挡位上；②如在高位显“1”，表明已超过量程范围，须将量程开关转至较高挡位上；③输入电压切勿超过 700 V，如果超过则有损坏仪表电路的危险；④当测量高电压电路时，千万注意避免触及高能电路。

3. 直流电流测量

（1）将黑表笔插入 COM 插孔，红表笔插入 mA 插孔中（最大为 200 mA），或红表笔插入 20 A 中（最大为 20 A）。

（2）将量程开关转至相应的 DCA 挡位上，然后将仪表串入被测电路中，被测电流值及红表笔点的电流极性显示在显示器上。

注意：①如果事先对被测电流范围没有概念，应将量程开关转到最高的挡位，然后根据显示值转至相应挡位上；②如果 LCD 显“1”，表明已超过量程范围，须将量程开关调高一挡；③最大输入电流为 200 mA 或者 20 A（视红表笔插入位置而定），过大的电流会将熔丝熔断，在测量 20 A 时要注意，该挡位无保护，千万要小心，过大的电流将使电路发热，甚至损坏仪表。

4. 交流电流测量

（1）将黑表笔插入 COM 插孔，红表笔插入 mA 插孔中（最大为 200 mA），或红表笔插入 20 A 中（最大为 20 A）。

（2）将量程开关转至相应的 ACA 挡位上，然后将仪表串入被测电路中。

注意事项与直流电测量相同。

5. 电阻测量

（1）将黑表笔插入 COM 插孔，红表笔插入 V/Ω 插孔。

（2）将量程开关转至相应的电阻量程上，然后将两表笔跨接在被测电阻上。

注意：①如果电阻值超过所选的量程值，则会显示“1”，这时应将开关转高一挡。当测量电阻值超过 1 MΩ 以上时，读数需要几秒时间才能稳定，这在测量高电阻时是正常的；②当输入端开路时，则显示过载情形；③测量在线电阻时，在确认被测电路所有电源已关断而所有电容都已完全放电后，才可进行；④请勿在电阻量程输入电压，这是绝对禁止的，虽然仪表在该挡位有电压防护功能。

6. 电容测量

将被测电容插入电容插口，将量程开关置于相应的电容量程上。

注意：①如果被测电容超过所选量程的最大值，显示器将只显示“1”，此时应将开关转高一挡；②在将电容插电容插口前，LCD 显示值可能尚未回到零，残留读数会逐渐减小，但可以不予理会，它不会影响测量结果；③1 μF＝1 000 nF，1 nF＝1 000 pF；④请在测试电容容量之前，对电容充分地放电，以防止损坏仪表。

7. 晶体管 hFE

（1）将量程开关置于 hFE 挡。

（2）决定所测晶体管为 NPN 型或 PNP 型，将发射极、基极、集电极分别插入相应的插孔。

8. 二极管及通断测试

（1）将黑表笔插入 COM 插孔，红表笔插入 V/Ω 插孔（注意红表笔极性为“＋”）。

（2）将量程开关置→+•))挡，并将表笔连接于待测试二极管，读数为二极管正向压降的近似值；通用二极管正向压降在 1.0 V 以下都可测，显示值 400～800 表示二极管是好的。

（3）将表笔连接到待测线路的两点，如果内置蜂鸣器发声，则两点之间电阻值约低于 90 Ω。

第四节　交流毫伏表（DF1932A）

本系列毫伏表采用单片机控制技术和液晶点阵技术，集模拟与数字技术于一体，是一种通用型智能化的全自动数字交流毫伏表。适用于测量频率 5 Hz～2 MHz，电压 0～300 V 的正弦波有效值电压；具有测量精度高、测量速度快、输入阻抗高、频率影响误差小等优点；具备自动/手动测量功能，同时显示电压值和 dB/dBm 值及量程。DF1932A 是单通道全自动数字交流毫伏表，同时具备 RS-232 通信功能。

一、技术参数

（1）交流电压测量范围：0～300 V。

（2）dB 测量范围：－80 dB～50 dB。

（3）dBm 测量范围：－77 dBm～52 dBm。

（4）量程：3 mV、30 mV、300 mV、3 V、30 V、300 V。

（5）频率范围：5 Hz～2 MHz。

（6）电压测量误差（以 1 kHz 为基准，20 ℃环境温度下）：50 Hz～100 kHz 时误差为 ±1.5% 读数 ±8 个字；20 Hz～500 kHz 时 ±2.5% 读数 ±10 个字；5 Hz～2 MHz 时 ±4.0% 读

数±20个字。

（7）dB测量误差：±1个字。

（8）dBm测量误差：±1个字。

（9）输入电阻：10 MΩ。

（10）输入电容：不大于30 pF。

（11）噪声：输入短路时为0个字。

二、面板及用户界面

1. 面板控制键作用说明（见图2-4-1）

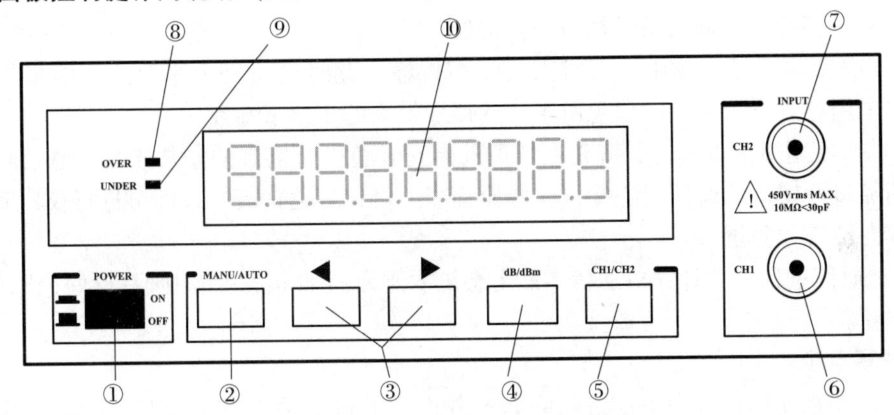

图2-4-1　DF1932A交流毫伏表

①—电源开关；②—自动/手动测量选择按键；③—量程切换按键，用于手动测量时量程的切换；④—用于显示dB/dBm选择按键；⑤—CH1/CH2测量选择按键；⑥—被测信号输入通道1；⑦—被测信号输入通道2；⑧—过量程指示灯，当手动或自动测量方式时，读数超过3999时该指示灯闪烁；⑨—欠量程指示灯，当手动或自动测量方式时，读数低于300时该指示灯闪烁；⑩—参数显示窗口，用于显示当前的测量量程、测量方式（自动/手动）、测量通道实测输入信号电压值、dB或dBm值

2. 使用说明

（1）打开电源开关，将仪器预热15~30 min。

（2）电源开启后，仪器进入使用提示和自检状态，自检通过后即进入测量状态。

（3）在仪器进入测量状态后，仪器处于CH1输入（DF1933/DF1933A），手动量程300 V挡，电压和dB的显示（对DF1935/DF1935A，显示电压，同时处于ASYN测量方式）。当采用手动测量方式时，在加入信号前请先选择合适量程。

（4）在使用过程中，两个通道均能保持各自的测量方式和测量量程，因此选择测量通道时不会更改原通道的设置。

（5）当仪器设置为自动测量方式时，仪器能根据被测信号的大小自动选择测量量程。当仪器在自动方式下且量程处于300 V挡时，若OVER灯亮表示过量程，此时，电压显示为▶▶▶▶▶V，dB显示为▶▶▶▶▶dB，表示输入信号过大，超过了仪器的使用范围。

（6）当仪器设置为手动方式时，用户可根据仪器的提示设置量程。若OVER灯亮表示过量程，此时电压显示▶▶▶▶▶V，dB 显示为▶▶▶▶▶dB，应该手动切换到上面的量程。当 UNDER 灯亮时，表示测量欠量程，用户应切换到下面的量程测量。

（7）在使用过程中，若面板上的量程指示键头为◀▶，表示此时的量程设置处于中间位置，量程可以向上设置，亦可向下设置。若量程指示键为▶，表示量程处于最小 3 mV 挡，此时只可向上设置量程。若量程指示键为◀，表示量程处于最大 300 V 挡，此时只可向下设置量程。

（8）当仪器设置为手动测量方式时，从输入端加入被测信号后，只要量程选择恰当，读数就能马上显示出来。当仪器设置为自动测量方式时，由于要进行量程的自动判断，读数显示略慢于手动测量方式。在自动测量方式下，允许用手动量程设置按键设置量程。

（9）当将后面板上的 FLOAT/GND 开关置于浮置时，输入信号地与外壳处于高阻状态；当将开关置于接地时，输入信号地与外壳接通。

（10）在音频信号传输中，有时需要平衡传输，此时测量其电平时，不能采用接地方式，需要采用浮置方式测量，以免由于公共接地带来的干扰或短路。

（11）当使用通信方式时，应先在计算机上安装随机所携带的安装光盘，然后将仪器和计算机用随机所携带的通信线连接，在界面程序上设置好通信端口，即可进行仪器和计算机之间的双向控制和测量。

（12）通信过程中，计算机通信界面上会随时显示接收状态。若接收计数停止，表示通信因故中断。

3. 注意事项

（1）仪器在使用过程中不应进行频繁的开机和关机，关机后重新开机的时间间隔应大于 5 s。

（2）仪器在开机或使用过程中若出现死机现象，请先关机后然后再开机检查。

（3）仪器在开机自检过程中若出现自检错误，表示仪器控制线路有故障，应停止使用。

（4）仪器在使用过程中，请不要长时间输入过量程电压。

（5）仪器在测量过程中，若 UNDER/OVER 指示灯闪烁，应依要求切换量程，否则其测量读数只供参考，不在本技术参数要求之内。

第五节　低频信号发生器（TGF2000DDS）

一、面板及用户界面

TGF2000DDS 低频信号发生器面板如图 2－5－1 所示。

二、常用操作

开机后，仪器进行自检初始化，进入正常工作状态，自动选择“连续”功能，A 路

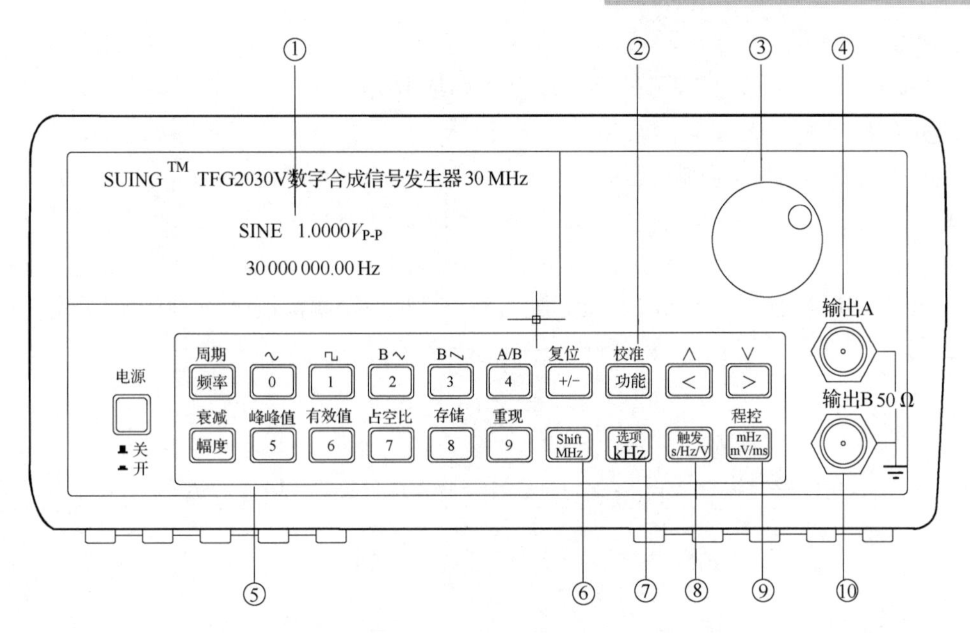

图 2－5－1　TGF2000DDS 低频信号发生器面板示意图

①—菜单、数据、功能显示区；②—功能键；③—手轮；④—输出通道 A；⑤—按键区；
⑥—上挡（Shift）键；⑦—选项键；⑧触发键；⑨—程控键；⑩—输出通道 B

输出。

1. A 路功能设置

（1）A 路频率设置：设置频率值 3.5 kHz“频率 3 . 5 kHz”。

（2）A 路频率调节：按 < 或 > 键（或按手轮）使光标指向需要调节的数字位，左右转动手轮可使数字增大或减小，并能连续进位或借位，由此可任意粗调或细调频率。

（3）A 路周期设置：设置周期值 25 ms“Shift 周期 2 5 ms”。

（4）A 路幅度设置：设置幅度值为 3.2 V“幅度 3 . 2 V”。

（5）A 路幅度格式选择：有效值或峰峰值“Shift 有效值”或“Shift 峰峰值”。

（6）A 路衰减选择：选择固定衰减 0 dB（开机或复位后选择自动衰减 AUTO）“Shift 衰减 0 Hz”。

（7）A 路偏移设置：在衰减选择 0 dB 时，设置直流偏移值为－1 V“选项”键，选中“A 路偏移”，按“－ 1 V”。

（8）恢复初始化状态：Shift 复位。

（9）A 路波形选择：在输出路径为 A 路时，选择正弦波或方波“Shift 0”或“Shift 1”。

（10）A 路方波占空比设置：在 A 路选择为方波时，设置方波占空比为 65%“Shift 占空比 6 5 Hz”。

2. 通道设置选择

反复按下 Shift、A/B 两键可循环选择为 A 路或 B 路。

3. 初始化状态

开机或复位后仪器的工作状态：

（1）A 路：波形——正弦波；频率——1 kHz；幅度——$1V_{p-p}$；衰减——AUTO；偏移——0 V；方波占空比——50%；时间间隔——10 ms；扫描方式——往返；触发计数——3 个；调制载波——50 kHz；调频频偏——15%；调幅深度——100%；相移——0°。

（2）B 路：波形——正弦波；频率——1 kHz；幅度——$1V_{p-p}$。

第六节 直流稳压电源（DFl731SD2A）

一、面板及用户界面

DFl731SD2A 直流电源面板如图 2-6-1 所示。

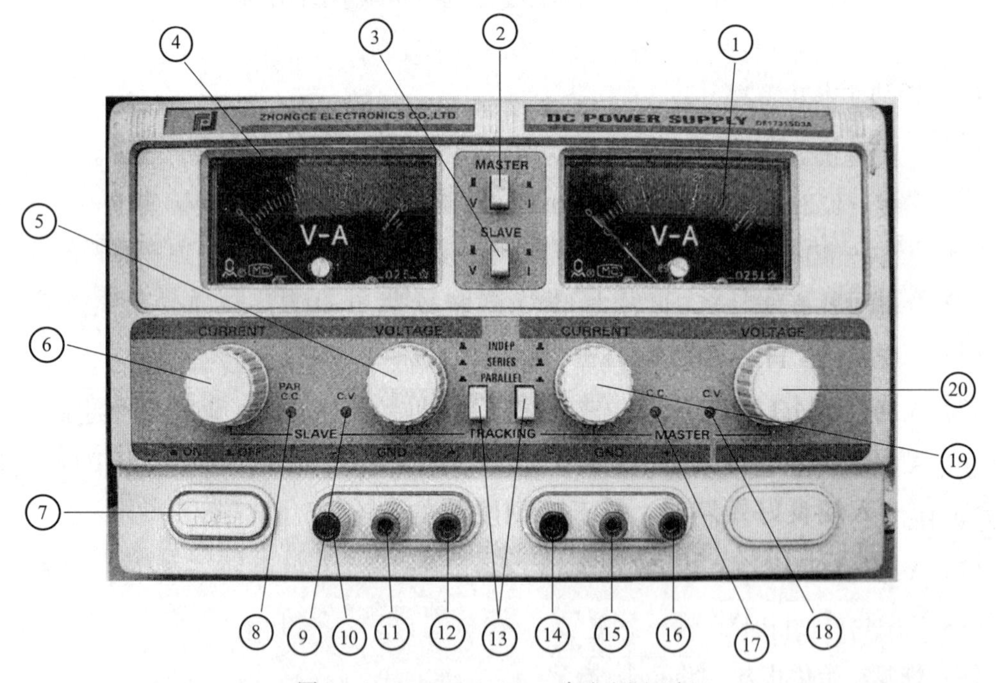

图 2-6-1 DFl731SD2A 直流电源面板

①—主路电表；②—主路输出指示开关；③—从路输出指示开关；④—从路电表；⑤—从路稳压输出调节旋钮；⑥—从路稳流输出调节旋钮；⑦—电源开关；⑧—从路稳流状态或两路电源并联指示灯；⑨—从路稳压状态指示灯；⑩—从路直流输出负接线柱；⑪—机壳接地端；⑫—从路直流输出正接线柱；⑬—两路电源独立、串联、并联控制开关；⑭—主路直流输出负接线柱；⑮—机壳接地端；⑯—主路直流输出正接线柱；⑰—主路稳流状态指示灯；⑱—主路稳流状态指示灯；⑲—主路稳流输出电流调节旋钮；⑳—主路稳压输出电压调节旋钮

二、技术参数

（1）输入电压：AC 220×（1±10%）V。

（2）额定输出电压：两路0～30 V。

（3）额定输出电流：两路0～2 A。

（4）电源效应：$CV \leqslant 1\times10^{-4}+0.5$ mV。

$CV \leqslant 1\times10^{3}+6$ mV。

（5）负载效应：$CV \leqslant 1\times10^{-4}+2$ mV （额定电流≤3 A）。

$CV \leqslant 1\times10^{-4}+5$ mV （额定电流>3 A）。

$CV \leqslant 1\times10^{-3}+6$ mV 。

（6）纹波与噪声：$CV \leqslant 1\ mV_{rms}$；

$\leqslant 20\ mV_{p\text{-}p}$；

$CC \leqslant 30\ mV_{rms}$；

$\leqslant 50\ mV_{p\text{-}p}$。

（7）保护：电流限制保护。

（8）指示表头：电压表和电流表精度2.5级。

（9）其他：双路电源可进行串联和并联，串联、并联时可由一路主电源进行输出电压调节，此时从电源输出电压严格跟踪主电源输出电压值。并联稳流时也可由主电源调节稳流输出电流，此时从电源输出电流严格跟踪主电源输出电流值。

三、工作原理

可调电源由整流滤波电路，辅助电源电路，基准电压电路，稳压、稳流比较放大电路，调整电路以及稳压稳流取样电路等组成。其框图如图2-6-2所示。

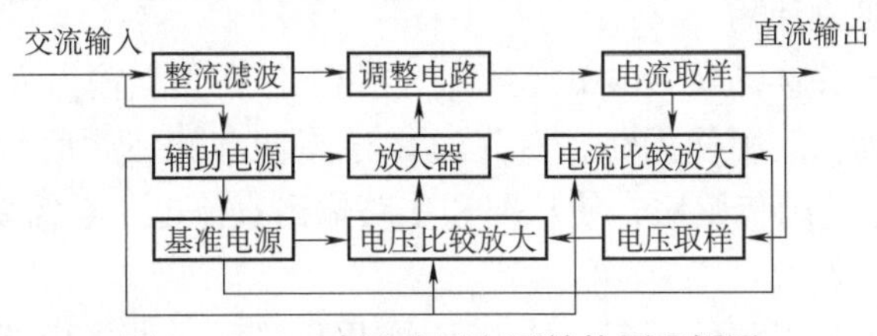

图2-6-2 直流稳压电源结构原理框图

当输出电压由于电源电压或负载电流变化引起变动时，则变动的信号经稳压取样电路与基准电压相比较，其所得误差信号经比较放大器放大后，经放大电路控制调整管使输出电压调整为给定值。因为比较放大器由集成运算放大器组成，增益很高，因此输出端有微小的电压变动，也能得到调整，以达到高稳定输出的目的。

稳流调节与稳压调节基本一样，同样具有高稳定性。

四、面板各元件的作用

①主路电表：指示主路输出电压、电流值。

②主路输出指示选择开关：选择主路的输出电压或电流值。

③从路输出指示选择开关：选择从路的输出电压或电流值。

④从路电表：指示从路输出电压、电流值。

⑤从路稳压输出电压调节旋钮：调节从路输出电压值。

⑥从路稳流输出电流调节旋钮：调节从路输出电流值（即限流保护点调节）。

⑦电源开关：当此电源开关被置于 ON 时（即开关被揿下时），机器处于“开”状态，此时稳压指示灯亮或稳流指示灯亮。反之，机器处于“关”状态（即开关弹起时）。

⑧从路稳流状态或两路电源并联状态指示灯：当从路电源处于稳流工作状态时或两路电源处于并联状态时，此指示灯亮。

⑨从路稳压状态指示灯：当从路电源处于稳压工作状态时，此指示灯亮。

⑩从路直流输出负接线柱：输出电压的负极，接负载负端。

⑪机壳接地端：机壳接大地。

⑫从路直流输出正接线柱：输出电压的正极，接负载正端。

⑬两路电源独立、串联、并联控制开关。

⑭主路直流输出负接线柱：输出电压的负极，接负载负端。

⑮机壳接地端：机壳接大地。

⑯主路直流输出正接线柱：输出电压的正极，接负载正端。

⑰主路稳流状态指示灯：当主路电源处于稳压工作状态时，此指示灯亮。

⑱主路稳压状态指示灯：当主路电源处于稳压工作状态时，此指示灯亮。

⑲主路稳流输出电流调节旋钮：调节主路输出电流值（即限流保护点调节）。

⑳主路稳压输出电压调节旋钮：调节主路输出电压值。

五、操作使用

1. 双路可调电源独立使用

（1）将工作方式开关选择在 INDEP 位置，电源工作在独立输出方式。

（2）可调电源作为稳压源使用时，首先应将稳流调节旋钮顺时针调节到最大，然后打开电源开关，并调节电压调节旋钮，使从路和主路输出直流电压至需要的电压值，此时稳压状态指示灯发光。

（3）可调电源作为稳流源使用时，在打开电源开关后，先将稳压调节旋钮顺时针调节到最大，同时将稳流调节旋钮逆时针时针调节到最小，然后接上所需负载，再顺时针调节稳流调节旋钮，使输出电流至所需要的稳定电流值。此时稳压状态指示灯熄灭，稳流状态指示灯发光。

在作为稳压源使用时稳流电流调节旋钮一般应该调至最大，但是本电源也可以任意设置限流保护点。设置办法：打开电源，逆时针时针将稳流调节旋钮调到最小，然后短接输出正、负输出端子，并顺时针调节稳流调节旋钮，使输出电流等于所要求的限流保护点的电流值，此时限流保护点就被设置好了。

2. 双路可调电源串联使用

（1）将工作方式开关选择在 SERIES 位置，电源工作在串联输出方式，两路输出自动在电源内部串接。此时调节主电源电压调节旋钮，从路的输出电压将严格跟踪主路输出电压，使输出电压最高可达两路电压的额定值之和。

（2）在两路电源串联以前应先检查主路和从路电源的负端是否有连接片于接地端相连，若有则应将其断开，否则在两路电源串联时将造成从路电源短路。

（3）在两路电源处于串联状态时，两路的输出电压由主路控制，但是两路的电流调节仍然是独立的。因此，在两路串联时应注意电流调节旋钮的位置，如果旋钮在逆时针时针到底的位置或从路输出电流超过限流保护点，此时从路的输出电压将不再跟踪主路的输出电压。所以，一般两路串联时应将电流调节旋钮顺时针旋到最大。

（4）在两路电源串联时，如果有功率输出，则需要与输出功率相对应的导线将主路的负端和从路的正端可靠短接。因为机器内部是通过一个开关短接的，所以当有功率输出时短接开关将通过输出电流，长此下去将无助于提高整机的可靠性。

3. 双路可调电源并联使用

（1）将工作方式开关选择在 PARALLEL 位置，电源工作在并联输出方式，两路输出自动在电源内部并接。此时调节主电源电压调节旋钮，从路的输出电压将严格跟踪主路输出电压，使输出电流最高可达两路电流的额定值之和。

（2）在两路电源处于并联状态时，从路电源的稳流调节旋钮不起作用。当电源做稳流源使用时，只需调节主路的稳流调节旋钮，此时主、从路的输出电流均受其控制。其输出电流最大可达两路输出电流之和。

（3）在两路电源并联时，如果有功率输出，则应该与输出功率对应的导线分别将主、从电源的正端和正端、负端和负端可靠短接，以使负载可靠地接在两路输出的输出端子上。否则，如果将负载只接在一路电源的输出端子，将有可能造成两路电源输出电流的不平衡，同时也可能造成串并联开关的损坏。

六、注意事项

两路可调电源具有限流保护功能，由于电路中设置了调整管功率损耗控制电路，因此当输出发生短路现象时，大功率调整管上的功率损耗并不是很大，完全不会对本电源造成任何损坏。但是，短路时本电源仍有功率损耗，为了减少不必要的机器老化和能源消耗，应尽早发现并关掉电源，将故障排除。

第七节　数字逻辑实验箱

数字逻辑实验箱由四部分组成：直流稳压电源（±1.5 V ~ ±15 V）、实验插线板、信号源和显示电路。总体布局如图 2-7-1 所示，以下分别介绍各组成部分的结构和功能。

一、电源部分

电源开关 POWER 位于实验箱侧面。

电源电路工作原理框图如图 2－7－2 所示，交流电 220 V 由交流电源线引入实验箱内，由变压器降压、整流桥整流、电容滤波后，送入三端稳压器 7805、7905、7815、7915，在输出端得到 +5 V、－5 V、+15 V、－15 V，最大输出电流为 1 A 的直流电源。考虑到数字电路实验接线频繁，最易出现短路而烧坏电源。为此，本电源采用了外加短路保护环节，即当电源与地一旦短路，保护环节立即工作，断开稳压器的输入电压，同时故障灯亮。待排除故障后，按下“恢复”按钮，电路又恢复正常工作，故障指示灯灭，电源输出灯亮。

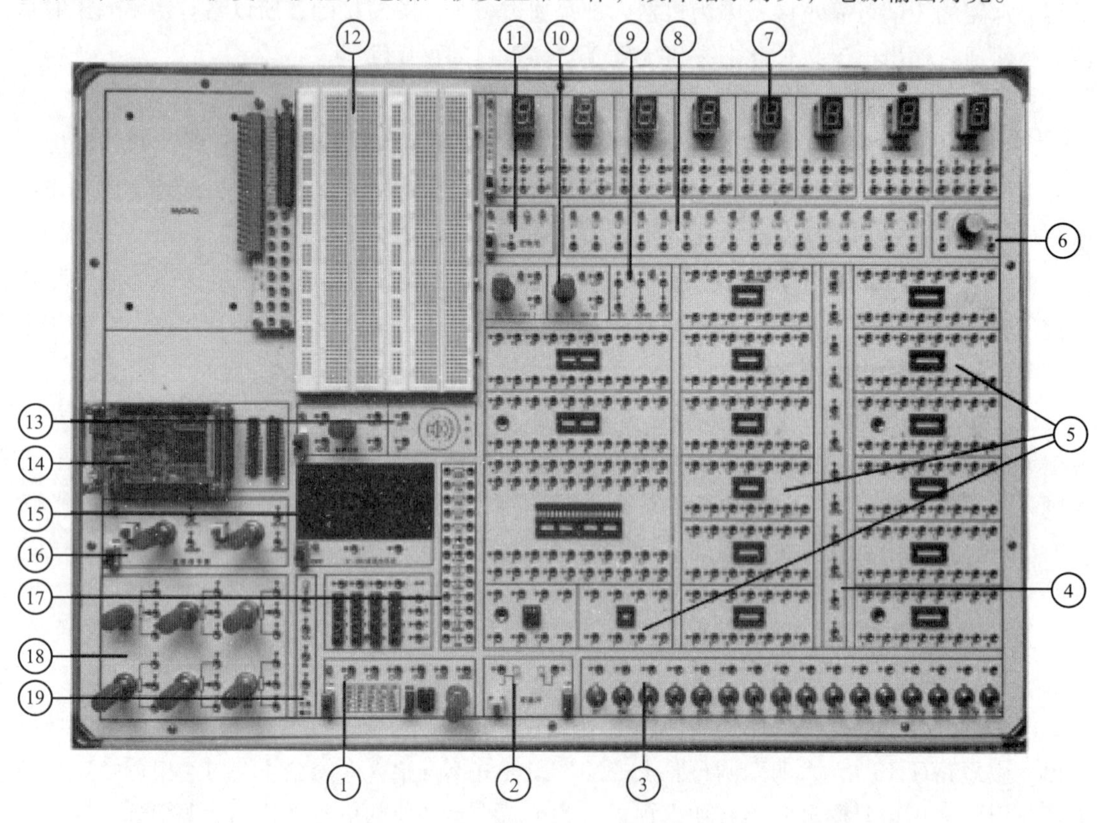

图 2－7－1　数字逻辑实验箱系统结构

①—多路脉冲信号源；②—单脉冲；③—逻辑开关；④— +5 V 电源；⑤—芯片座；⑥—蜂鸣器；⑦—数码管；⑧—LED 指示灯；⑨— ±12 V 电源；⑩—1.5～15 V 可调电源；⑪—逻辑笔；⑫—面包板扩展区；⑬—扬声器；⑭—逻辑扩展板；⑮—直流电压表；⑯—直流信号源；⑰—元件区；⑱—电位器；⑲—交流电源

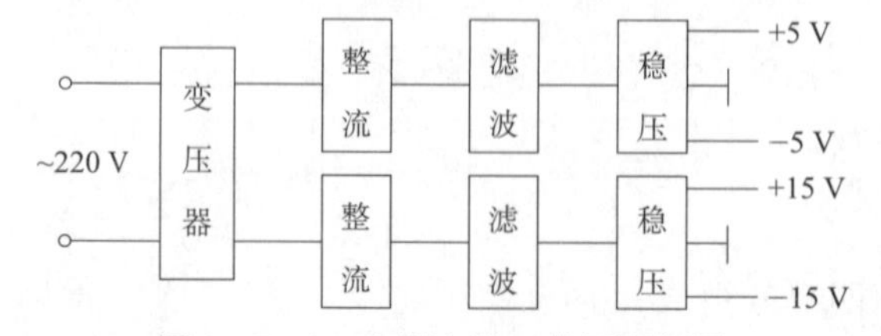

图 2－7－2　电源电路工作原理框图

二、插线板

插线板位于台面的中部，由三部分组成：IC 插座、拨码盘、插线孔。实验时，只需将集成电路插入相应的 IC 插座，按线路要求接线即可。

三、脉冲信号产生部分

1. 连续脉冲信号发生器

连续脉冲信号发生器由 RC 环形多谐振荡器组成，如图 2－7－3 所示。其输出脉冲幅度约 4.4 V，不可调。输出脉冲信号的频率为

$$f = 2.2 \cdot RC \tag{2-7-1}$$

该电路通过改变 R 和 C 的数值可以很容易实现对振荡频率的调节。

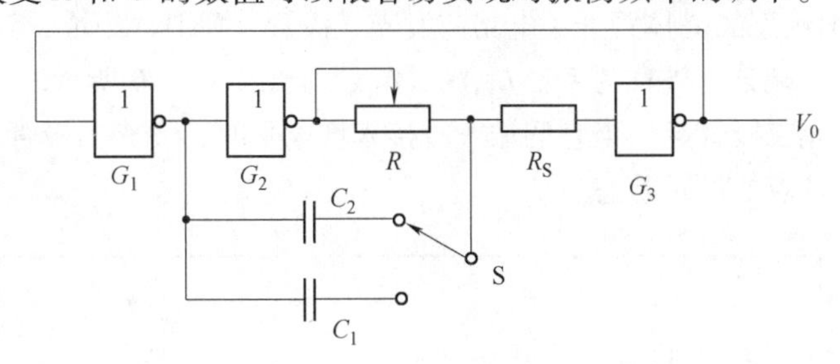

图 2－7－3　连续脉冲信号发生电路

该实验箱共有五路脉冲信号输出，它们的频率为二分频关系，且每路输出频率都可连续调节。

2. 单脉冲发生器

它是由微动开关及与非门构成的基本 RS 触发器组成。当组成微动开关 J 未按之前，门 1 的输出端 $A=0$；门 2 的输出端 $B=1$，门 3 的输出端 $C=1$，则指示灯不亮。单脉冲输出端 $V_0=0$。当微动开关被按下之后，$A=1$，$B=0$，门 3 的输出 $C=0$，指示灯亮；$V_0=1$，则当微动开关被放开后，输出端产生一个正脉冲，如图 2－7－4 所示。

3. 逻辑开关

逻辑开关由 16 个独立的开关组成，16 个开关分别被称为 S_1，S_2，…，S_{16}。每个开关的上固定端接在高电平上，下固定端接在低电平上。当活动端向上扳动时，输出高电平 1；向下扳动时，输出低电平 0，电路示意路如图 2－7－5 所示。$S_{16}=S_{15}=5$ V，输出逻辑电平 1；$S_1=S_2=0$ V，输出逻辑电平 0。

四、显示电路

1. 显示器部分

四线—七段锁存译码器/驱动器及七段显示器（共阴极）的使用方法参看第四章实验三 MSI 组合逻辑电路。

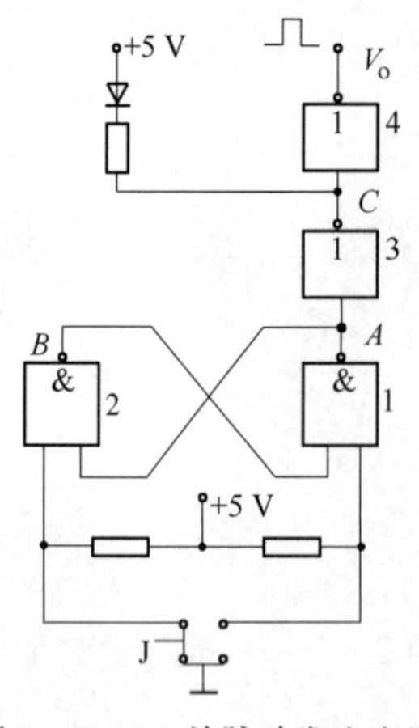

图 2 - 7 - 4　单脉冲发生电路

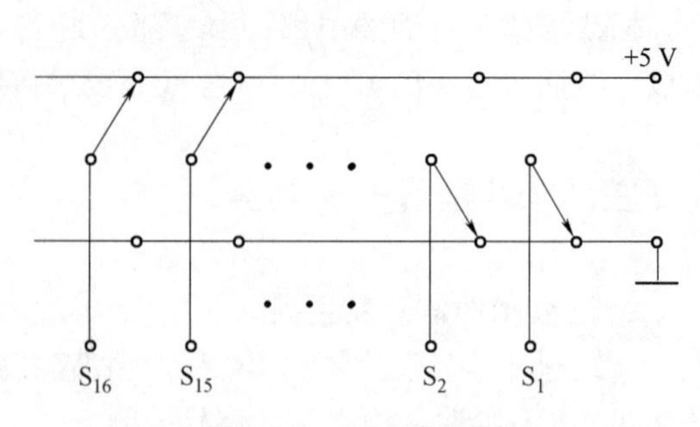

图 2 - 7 - 5　逻辑开关

2. LED 显示部分

它是由 16 路共射组态的晶体管开关电路与发光二极管（LED）组成，其电路如图 2 - 7 - 6 所示。显示电路的输入端分别被称为 L_1，L_2，…，L_{16}。如图 2 - 7 - 6 所示，当输入为高电平时，晶体管饱和导通，发光二极管亮。当它的输入端接入低电平时，发光二极管不亮。由此，它可以用于测试数字电路各点的逻辑状态。

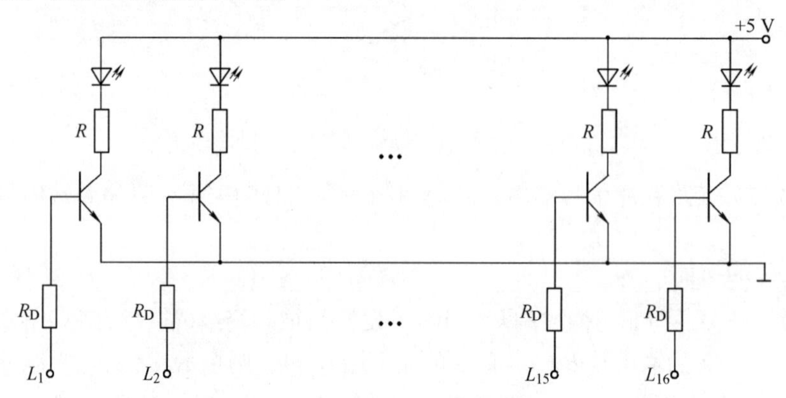

图 2 - 7 - 6　LED 显示电路

第三章　模拟电子技术实验

实验一　常用电子仪器使用

一、实验目的

（1）熟悉智能实验台及其操作方法。

（2）掌握 DS5022M 数字示波器、DF1932A 交流毫伏表、TFG2000DDS 低频信号发生器等电子仪器的使用方法。

（3）掌握 Multisim 软件的原理图输入方法仿真测试方法（线上）。

二、预习要求

（1）仔细阅读第二章中 DS5022M 数字示波器、低频信号发生器、交流毫伏表，直流稳压电源面板旋钮的功能及使用方法。

（2）了解示波器的主要用途，熟悉低频信号发生器的输出信号类型及其相关参数的调试方法。

（3）仔细阅读 TKDZ-1A 模拟电路实验装置中的“直流稳压”单元的使用指南。

（4）预习 Multisim 软件电路原理图输入，电路图编译，仿真方法。

三、实验设备与器件

（1）TKDZ-1A 型模拟电路综合实验装置（含示波器、信号源发生器、交流毫伏表）。

（2）安装 Multisim 软件、腾讯课堂（用于课堂教学）及 QQ 软件（用于答疑和布置作业）的计算机。

四、实验原理

1. 电子仪器介绍

电子仪器分为电源、信号源类和测试仪器、仪表类两大类。

（1）电源、信号源类：

①直流稳压电源：给线路提供能源，任何放大电路必须要有直流电源才能工作。

本实验使用 TKDZ-1A 模拟电路实验装置中的“直流稳压”单元。具体使用指南：开启本单元的带灯电源开关，±5 V 和 ±12 V 输出指示灯亮，表示 ±5 V 和 ±12 V 的插孔处有电压输出；而 0 ~ 18 V 两组电源，若输出正常，其相应指示灯的亮度则随输出电压的升高而由暗渐趋明亮，操作“电压指示切换”开关，数显电压表分别指示 U_A 和 U_B 电压值，当打到“跟踪”位置时调节跟踪旋钮，两路电源同时调节，当打到“独立”位置时，两路电源单独控制。这六路电源输出均具有短路软截止保护功能。两路 0 ~ 18 V 直流稳压电源为连续可调的电源，若将两路 0 ~ 18 V 电源串联，并令公共点接地，可获得 0 ~ ±18 V 的可调电源；若串联后令一端接地，可获得 0 ~ 36 V 可调的电源。±5 V、±12 V、0 ~ 30 V 这六路输出的额定电流均为 1 A。用户可用控制屏上的数字直流电压表来测试稳压电源的输出及其调节性能。

②信号源：给线路提供标准信号，用于测试和检验实验线路的性能和质量。

注意：在使用中切忌将此类仪器的输出端正、负极短路。

（2）测试仪器、仪表类：

①交流毫伏表：测量 0 ~ 2 MHz 交流电压信号。

②数字万用表：用来测量交流电压、直流电压、交流电流、直流电流、电阻等，测交流信号时的适用范围 40 ~ 500 Hz。

③示波器：示波器是功能最全的测试仪器，它能直接显示被测信号的变化过程和瞬时值，利用示波器可测量直流电压的极性和幅值，交流电压的幅值、频率、周期和相位等（上述仪器使用说明详见第二章相关内容）。

2. 使用仪表测量时注意事项

（1）正确选用电子测量仪器。各种电子仪器都具有不同的技术特性，只有在其技术性能允许的范围内使用，才能得到正确的结果，因此使用时必须选择恰当。例如，仪器所提供的信号频率范围或适用的频带宽度，最大输出电压或功率，允许的输入信号最大幅度以及输入、输出阻抗等。

（2）正确选择仪器的功能和量程。在使用仪器对电路进行测量前，必须将仪器面板上各种控制旋钮选择到合适的功能和量程挡位，一般选择量程时应先置于高挡位，然后根据指针偏转的角度逐步将挡位降至合适位置，并尽量使指针的偏转在满刻度的 2/3 以上。对于采用数码显示的仪器，其测量数据应在测试仪器接入后 5 s 以上，数码不再闪烁时再读取数值。测试时应避免在测试表笔与电路接通时改换功能选择开关，因为这样做的后果与错用功能挡位是一样的。

（3）严格遵守操作规程。使用仪器时，一定要了解仪器各控制旋钮的改动对被测电路的影响，然后正确使用仪器才能测到准确的数据和避免损坏仪器或器件。使用晶体管直流稳压电源时，一般应先调好所需的输出电压，而后关闭电源，待检查全部电路的元件及线路正确无误后再将直流电源接上并启动。在使用晶体管特性图示仪或信号发生器时，要注意在将“峰值电压范围”增大或将“输出衰减”减小前，均应将与其配合使用的幅度微调旋钮先归零位，以免因仪器的电压剧增，损坏电路或器件。

（4）所有测量仪器及实验电路均应“共地”。在电子电路实验中，应特别注意各电子仪器及实验电路的“共地”，即它们的地端应按输入、输出的顺序可靠地连在一起。在一般电工测量中，当测量交流电压时，可以任意互换电极而不影响测量读数。但在电子电路中，由于工作频率和电路阻抗较高，故功率较低。为避免干扰信号，大多数仪器是采用单端输入、单端输出的形式。仪器的两个测量端总有一个与仪器外壳相连，并与电缆的外屏蔽线连接在一起，通常这个端点用符号“⊥”表示。将所有的“⊥”连接在一起，能防止可能引入的干扰，避免产生较大的测量误差。

五、实验内容

(1) 按下直流稳压电源跟踪（独立）按键，使之工作在独立方式，调节 A 路（或 B 路）输出旋钮，使该路输出电压为 6 V，用直流电压表测量，并填写表 3－1－1 中有关内容。

表 3－1－1　结果记录表

给定值	6 V	+12 V	－12 V
测量值			

直流稳压电源跟踪（独立）按键弹起，使之工作在跟踪方式，调跟踪调节旋钮，正确连线，使其输出电压为 ±12 V，用直流电压表测量，并填写表 3－1－1 的有关内容。

(2) 调节“函数信号发生器”，使其输出频率 500 Hz 有效值 200 mV 的正弦波，用交流毫伏表测其有效值，用示波器观察其波形，测其波形的峰—峰值、峰值（最大值）、有效值、频率和周期，并填写表 3－1－2 中有关内容。

表 3－1－2　结果记录表

给定值	频率/Hz	有效值/mV	峰—峰值/mV	周期/ms	峰值/mV
测量值					

(3) 调节“函数信号发生器”，使其输出频率 1 kHz 有效值 2.0 V 的正弦波，用交流毫伏表测其有效值，用示波器观察其波形，测其波形的峰—峰值、峰值（最大值）、有效值、频率和周期，并填写表 3－1－3 中有关内容。

表 3－1－3　结果记录表

给定值	频率/Hz	有效值/V	峰—峰值/V	周期/ms	峰值/V
测量值					

六、实验报告要求

(1) 根据实验测试结果，说明正弦信号电压最大值与电压有效值之间的关系。

(2) 交流信号本无正负之分，说明为何在测量时强调仪器的正负极。

(3) 说明交流毫伏表为什么一接通电源就有读数。

实验二　二极管、晶体管的识别和参数测试

一、实验目的

（1）掌握用万用表测试二极管和晶体管的方法。
（2）学会用示波器测试二极管的伏安特性。
（3）学会用图示仪测试二极管、晶体管的特性曲线和参数指标。

二、预习要求

（1）仔细阅读实验原理，理解并熟悉半导体二极管、晶体管参数测试的原理和方法。
（2）仔细阅读“晶体管图示仪使用说明”，学会使用图示仪测量晶体管的常用参数。
（3）复习示波器的使用方法，说明用示波器测试二极管伏安特性的原理。
（4）如果要用示波器测试晶体管的输出特性曲线应如何接线，参照二极管伏安特性曲线的测试方法，画出电路原理图，并进行说明。

三、实验设备与器件

（1）交流毫伏表、晶体管图示仪、示波器、双路直流稳压电源、调压器、综合实验板，以及硅、锗材料的二极管、晶体管数支。
（2）安装 Multisim 软件、腾讯课堂（用于课堂教学）及 QQ 软件（用于答疑和布置作业）的计算机。

四、实验原理

（一）半导体二极管

1. 二极管的分类

半导体二极管按其用途可分为普通二极管和特殊二极管。普通二极管包括整流二极管、检波二极管、稳压二极管、开关二极管、快速二极管等。特殊二极管包括变容二极管、发光二极管、隧道二极管、触发二极管等。

2. 二极管的判别与实验测试

（1）普通二极管：一般为玻璃封装或塑料封装形式，如图 3－2－1 所示。它们的外壳上均印有型号和标记。有圆环标志或标记箭头所指向的为阴极，有的二极管上只有一个色点，有色点的一端为阳极。如果是透明玻璃壳二极管，可直接看出极性，即内部连触丝的一

头是正极，连半导体片的一头是负极。

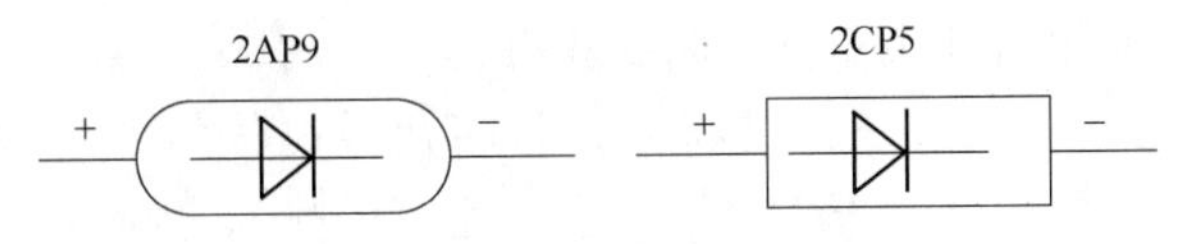

图 3－2－1　半导体二极管

无标记或标记不清的二极管，可以借助万用表的欧姆挡进行简单判别。万用表正端（+）红表笔接表内电池的负极，而负端（-）黑表笔接表内电池的正极。根据 PN 结正向导通电阻值小，反向截止电阻值大的原理来简单确定二极管的好坏和极性。具体测量时，将万用表欧姆挡置“$R\times100$”或“$R\times1\ \mathrm{k}\Omega$”处，将红、黑两表笔接触二极管两端，表头有指示；将红、黑两表笔反过来再次接触二极管两端，表头又有指示。若两次指示的阻值相差很大，说明该二极管单向导电性好，并且电阻值大（几十万欧以上）的那次红笔所接端即为二极管的阳极；若两次指示的阻值相差很小，说明该二极管已失去单向导电性；若两次指示的阻值均很大，则说明该二极管已开路。

（2）特殊二极管：其种类较多，下面介绍四种常用的特殊二极管。

①发光二极管（LED）：通常用砷化镓、磷化镓等制成的一种新型器件。它具有工作电压低、耗电少、响应速度快、抗冲击、耐振动、性能好以及轻而小的特点，被广泛应用于单个显示电路或做成七段矩阵式显示器。而在数字电路实验中，常用作逻辑显示器。发光二极管的电路符号如图 3－2－2 所示。

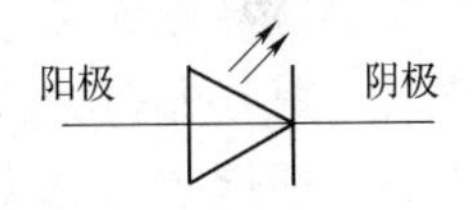

图 3－2－2　发光二极管

发光二极管和普通二极管一样具有单向导电性，正向导通时才能发光。发光二极管发光颜色有多种，如红、绿、黄等，形状有圆形和长方形等。发光二极管出厂时，一根引线做得比另一根引线长，通常较长的引线表示阳极（+），另一根为阴极（-）。若辨别不出引线的长短，则可以用辨别普通二极管引脚的方法来辨别其阳极和阴极。发光二极管正向工作电压一般为 1.5～3 V，允许通过的电流为 2～20 mA，电流的大小决定发光的亮度。电压、电流的大小依据器件型号不同而稍有差异。若与 TTL 组件相连接使用，一般需要串接一个 470 Ω 的降压电阻，以防止器件损坏。

②稳压管。稳压管有玻璃、塑料封装和金属外壳封装三种。前者外形与普通二极管相似，如 2CW7。金属外壳封装的外形与小功率晶体管相似，但内部为双稳压二极管，其本身具有温度补偿作用，如 2CW231。如图 3－2－3 所示，图（a）为符号，图（b）为塑料、玻璃封装，图（c）为金属外壳封装。

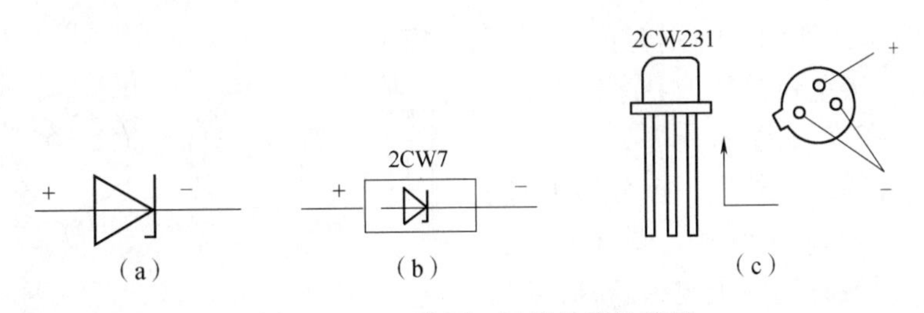

图 3－2－3　稳压二极管外形及符号

稳压管在电路中是反向连接的，它能使稳压管所接电路两端的电压稳定在一个规定的电压范围内，因而称为稳压值。确定稳压管的稳压值可根据稳压管的型号查阅手册得知，也可在半导体管特性图示仪上测出其伏安特性曲线获得。

③光电二极管。光电二极管是一种将光信号转换成电信号的半导体器件，其符号如图 3－2－4（a）所示。在光电二极管的管壳上备有一个玻璃窗口，以便于接受光照。当有光照时，其反向电流随光照强度的增加而成正比上升。光电二极管可用于光的测量。当制成大面积的光电二极管时，可作为一种能源，称为光电池。

④变容二极管。变容二极管在电路中能起到可变电容作用，其结电容随反向电压的增加而减小。变容二极管的符号图 3－2－4（b）所示。

变容二极管主要应用于高频技术中，如变容二极管调频电路。

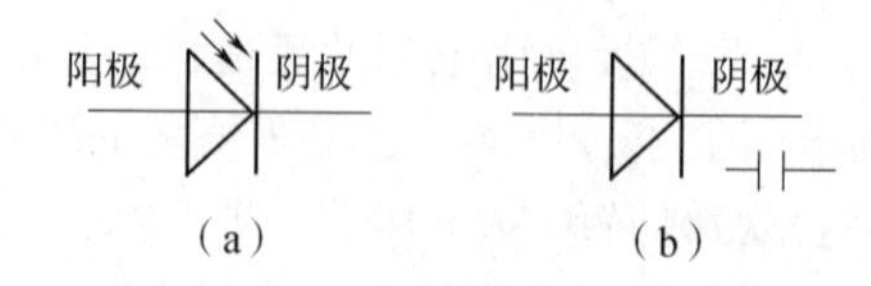

图 3－2－4　光电二极管和变容二极管符号

（二）双极型晶体管

1. 晶体管的分类

半导体晶体管又称双极型晶体管，其种类非常多。按照结构工艺分类，有 PNP 型和 NPN 型，按照制造材料分类，有锗管和硅管；按照工作频率分类，有低频管、高频管和微波管；一般低频管用以处理频率在 3 MHz 以下的电路中，高频管的工作频率可以达到几百兆赫。按照允许耗散的功率大小分类，有小功率管和大功率管；一般小功率管的额定功耗在 1 W 以下，而大功率管的额定功耗可达几十瓦以上。

2. 晶体管的判别与实验测试

晶体管主要有 PNP 和 NPN 型两大类，可以根据命令法从晶体管管壳上的符号识别出它的型号和类型。例如，晶体管管壳上印的是 3DG6，表明它是 NPN 型高频小功率硅晶体管。同时，还可以从管壳上色点的颜色来判断出晶体管的电流放大系数 β 值的大致范围。以 3DG6 为例，若色点为黄色，表示 β 值为 30～60；绿色表示 β 值为 50～110；蓝色表示 β 值为 90～160；白色表示 β 值为 140～200。但是，也有的厂家并非按此规定，使用时要注意。

当从管壳上知道它们的类型和型号以及 β 值后，还应进一步辨别它们的三个电极。

对于小功率晶体管来说，有金属外壳封装和塑料外壳封装两种。金属外壳封装的如果管壳上带有定位销，那么将管底朝上，从定位销起，按顺时针方向，三个电极依次为 e、b、c，如图 3－2－5（a）所示。如果管壳上无定位销，三个电极一般按等腰三角形排列，将管脚朝向自己，等腰“三角形”的底边朝下，从左按顺时针方向，三根电极依次为 e、b、c 如图 3－2－5（b）所示。

若是塑料外壳封装的，辨别时面对平面，三根电极朝下方，从左到右管脚右序依次为 e、b、c，如图 3－2－5（c）所示。

对于大功率晶体管，外形一般分为 F 型和 G 型两种，如图 3－2－6 所示。图（a）为 F 型管，从外形上只能看到两个电极。判别时将管底朝上，两个电极置于左侧，则上为 e，下

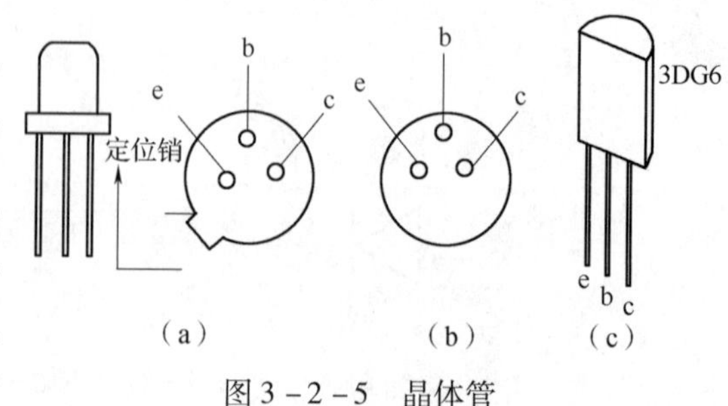

图 3－2－5　晶体管

为b，底座为c。图（b）为G型管，它的三个电极一般在管壳的顶部，将管底朝上，三根电极置于左方，从最下电极起，顺时针方向，依次为e、b、c。

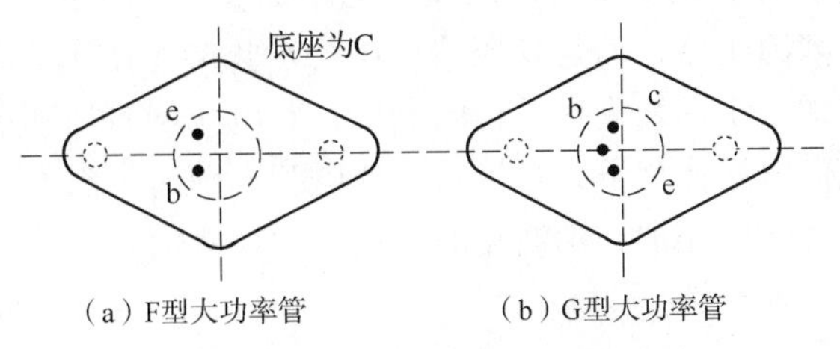

图3－2－6　F型和G型管引脚识别

晶体管的引脚必须正确确认，否则，接入电路不但不能正常工作，还可能烧坏晶体管。

当一个晶体管没有任何标记时，可以用万用表来初步确定该晶体管的好坏及其类型（NPN型还是PNP），并辨别出e、b、c三个电极。

（1）判别基极b和晶体管类型。将万用表欧姆挡置“$R\times100$”或“$R\times1\ \mathrm{k\Omega}$”处，先假设晶体管的某极为“基极”，并将黑表笔接在假设的基极上，再将红表笔先后接到其余两个电极上。如果两次测得的电阻值都很大（或者都很小），约几千欧至几十千欧（或约几百欧至几千欧），而对换表笔后测得的两个电阻值都很小或都很大，则可确定假设的基极是正确的。如果两次测得的电阻值是一大一小，则可肯定原假设的基极是错误的，这时就必须重新假设另一电极为“基极”，再重复上述的测试。最多重复两次就可找出真正的基极。当基极确定以后，将黑表笔接基极，红表笔分别接其他两极。此时，若测得的电阻值都很小，则该晶体管为NPN型管；反之，则为PNP型管。

（2）判断集电极c和发射极e。以NPN型管为例（见图3－2－7），把黑表笔接到假设的集电极c上，红表笔接到假设的发射极e上，并且用手捏住b和c极（不能使b、c直接接触），通过人体，相当于在b、c之间接入偏置电阻。读出表头所示c、e间的电阻值，然后将红、黑两表笔反接重测。若第一次电阻值比第二次小，说明原假设成立，黑表笔所接为晶体管集电极c，红表笔所接为晶体管发射极e。因为c、e间电阻值小，说明通过万用表的电流大，偏置正常。应该注意，用万用表测晶体管时，最好用“$R\times100$”、“$R\times1\ \mathrm{k\Omega}$”挡。因为万用表测电阻各挡表头内阻各不相同：使用“$R\times1$”挡会因表头内阻太小，使流过的电流过大而烧坏管子；使用“$R\times10\ \mathrm{k\Omega}$”挡会因表内电压太高，而使PN结击穿。

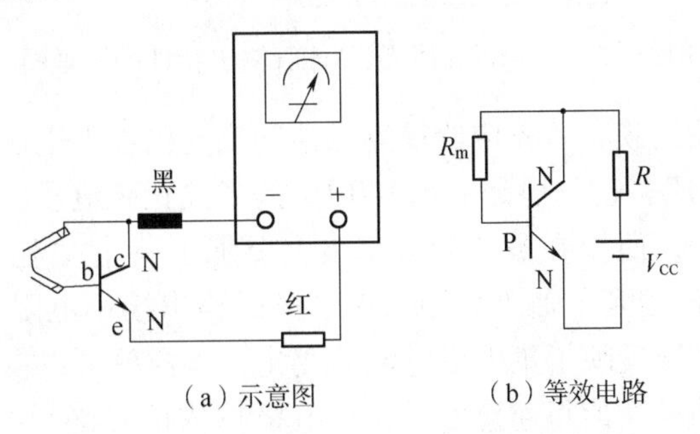

图3－2－7　用万用表判别晶体管的极性

以上介绍的是简单而粗略地对晶体管的测试和判断。如果要进一步精确测试，可借助于晶体管特性图示仪，它能十分清晰地显示出晶体管的输入特性和输出特性曲线以及电流放大系数β。

（3）用示波器测量二极管的伏安特性曲线：电路如图3－2－8所示，D为被测二极管，R是取样电阻，B_1是自耦调压器，B_2是变压器，D_1~D_4组成整流桥。调压器原边接交流电源时可在被测二极管上施加一个周期变化的正向电压，此电压同时加到示波器的x轴，作为示波器的扫描电压，在正向电压作用下，二极管导通电流i_D流过电阻R，在R上产生一个与i_D变化规律相同的电压，这个电压加到示波器的y轴作为被测信号，此时示波器的荧光屏上就会显示出二极管的正向伏安特性。

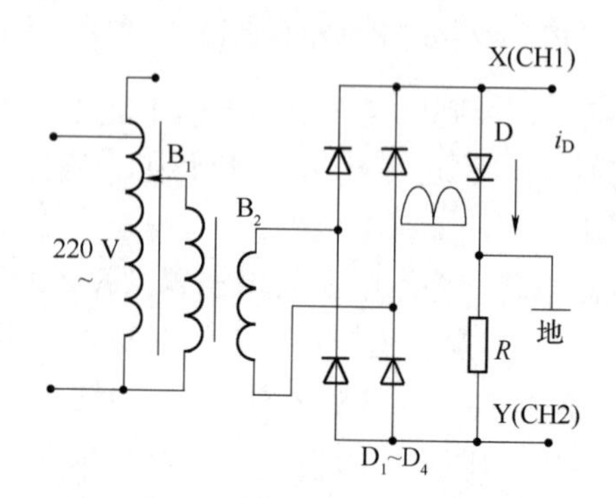

图3－2－8　示波器测量二极管的伏安特性曲线电路图

（4）用晶体管图示仪测试二极管和晶体管。用示波器不仅能测出二极管的特性曲线，也能测量晶体管的输入和输出的特性曲线，但是如果要同时观察晶体管的一簇输出曲线就需要附加控制电路。晶体管特性图示仪就是专门用于测试各种晶体管特性曲线的“专用示波器”。图3－2－9所示为图示仪测试晶体管输出特性的原理图。

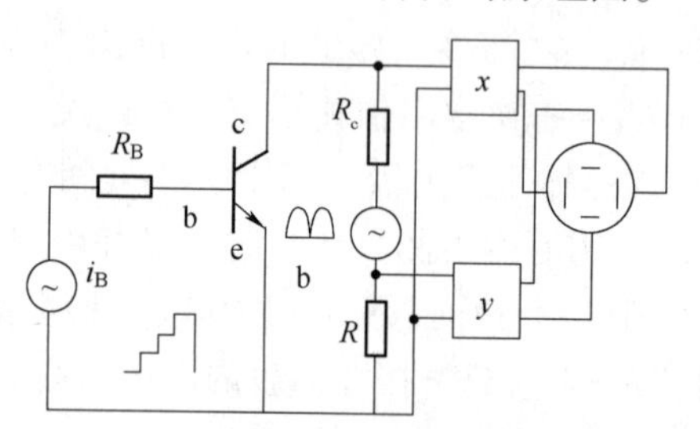

图3－2－9　图示仪测试晶体管输出特性的原理图

为了测出输出特性曲线簇，首先应给被测晶体管集电极加上电压，在图示仪中，这个电压称作“集电极扫描信号”，这一般是一个100 Hz的半波正弦电压。其次，输出特性每条曲线对应的i_B是等值增加的，所以在被测管的基极上要加上一个“基极阶梯信号”电流。将晶体管c、e间所加的电压接到x轴放大器，集电极回路串接小电阻R，从R两端取出的电压加到y轴放大器，此电压反映了集电极电流的变化，这样就可以在图示仪的示波管荧光屏上显示出一簇输出特性曲线。值得注意的是，集电极扫描信号必须要与基极阶梯信号同步。图3－2－10所示为晶体图示仪的结构方块图，图3－2－11（a）、（b）、（c）所示为测试信号的波形图。

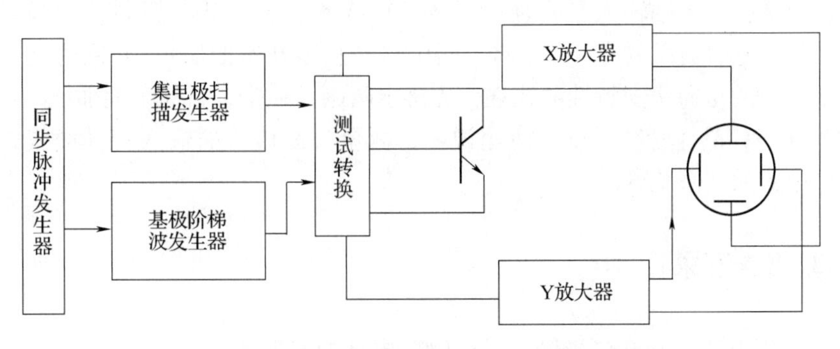

图 3－2－10　晶体图示仪的结构方块图

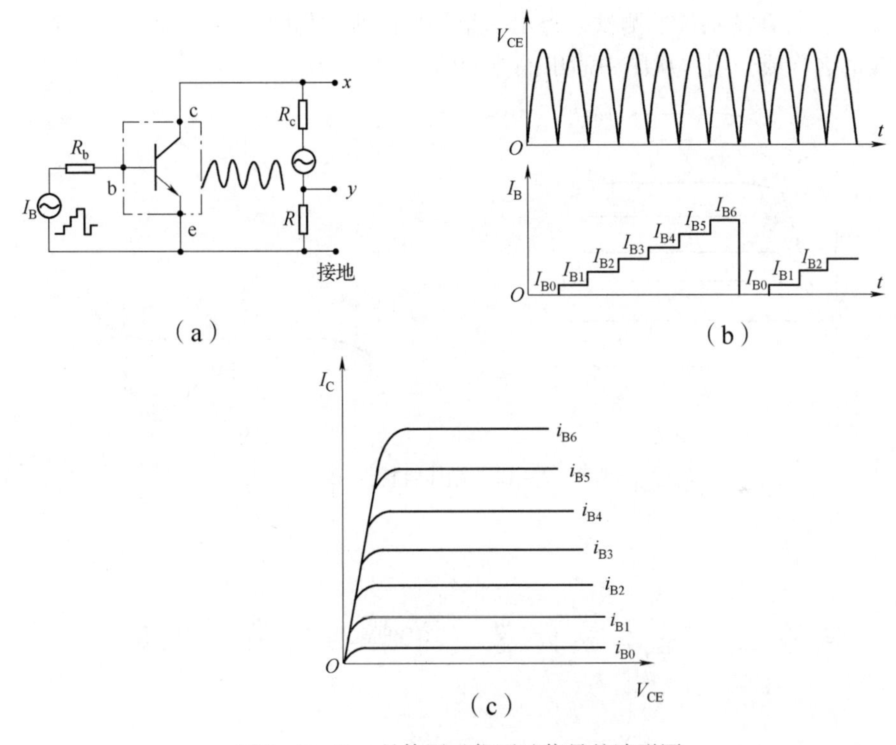

图 3－2－11　晶体图示仪测试信号的波形图

五、实验内容

（1）任选一半导体二极管，用万用表判断正、负极，并根据所呈现的正、反电阻大小来区别是硅材料的，还是锗材料的，以及此二极管质量的优劣。

（2）任选一半导体晶体管，用万用表测试：①找出 e、b、c 三个电极；②判断晶体管是 NPN 型还是 PNP 型，是硅管，还是锗管；③判断管子的质量（β 和 I_{CEO} 大小）。

（3）用 V-A 法测量二极管的正向伏安特性曲线，用直流电压表测出二极管两端的电压，用直流电流表测出相应的电流，将数据输入计算机，绘制曲线。

（4）用示波器测量二极管的正向伏安特性曲线，按图 3－2－8 接线，示波器的 CH1 作

为 x 轴输入，CH2 作为 y 轴输入，此时必须接下 $x-y$ 键，使示波器的 CH1 系统转换成 x 轴系统。CH2 的输入选择开关置于 DC，调节调压器（从零开始增加），并同时调节示波器有关旋钮，使二极管的正向伏安特性曲线在荧光屏上清晰、稳定，再绘下此曲线。

（5）对照 JT-1G 晶体管图示仪的使用说明，测量一晶体管的输入特性曲线，输出特性曲线，及共射电流放大系统 β。

六、实验报告要求

（1）简述选用万用表判断二极管、晶体管各电极的原理和方法。

（2）绘出二极管的正向特性曲线，标出临界导通电压（死区电压）V_{th}。

（3）某晶体管在图示仪上测试，得出一组特性曲线，如图 3－2－12（a）、(b）所示，说出每簇曲线的名称或作用，从图中读出晶体管的 β、I_{ceo}、$\beta_{V_{ceo}}$。

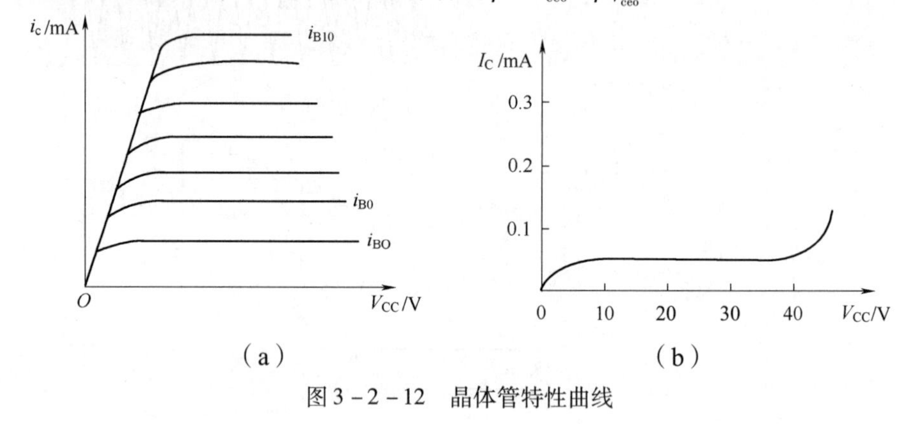

图 3－2－12　晶体管特性曲线

实验三　基本放大器（单管共射放大电路）

一、实验目的

（1）掌握放大器静态工作点的调整和测试方法。

（2）掌握基本放大器各性能指标的测试方法。

（3）了解放大器电路参数的变化对放大器各性能指标的影响。

（4）掌握用 Multisim 软件仿真基本放大器的方法。

二、预习要求

（1）复习基本放大电路的工作原理，搞清电路中各元件的作用。

（2）按 $V_{BQ}=3.6$ V，$\beta=50$，$R_c=3$ kΩ，$R_L=3$ kΩ 估算放大电路的静态工作点 Q（I_{CQ}、

U_{CEQ}），电压放大倍数 A_u，输入电阻 R_i 输出电阻 R_o。

（3）按预习内容及预习报告要求写出预习报告。

三、实验设备与器件

（1）TKDZ-1A 型模拟电路综合实验装置（含示波器、信号源发生器、交流毫伏表）、基本放大器实验电路板。

（2）安装 Multisim 软件、腾讯课堂（用于课堂教学）及 QQ 软件（用于答疑和布置作业）的计算机。

四、实验原理

（一）实验电路

基本放大电路实验板元件布局如图 3－3－1 所示。该实验电路为一典型的分压式工作点稳定电路，调整 R_P，可以获得合适的静态工作点 Q（I_{CQ}，U_{CEQ}）。R_{b11} 的变化范围为 20～490 kΩ，R_c 可以为 3 kΩ 和 2 kΩ，R_L 可为 3 kΩ 或无穷大，实验时，可按要求选择。

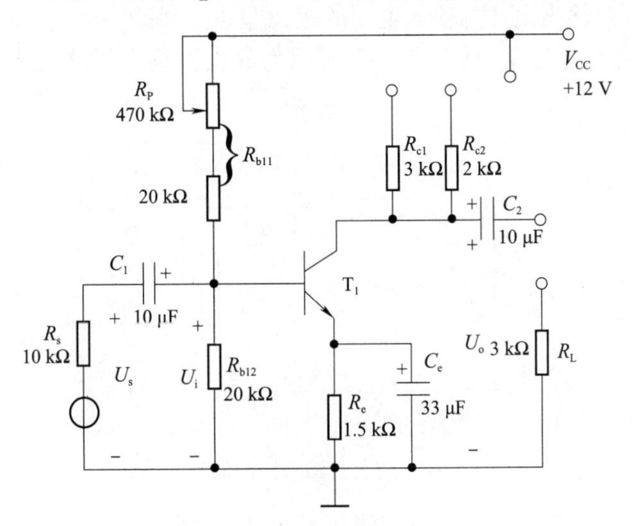

图 3－3－1　单管共射放大电路

（二）实验参数及测试方法

1. 静态参数

$$V_{BQ}=\frac{R_{b12}}{R_{b11}+R_{b12}}V_{CC} \qquad (3-3-1)$$

$$V_{EQ}=V_{BQ}-U_{BEQ} \qquad (3-3-2)$$

$$I_{CQ}\approx I_{EQ}=\frac{V_{EQ}}{R_e} \qquad (3-3-3)$$

$$U_{CEQ} = V_{CC} - I_{CQ}R_c - I_{EQ}R_e \approx V_{CC} - (R_c + R_e)I_{CQ} \quad (3-3-4)$$

2. 动态参数

电压放大倍数
$$\dot{A}_u = \frac{\dot{U}_o}{\dot{U}_i} = -\frac{\beta R'_L}{r_{be}} \quad (3-3-5)$$

其中
$$R'_L = R_C//R_L \qquad r_{be} = 300 + (1+\beta)\frac{26(\text{mV})}{I_E(\text{mA})} \quad (3-3-6)$$

输入电阻：$r_i = R_{b11}//R_{b12}//r_{be}$

输出电阻：$r_o \approx R_c$

3. A_u、r_i、r_o的测试原理及方法

所有动态参数指标均应在放大器的输出波形不失真的情况下测试。

（1）电压放大倍数 A_u。在放大器的输入端加一适当的输入信号，用示波器观察输出电压的波形，在波形幅度足够大且不失真时，测出输出电压 $\dot{U}_o$ 和输入电压 $\dot{U}_i$，得

$$\dot{A}_u = \frac{\dot{U}_o}{\dot{U}_i} \quad (3-3-7)$$

再利用示波器测量输出电压与输入电压的相位差 φ_A，则 $\dot{A}_u = A_u \angle \varphi_A$。

（2）放大器的输入电阻 r_i。图 3-3-2 所示为放大器输入回路的等效电路，图中 R_s为已知。

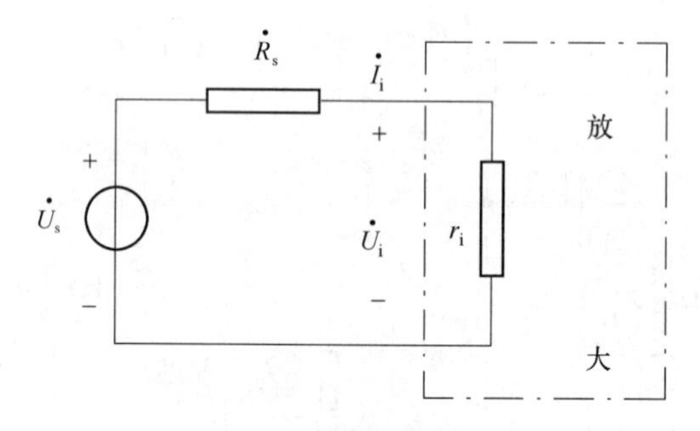

图 3-3-2 放大器输入回路的等效电路

在放大器输出电压不失真的情况下，测出 U_s和 U_i，则

$$r_i = \frac{U_i}{I_i} = \frac{U_i}{\dfrac{U_s - U_i}{R_s}} \quad (3-3-8)$$

（3）放大器输出电阻 r_o。图 3-3-3 所示为放大器输出回路的等效电路，图中 R_L为已知值，在放大器输出电压 U_o（带负载 R_L）和 U'_o（不带负载 R_L）均不失真时，测出 U_o和 U'_o，则：

$$r_o = \frac{U'_o - U_o}{I_o} = \frac{U'_o - U_o}{\dfrac{U_o}{R_L}} = \left(\frac{U'_o}{U_o} - 1\right)R_L \quad (3-3-9)$$

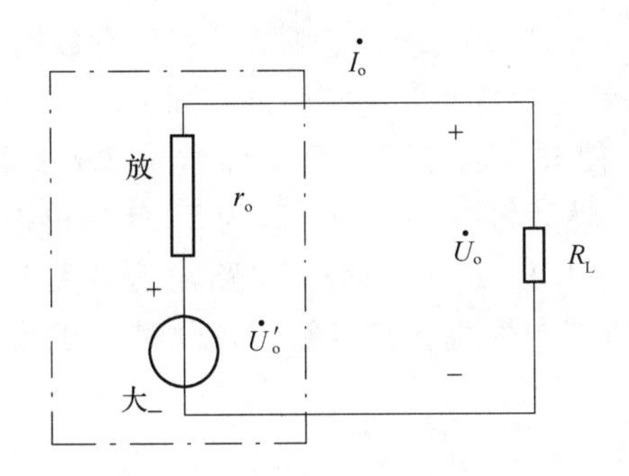

图 3-3-3　放大器输出回路的等效电路

五、实验内容

（一）线下实验方式

1. 静态工作点选择

静态工作点是否合适，对放大器的性能和输出波形都有很大影响，若静态工作点偏高，放大器在加入交流信号后易产生饱和失真，此时 U_o的负半周将被削底；若静态工作点偏低，则易产生截止失真，即 U_o的正半周被削顶。这些情况都不符合不失真放大的要求。所以在选定静态工作点以后还必须进行动态调试，即在放大器输入端加入一定的 U_i，检查输出端电压 U_o的大小和波形是否满足要求。若不满足，则应调节静态工作点的位置。

改变电路参数 V_{CC}、R_e、R_{b11}、R_{b12}都会引起静态工作点的改变，若减小 R_{b11}，则可使静态工作点提高等。

需要说明的是，上面所说的静态工作点“偏高”或“偏低”不是绝对的，应该是相对信号的幅度而言的，若信号幅度很小，即使静态工作点较高或较低也不一定会出现失真。所以确切地说，产生波形失真是信号幅度与静态工作点设置不当所致。如果需要满足较大的信号幅度要求，静态工作点应尽量靠近交流负载线的中点。

2. 调整并测试静态工作点

在实验板上按图 3-3-1 连线，即 $R_{c1}=3\ \text{k}\Omega$ 接入电路，电源 $V_{CC}=12\ \text{V}$，合上开关；再接入信号源 U_s 使 $f=1\ \text{kHz}$，U_s 由小增大，同时用示波器观察输出波形是否正负同时出现失真，若不是，则调整 R_p，当输出波形正负方向同时出现对称的失真时，减小 U_s 使输出波形正好不失真，说明此时放大器的动态范围最大，记下此时的最大不失真电压 U_{om}，然后去掉 U_s，同时将输入端对地短接，用数字电压表测量静态工作点 V_{BQ}、V_{CQ}和 V_{EQ}，计算 I_{CQ}和 U_{CEQ}。

3. 测试动态指标 A_u、r_i 和 r_o

电路各参数不变，加上 U_s，测量 U'_o，然后接上 R_L，测量 U_o、U_i 和 U_s，计算：

$$A_u = \frac{U_o}{U_i} \qquad r_i = \frac{U_i}{U_s - U_i}R_s \qquad r_o = \left(\frac{U'_o}{U_o} - 1\right)R_L$$

4. 观察电路参数的变化对放大器的输出电压波形和动态范围的影响

（1）改变 R_L：

①电路参数 $R_c=3\ \text{k}\Omega$，$R_L=\infty$调节电位器 R_p，使放大器输出最大不失真电压，测量并

计算此时的静态工作点 Q 及 A_u，观察其动态范围，并将所有数据及结论填入自制表。

②接上 $R_L = 3\ k\Omega$，电路其他参数不变，实验内容同上。

（2）改变 R_c：调节 R_p，使放大器在 $R_c = 3\ k\Omega$，$R_L = 3\ k\Omega$ 条件下有最大不失真输出，测试此时的静态及动态参数，然后将 R_c 由 3 kΩ 改为 2 kΩ 后再进行观察测试。

（3）改变 R_b：恢复 $R_c = 3\ k\Omega$，$R_L = 3\ k\Omega$，电路输出最大且不失真，然后增大和减少 R_p，使输出波形出现明显的单方向失真，测量并比较此时 Q 的变化，分析失真波形的类别和产生失真的原因。

（二）线上实验方式

1. 调整并测试静态工作点

如图 3－3－4 所示为基本放大器的 Multisim 仿真电路，通过按键 C 和 B 控制两个开关 S_1 和 S_2。当 S_2 闭合时，接入信号源 U_s 使 $f = 1$ kHz，U_s 由小增大，同时用示波器观察输出波形是否正负同时出现失真，若不是，则调整 R_z，当输出波形正负方向同时出现对称的失真时，减小 U_s 使输出波形正好不失真，说明此时放大器的动态范围最大，记下此时的最大不失真电压 U_{om}，然后去掉 U_s，同时将输入端对地短接，用万用表 XMM1～XMM3 测量静态工作点 V_{BQ}、V_{CQ}和 V_{EQ}，计算 I_{CQ}和 U_{CEQ}。

2. 动态参数测试

将输入端对地短接线拿掉，用虚拟仪表完成测试内容（测试内容同线下）。

3. 观察电路参数的变化对放大器的输出电压波形和动态范围的影响

用虚拟仪表完成测试内容（测试内容同线下）。

说明： 软件中涉及的图形符号与国家标准图形符号不一致，二者对照关系参见附录 F。

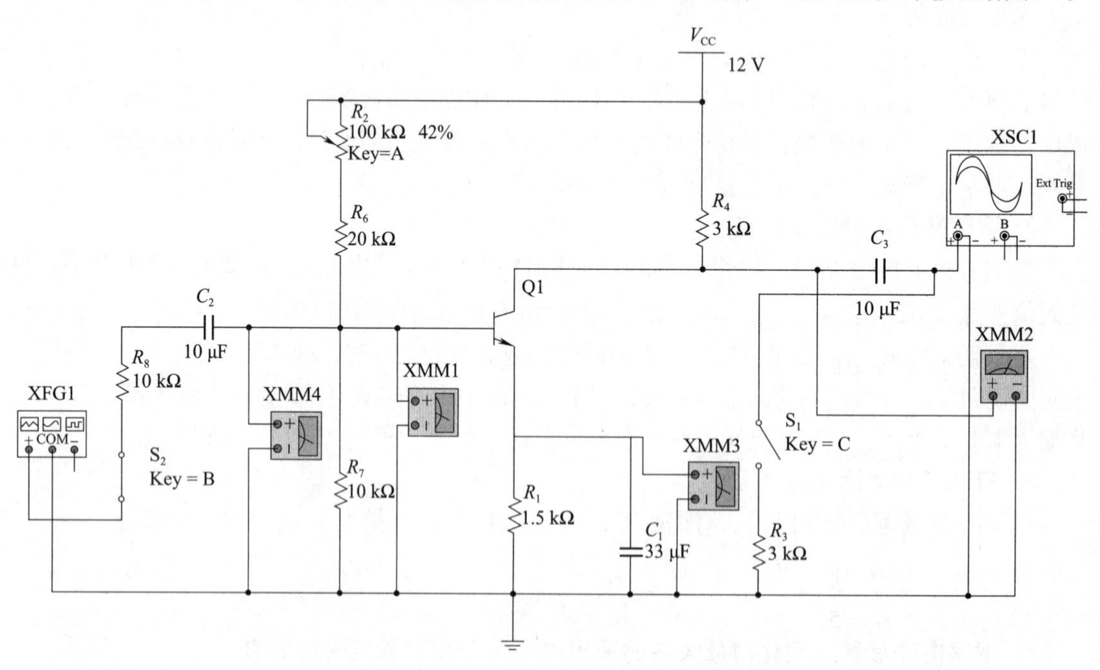

图 3－3－4　基本放大器的 Multisim 仿真电路

六、实验报告要求

（1）整理实验数据，并填入自拟表格。

（2）将预习报告中的估算值与对应电路的实验值进行分析比较。

（3）结合实验数据预习相关内容，总结 R_L、R_c 和 R_b 的变化对放大器的静态工作点 Q，电压放大倍数 A_u 以及输出动态范围的影响。

七、思考题

（1）当放大器的 R_c、R_L 及 V_{CC} 一定时，（参见图 3－3－1）调整哪个元件，可以使静态工作点 Q 在负载线上下移动，Q 点设置在何处时，放大器的动态范围最大？

（2）当放大器的 R_L 及 V_{CC} 一定，且动态范围达到最大时，增加或减少 R_c，Q 怎样移动？此时，放大器的动态范围如何变化？放大器的电压放大倍数如何变化？

（3）若放大器在 R_b、R_c 及 V_{CC} 一定时，改变负载电阻 R_L，对 Q 有无影响？对 A_u 和动态范围有何影响？

以上问题均可用图解法说明。

实验四　负反馈放大器

一、电压串联负反馈放大器

（一）实验目的

（1）学习多级放大器性能指标的测试方法。

（2）掌握电压串联负反馈放大器的测试方法。

（3）研究电压串联负反馈放大器对性能指标的影响。

（4）掌握负反馈放大器频率特性的测试方法。

（5）掌握 Multisim 的原理图输入方法及实验结果的仿真方法（线上）。

（二）预习要求

（1）复习电压串联负反馈放大器的工作原理以及对放大器性能的影响。

（2）按 $\beta_1 = \beta_2 = 50$，$V_{B1} = 3.6\ V$，其他参数如图 3－4－1 所示，估算：

①A、B 断开时，基本放大器的 A_u、R_i、R_o。

②A、B 连接时，电压串联负反馈放大器的 A_{uf}、R_{if}、R_{of}、F、$1 + A_uF$。

③根据上述要求写出预习报告。

（3）熟悉 Multisim 软件原理图输入法及电路图编译、仿真方法。

（三）实验设备与器件

（1）TKDZ-1A 型模拟电路综合实验装置（含示波器、信号源发生器．交流毫伏表）电压串联负反馈实验电路板。

（2）安装 Multisim 软件、腾讯课堂（用于课堂教学）及 QQ 软件（用于答疑和布置作业）的计算机。

（四）实验电路与原理

1. 实验电路图

实验电路图如图 3－4－1 所示。该实验电路是一个两级阻容耦合放大电路，在电路中通过电阻 R_F把输出电压 U_o引回到输入回路。

断开反馈支路 A、B 端，即 A 点悬空，则该电路为基本两极放大电路；若 A 与 B 连接，电路则成为电压串联负反馈放大电路。

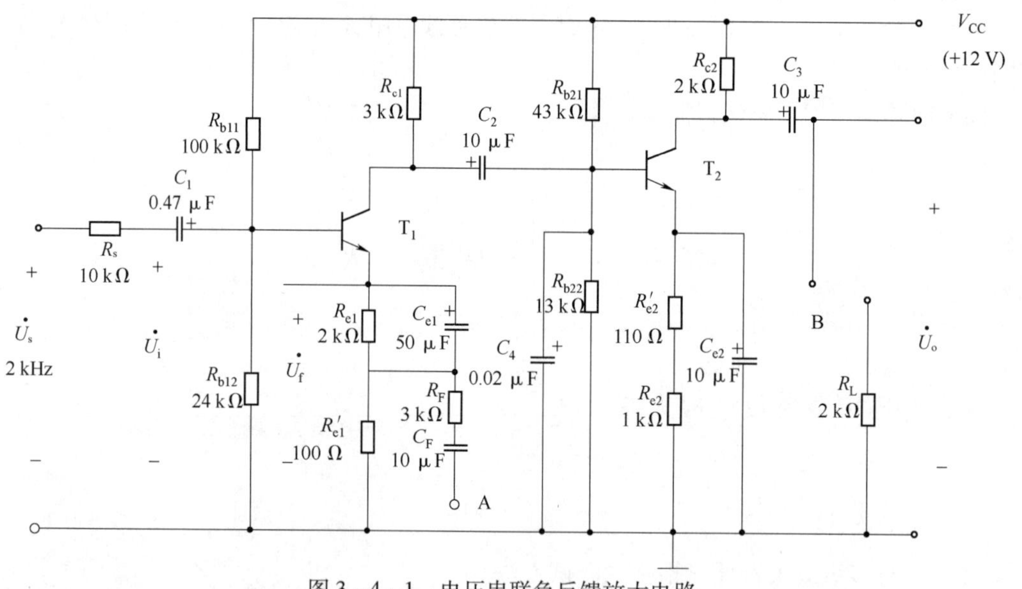

图 3－4－1　电压串联负反馈放大电路

2. 实验原理

负反馈在电子电路中有着非常广泛的应用，虽然负反馈使放大器的放大倍数降低，但它在多方面改善放大器的动态参数，如稳定放大倍数，改善输入、输出电阻，减小非线性失真和展宽通频带等。因此，几乎所有的实用放大器都带有负反馈。

根据输出端采样方式和输入端比较方式的不同，可以把负反馈放大器分成四种不同的组态：即电压串联负反馈、电压并联负反馈、电流串联负反馈、电流并联负反馈。本实验以电压串联负反馈为例，分析负反馈对放大器各项性能指标的影响。

（1）闭环电压放大倍数 A_{uf}：

$$\dot{A}_{uf} = \frac{\dot{A}_u}{1 + \dot{A}_u \dot{F}_u} \tag{3-4-1}$$

式中，$\dot{A}_u=\dot{U}_o/\dot{U}_i$为基本放大器（无反馈）的电压放大倍数，即开环电压放大倍数；$1+\dot{A}_u\dot{F}_u$为反馈深度，其大小决定了负反馈对放大器性能改善的程度。

（2）输入电阻 R_i：

$$R_i=\frac{U_i}{U_s-U_i}\cdot R_s \tag{3-4-2}$$

（3）输出电阻 R_o：

$$R_o=\left(\frac{U_o'}{U_o}-1\right)\cdot R_L \tag{3-4-3}$$

式中，U_o为带负载时的输出电压；U_o'为空载时的输出电压。

（4）反馈系数 F_u：

$$\dot{F}_u=\frac{\dot{U}_f}{\dot{U}_{of}} \tag{3-4-4}$$

式中，$\dot{U}_f$为反馈电压，$\dot{U}_{of}$为闭环输出电压（带载）。

（5）通频带 B_w：阻容耦合放大器的幅频特性，在中频段放大倍数较高，在高低频率两端放大倍数较低，开环通频带为 B_w，引入反馈后放大倍数要降低，但是高、低频各种频段的放大倍数降低的程度不同。

如图 3-4-2 所示，对于中频段，由于开环放大倍数较大，则反馈到输入端的反馈电压也较大，所以闭环放大倍数减小很多。对于高、低频段，由于开环放大倍数较小，则反馈到输入端的反馈电压也较小，所以闭环放大倍数减小得少。因此，负反馈的放大器整体幅频特性曲线都下降。但中频段降低较多，高、低频段降低较少，相当于通频带拓宽了。

$$B_w=f_H-f_L$$

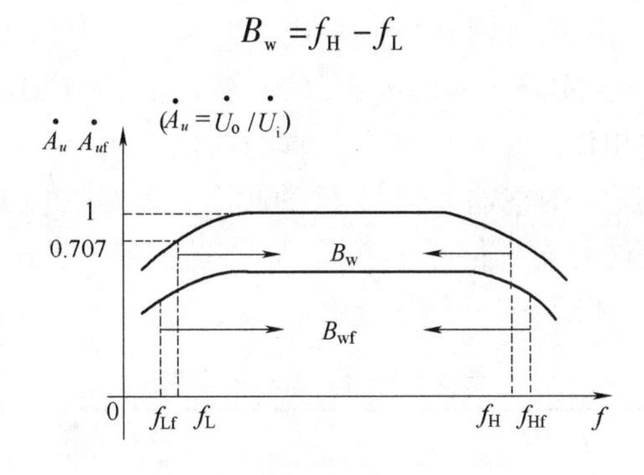

图 3-4-2　幅频特性

（五）实验内容

1. 线下实验方式

（1）测试静态工作点：

①开环实验：A 悬空，$V_{CC}=+12$ V。测试静态工作点，V_{BQ}、V_{CQ}、V_{EQ}，并计算 I_{CQ}、

U_{CEQ}，将数据填入表 3-4-1 中。

$$I_{CQ}=\frac{V_{CC}-V_{CQ}}{R_C} \tag{3-4-5}$$

$$U_{CEQ}=V_{CQ}-V_{BQ} \tag{3-4-6}$$

②闭环实验：A 接 B，$V_{CC}=+12$ V，方法同①，将实验数据填入表 3-4-1 中。

表 3-4-1 结果记录表

测量项目	U_{BQ}/V	U_{CQ}/V	U_{EQ}/V	U_{CEQ}/V	I_{CQ}/mA
开环					
闭环					

(2) 测量放大器的动态参数：将频率为 2 kHz 的正弦信号接入电路，用示波器观察输出波形，在输出波形不失真时，用交流毫伏表测量 U_s、U_i、U_o、U_o'和 U_f（闭环），并计算 A_u、R_i、R_o、F、$1+AF$，将数据采集或填入表 3-4-2 中。

表 3-4-2 结果记录表

测量项目	U_s/mV	U_i/mV	U_o'/V	U_o/V	U_f/mV
开环					
闭环					
计算项目	A_u	R_i	R_o	F	$1+AF$
开环					
闭环					

(3) 测试放大器的通频带。通常用示波器、交流毫伏表和信号源配合测出 f_H、f_L，然后计算通频带 $B_w=f_H-f_L$，测试方法如下：

①调节信号源的频率，用示波器和交流毫伏表监视输出电压 U_o，找出放大器的放大倍数最大的频段（即中频段），实际上实验内容（2）给出的 $f=2$ kHz 即为中频段。

②用示波器监控 U_o输出波形，在波形不失真的前提下用交流毫伏表测量输出电压 U_o的幅度，并将此作为基准电压，调整输入信号 U_s的频率，使得交流毫伏表上显示的输出电压变为基准电压的 70.7%，这时输入信号的频率即为截止频率，小于中频段的为 f_L，大于中频段的为 f_H，将结果填入表格 3-4-3 中。

表 3-4-3 结果记录表

测量项目	f_L/Hz	f_H/kHz	B_w
开环			
闭环			

2. 线上实验方式

(1) 利用 Multisim 软件的原理图输入法输入图 3-4-1。

(2) 静态工作点测试，方法同线下实验。

(3) 动态参数测试，输入 2 kHz 正弦信号，A 与 B 间，R_L和输出端建议接开关。

(4) 通频带测试，方法同线下测试。

（六）实验报告要求

（1）列表整理各实验数据，比较有、无负反馈时，各动态指标的变化规律。
（2）将实验结果与估算的理论值比较，讨论产生误差的原因。
（3）总结电压串联负反馈对放大器性能指标的影响。
（4）利用深度负反馈的近似公式，估算电压放大倍数 A_{uf}，分析产生误差的原因。
（5）线上报告要求和线下相同。

二、电压并联负反馈放大器

（一）实验目的

（1）掌握电压并联负反馈放大器的测试方法。
（2）研究电压并联负反馈放大器对性能指标的影响。

（二）实验电路与原理

电压并联负反馈放大器电路原理图如图 3－4－3 所示，按原理图在基本放大器实验板上接线，参照实验四中的电压串联负反馈实验，自拟实验方案，对实验电路进行开环和闭环实验，并比较理论值与实验值的差距，分析其原因。

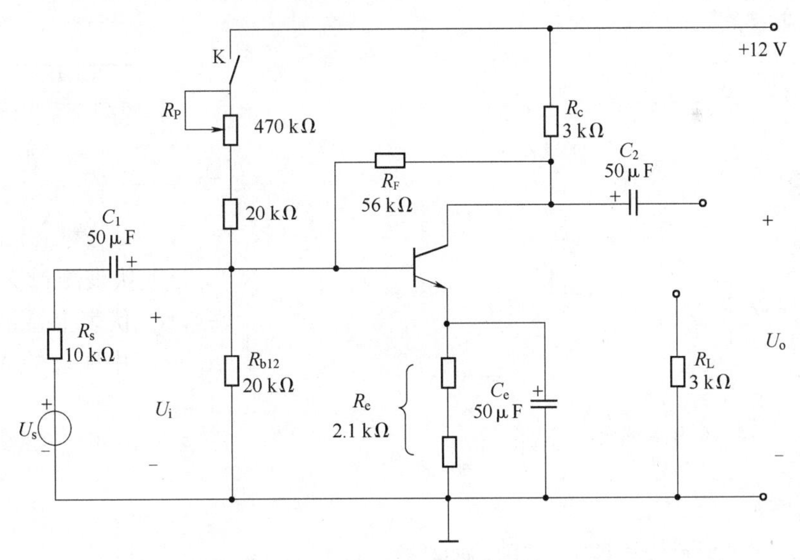

图 3－4－3　电压并联负反馈

（三）思考题

（1）________________负反馈能降低输出电阻；
________________负反馈能提高输出电阻；
________________负反馈能稳定输出电压；

________________负反馈能够稳定输出电流；
________________负反馈能提高输入电阻；
________________负反馈能稳定静态工作点；
________________负反馈能提高电压放大倍数。

（2）为了提高反馈效果，应采取的措施为：

①对串联负反馈要求信号源内阻 R_s ________________。

②对并联负反馈要求信号源内阻 R_s ________________。

三、深度负反馈放大器的研究

（一）实验目的

掌握深度负反馈条件下，放大器各项性能指标的测试和计算方法。

（二）实验电路与原理

1. 实验电路

实验电路如图 3-4-4 和图 3-4-5 所示，放大器采用通用运算放大器 LM301，其开环电压增益为 1.6×10^5，差模输入电阻为 2 MΩ，输出电阻为 200 Ω 左右，在补偿电容为 30 pF 时，该运放开环时，上限截止频率为 1 kHz。该实验电路在“运算放大器在信号运算方面的应用”实验板上接线。

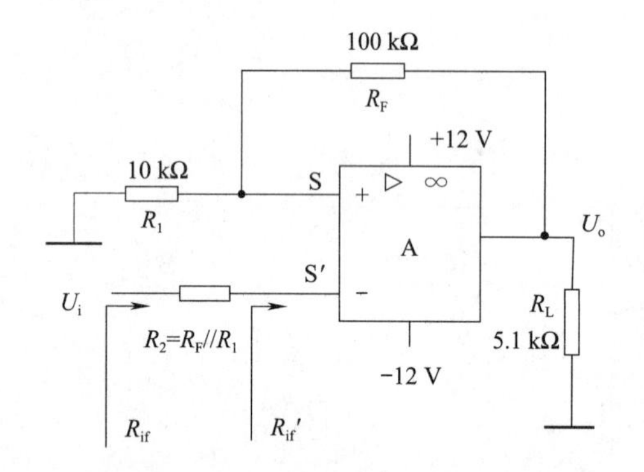

图 3-4-4　电压并联负反馈电路

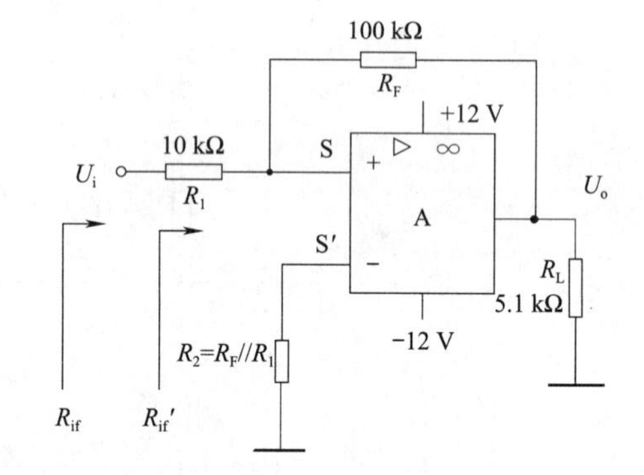

图 3-4-5　电压串联负反馈电路

2. 实验原理

电压并联深度负反馈电路即反相比例电路，其主要特点如下：

（1）集成运算放大器的反相输入端为虚地点，其共模输入电压近似为 0。对集成运放的共模抑制比（CMRR）要求比较低。

（2）由于是并联负反馈，输入电阻低，$r_i = R_1$。由于是电压负反馈，输出电阻小，$r_o\approx 0$，带负载能力强。

电压串联负反馈电路即同相比例电路，其主要特点是：

（1）$U_+ = U_- = U_i$，集成运放的共模电压等于输入电压，对集成运放的 CMRR 要求比较高。

（2）由于是串联反馈，输入电阻为开环时的（$1+AF$）倍。由于是电压反馈，输出电阻很小，带负载能力强。

电压并联负反馈电路（反相比例电路）的电压放大倍数：

$$A_{uf}=-\frac{R_f}{R_1} \tag{3-4-7}$$

电压串联负反馈电路（同相比例电路）的电压放大倍数：

$$A_{uf}=1+\frac{R_F}{R_1} \tag{3-4-8}$$

（三）实验内容

1. 线下实验方式

（1）电压并联负反馈放大器的测试：

①A_{uf}：实验电路原理图参见图3-4-4所示，在“运算放大器在信号运算方面的应用”实验板上按原理图连接，电源电压$V_{CC}=+12$ V，$V_{EE}=-12$ V。在输入端加正弦信号$U_i=0.3$ V，$f=500$ Hz，测量U'_o和U_o，计算A_{uf}和r_{of}。

②若将此电路改为反相器，R_F和R_Z应如何取值？

电压传输特性：将示波器换成$x-y$显示方式（按下MENU键，将时基换成$x-y$），即CH2接输出电压U_o，CH1接输出电压U_i，调节示波器，使示波器上显示U_i-U_o的传输特性曲线，适当增加U_i，使曲线出现转折点，测量并记录曲线的斜率及转折点的输入电压值，说明它们的含义。

③r_{if}：把R_1当作R_s，测量U_I、U_-、U_+，计算r_{if}。将r_{if}与组件的开环输入电阻比较，说明并联反馈对输入电阻的影响。

用实测的U_-、U_+值说明虚地现象，并分析此电路的共模输入电压的大小。

（2）电压串联负反馈电路（同相比例放大器）的测试，电路参见图3-4-5。

①A_{uf}：在$R_L=\infty$时加输入信号$U_I=0.3$ V，$f=500$ Hz，用示波器观察输出电压的波形，在不失真的情况下，测出U'_o和U_o，计算A_{uf}和r_{of}。

若该电路的$R_F=0$，$R_1=\infty$时，A_{uf}为多少？自拟电路进行测试，这种电路叫什么电路，特点是什么？

②电压传输特性：方法同（1）中的②。

③测量电路的上限截止频率f_{Hf}。方法同实验四中的电压串联负反馈实验中的实验原理（3），将所测的f_{Hf}与组件的开环上限截止频率比较，看通频带拓宽了多少？

2. 线上实验方式

（1）利用Multisim软件的原理图输入法输入图3-4-4。

（2）在输入端加正弦信号$U_i=0.3$ V，$f=500$ Hz，测量U'_o和U_o，计算A_{uf}和r_{of}。

（3）测试电压传输特性，截图保存。

（4）测试图3-4-5，测试内容同线下，测试方法图3-3-4。

（四）实验报告要求

（1）整理各电路的实验数据，对两种电压负反馈电路的性能进行列表比较。

（2）画出各电路的传输特性曲线。
（3）画出反相器和电压跟随器的电路原理图。
（4）线上报告要求同线下报告。

（五）思考题

（1）电压串联和电压并联负反馈电路各自的特点是什么？各在什么情况下被采用？
（2）什么是“虚地点”，什么是“虚短”现象？什么是“虚断”现象？请用实验数据来说明。

实验五 差分放大电路

一、实验目的

（1）掌握差分放大电路的结构和性能特点。
（2）掌握差分放大器的测试方法。
（3）掌握 Multisim 的原理图输入方法及实验结果的仿真方法（线上）。

二、预习要求

掌握以下概念及定义：
（1）零点漂移与温度漂移。
（2）共模信号与共模放大倍数。
（3）差模信号与差模放大倍数。
（4）共模抑制比。
（5）长尾及恒流源差分放大器的结构及特点。
（6）熟悉 Multisim 软件原理图输入法及电路图编译、仿真方法。

三、实验设备与器件

（1）模拟电子线路实验台、差分放大器实验电路板。
（2）安装 Multisim 软件、腾讯课堂（用于课堂教学）及 QQ 软件（用于答疑和布置作业）的计算机。

四、实验电路与原理

实验电路如图 3-5-1 所示。其中 T_1、T_2 管型号相同，特性相同，各对应电阻阻值相同。1、2 端为信号输入端，调节 R_P可调整电路的对称性。电路中 A 与 B 连接为长尾式差分电路，A 与 C 连接为恒流源式差分电路。

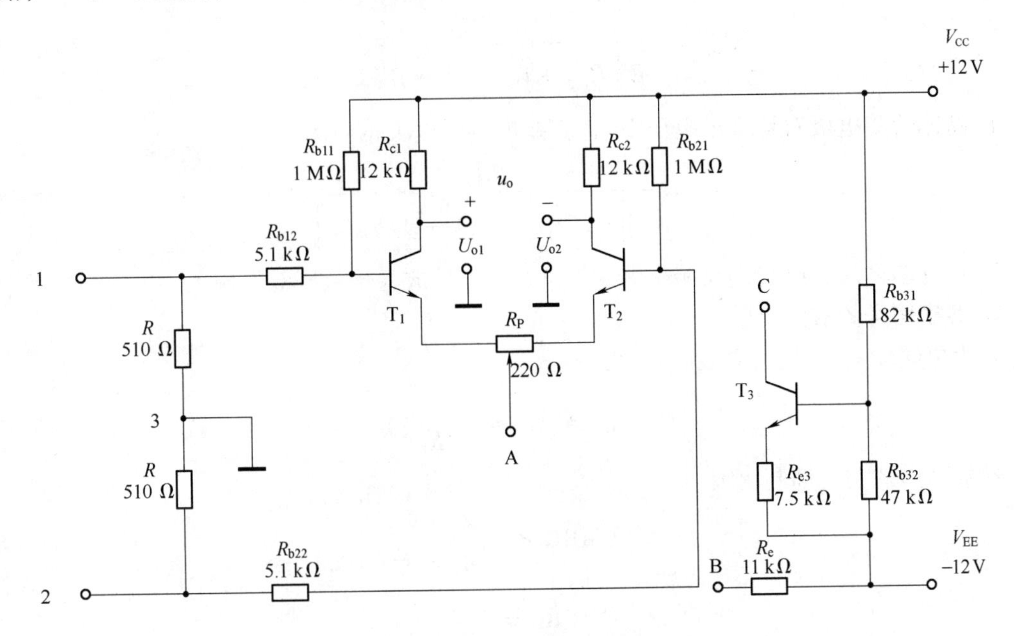

图 3－5－1　实验电路图

（一）静态分析

以输入信号为 0，长尾式差分电路为例，由于采用了负电源，T_1、T_2晶体管的基极电位接近 0 V，而 R_P远小于 R_e，那么发射极电流

$$I_{EQ} \approx \frac{V_{EE} - U_{BEQ}}{2R_e} \tag{3-5-1}$$

可知，首先 R_e不宜过大，再则只要合理地选择 R_e的阻值，并与电源 V_{EE}相配合，就可以设置合适的静态工作点。由 I_{EQ}，可得 I_{BQ}和 U_{CEQ}：

$$I_{BQ} \approx \frac{I_{EQ}}{1+\beta} \tag{3-5-2}$$

$$U_{CEQ} = U_{CQ} - U_{EQ} \approx V_{CC} - I_{CQ}R_C + U_{BEQ} \tag{3-5-3}$$

调节 R_P，可使 $U_{CQ1} = U_{CQ2}$，则 $u_o = U_{CQ1} - U_{CQ2} = 0$。

实际上，调节不一定绝对为 0，只要在误差允许范围即可，例如正、负几十毫伏都可。

（二）动态分析

1. 差模信号的放大倍数

（1）双端输入、双端输出电路，其差模电压放大倍数：

$$A_d = -\frac{\beta R_c}{R_{b12} + r_{be} + (1+\beta)R_P/2} \tag{3-5-4}$$

（2）双端输入、单端输出电路：

T_1晶体管集电极对地输出电压 U_{o1}，其差模电压放大倍数为：

$$A_{d1} = -\frac{\beta R_{c1}}{2\left[R_{b12} + r_{be} + (1+\beta)R_P/2\right]} \tag{3-5-5}$$

T_2 晶体管集电极对地输出电压 U_{o2}，其差模电压放大倍数为：

$$A_{d2} = \frac{\beta R_{c2}}{2\left[R_{b12} + r_{be} + (1+\beta)R_P/2\right]} \tag{3-5-6}$$

（3）单端输入、单端或双端输出电路，差模电压放大倍数同双端输入。

2. 共模信号的放大倍数

若为单端输出，其共模电压放大倍数为

$$A_{c1} = A_{c2} \approx -\frac{R_c}{2R_e} \tag{3-5-7}$$

单端输出的共模抑制比为

$$\mathrm{CMRR}_1 = \left|\frac{A_{d1}}{A_{c1}}\right| \tag{3-5-8}$$

$$\mathrm{CMRR}_2 = \left|\frac{A_{d2}}{A_{c2}}\right| \tag{3-5-9}$$

双端输出时共模抑制比很高，一般采用下列形式

$$\mathrm{CMRR} = 20\lg\left|\frac{A_d}{A_c}\right|(\mathrm{dB}) \tag{3-5-10}$$

由共模电压放大倍数公式可知，欲提高共模抑制比，应增大 R_e ，当用由 T_3 管构成的恒流源代替 R_e 时，CMRR 可高达 80 ~ 100 dB。

五、实验内容

（一）线下实验方式

1. 静态测试

给实验电路板加电（±12 V 和地），1、2 两输入端同时对地短接，连接 A 和 B，构成长尾电路。调节 R_P，使接近 U_o于 0 V（±30 mV）。用直流电压表测量两个晶体管的各极电压，计算 I_C、U_{CE}，填表 3-5-1。连接 A 和 C，构成恒流源电路，测量并计算三个晶体管的参数，填表 3-5-2。

表 3-5-1 长尾式差分放大电路的静态测试

<table>
<tr><td rowspan="2">测量值</td><td colspan="2">U_{C1}</td><td colspan="2">U_{B1}</td><td colspan="2">U_{E1}</td><td colspan="2">U_{C2}</td><td colspan="2">U_{B2}</td><td colspan="2">U_{E2}</td></tr>
<tr><td colspan="2"></td><td colspan="2"></td><td colspan="2"></td><td colspan="2"></td><td colspan="2"></td><td colspan="2"></td></tr>
<tr><td rowspan="2">计算值</td><td colspan="3">U_{CE1}</td><td colspan="3">I_{C1}</td><td colspan="3">U_{CE2}</td><td colspan="3">I_{C2}</td></tr>
<tr><td colspan="3"></td><td colspan="3"></td><td colspan="3"></td><td colspan="3"></td></tr>
</table>

表 3－5－2　恒流源差分放大电路的静态测试

测量值	U_{C1}	U_{B1}	U_{E1}	U_{C2}	U_{B2}	U_{E2}	U_{C3}	U_{B3}	U_{E3}
计算值	U_{CE1}	I_{C1}	U_{CE2}	I_{C2}	U_{CE3}	I_{C3}			

2. 差模测试

拆除输入端的短路线，连接输入端 2 和 3，在 1、2 之间加有效值为 0.1 V（实验板输入端测量），频率为 400 Hz 的正弦信号。用交流毫伏表测量单端输出，并计算双端输出和放大倍数，填表 3－5－3。

表 3－5－3　差动放大器的差模测试

—	—	输　出					
电路形式	输入 $f=400$ Hz	测量值			计算值		
		单端		双端	单端		双端
		u_{Od1}	u_{Od2}	u_{Od}	A_{d1}	A_{d2}	A_d
长尾电路	交流单端 $u_{Id}=0.1$ V						
恒流源电路	交流单端 $u_{Id}=0.1$ V						

3. 共模测试

将输入端 1 和 2 连接，在 1、3 之间加有效值为 2 V（实验板输入端测量），频率为 400 Hz 的正弦信号。用交流毫伏表测量单端输出，并计算双端输出和放大倍数，填表 3－5－4。

表 3－5－4　差动放大器的共模测试

—	—	输　出					
电路形式	输入 $f=400$ Hz	测量值			计算值		
		单端		双端	单端		双端
		u_{Oc1}	u_{Oc2}	u_{Oc}	A_{c1}	A_{c2}	A_c
					$CMRR_1$	$CMRR_2$	CMRR
长尾电路	交流 $u_{Ic}=2$ V						
恒流源电路	交流 $u_{Ic}=2$ V						

4. 电压传输特性

输入差模信号（同上 2），数字示波器设置为 $x-y$ 方式，CH1 接输入信号，CH2 接输出信号，逐渐增加输入信号，观察示波器显示屏的曲线出现折点，记录波形并采集波形。

示波器调节注意：按水平 POSITION 旋钮下方 MENU 键，在菜单“时基”下选 $x-y$ 方式，此时默认采样率 $S_a=1.000$ MHz，旋水平 SCALE 旋钮可改变采样率。本例可选 $S_a=$

50.00 kHz，为使示波器显示波形清晰稳定，可按 RUN/STOP 键，记录示波器波形。

（二）线上实验方式

（1）利用 Multisim 软件的原理图输入法输入图 3-5-1，建议 A、B、C 间接单刀双掷开关。

（2）静态测试，输入端对地短接，晶体管各电极都接电压表，数据要求同线下实验。

（3）差模测试，方法同线下实验。

（4）共模测试，方法同线下实验。

六、实验报告要求

（1）整理实验数据，并填入表格。

（2）根据测试数据及计算结果，分析差分放大电路对共模抑制比的影响。

（3）分析差分放大电路的优点。

实验六　运算放大器的应用

一、运算放大器在信号运算方面的应用

（一）实验目的

（1）通过几种运算电路实验，熟悉运算电路的组成。

（2）掌握几种运算电路的调试方法。

（3）学习集成运放的基本应用。

（4）掌握 Multisim 的原理图输入方法及实验结果的仿真方法（线上）。

（二）预习要求

（1）复习集成运放线性应用部分内容，并根据实验电路参数计算各电路输出电压的理论值：

①反相比例器。

②同相比例器。

③减法器。

④反相加法器。

（2）在反相加法器中，如 u_{I1} 和 u_{I2} 均采用直流信号，并选定 $u_{I2}=-1$ V，当考虑到运放的最大输出幅度（±12 V）时，u_{I1} 的取值范围应为多少？

（3）在积分电路中，如 $R_1=100$ kΩ　$C=4.7$ μF，求时间常数。假设 $u_I=0.5$ V，要使

输出电压达到5 V，需要多长时间？（假设 $u_C(0)=0$）

（4）熟悉 Multisim 软件原理图输入法及电路图编译、仿真方法。

（三）实验设备与器件

（1）TKDZ-1A 型模拟电路综合实验装置（含示波器、信号源发生器、交流毫伏表），运算放大器的应用实验电路板。

（2）安装 Multisim 软件、腾讯课堂（用于课堂教学）及 QQ 软件（用于答疑和布置作业）的计算机。

（四）实验电路与原理

集成运算放大器是能够实现高增益放大功能的一种模拟集成电路。它是具有两个输入端和一个输出端的高增益、高输入阻抗的多级电压放大器，只要在运放的外部配以适当的电阻和电容等器件就可以构成比例、加减、积分、微分等模拟运算电路。在这些应用电路中，引入了深度负反馈，使运放工作在线性放大区，属于运放线性应用范围，因此分析时可将集成运放视为理想运放，运用虚短和虚地的原则。虚断，即认为流入运放两个净输入端的电流近似为零。虚短，即认为运放两个净输入端的电位近似相等（$V_P=V_N$）。从而可很方便地得出输入与输出之间的运算关系表达式。下面介绍几种常见的信号运算电路及其输入/输出关系：图3－6－7所示的线路图中，30 pF 小电容用来消除自激振荡，μA741 的3脚可接调零（负偏）电位器来消除零漂，在图3－6－7所示的线路板上可以构成多种信号运算电路。

1. 反相比例器

图3－6－1中，$R'=R_1/\!/R_2$，则

$$u_O=-\frac{R_2}{R_1}u_I$$

其输入电阻　$R_{if}\approx R_1$

2. 同相比例器

图3－6－2中，$R'=R_1/\!/R_2$则

$$u_O=\frac{R_1+R_2}{R_1}u_I=\left(1+\frac{R_2}{R_1}\right)u_I$$

其输入电阻 $r_{if}=\infty$

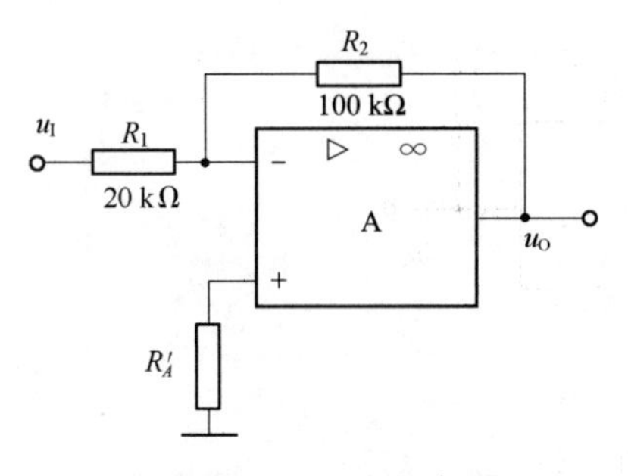

图3－6－1　反相比例器

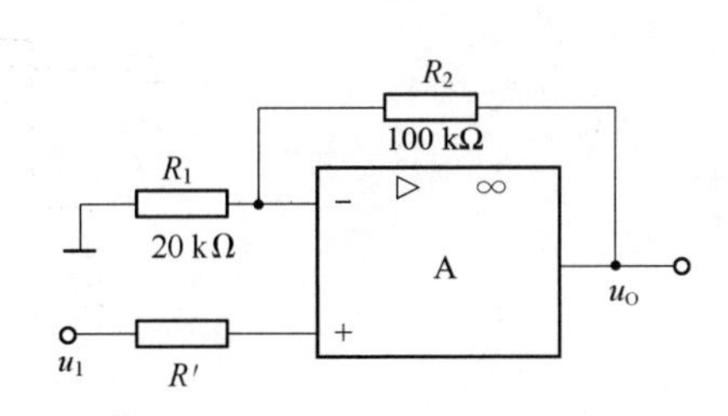

图3－6－2　同相比例器

3. 减法器（差动比例器）

图 3－6－3 中，$R_1=R_3$，$R_2=R_4$，则

$$u_O = \frac{R_2}{R_1}(u_{I2} - u_{I1})$$

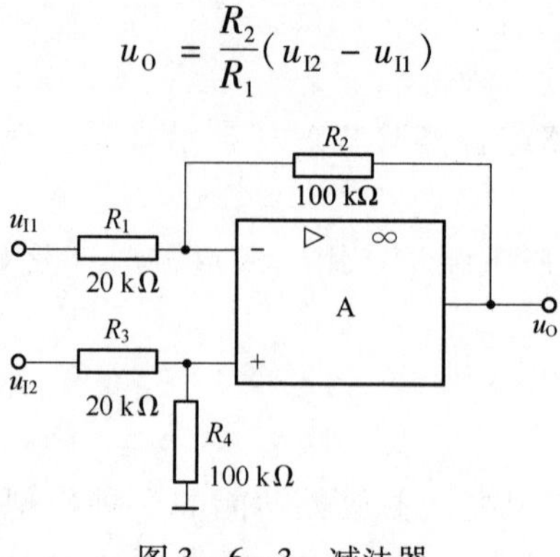

图 3－6－3　减法器

4. 反相加法器

图 3－6－4 中，$R'=R_1/\!/R_2/\!/R_3$

$$u_O = -\left(\frac{R_3}{R_1}u_{11} + \frac{R_3}{R_2}u_{12}\right)$$

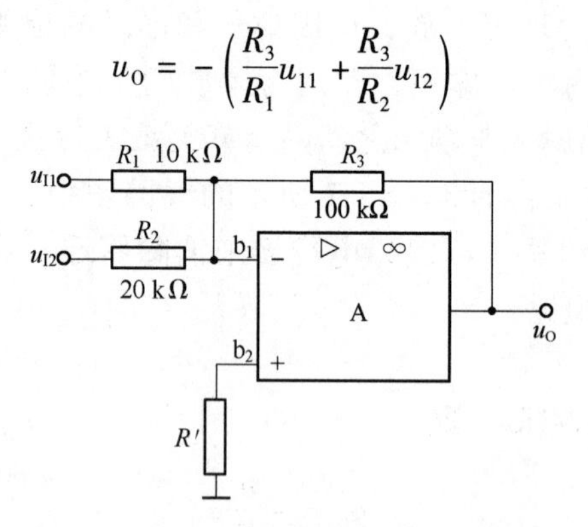

图 3－6－4　反相加法器

5. 积分器

图 3－6－5 中，$u_O \approx -\frac{1}{R_1C}\int u_I \mathrm{d}t$

若 u_I 为一阶跃函数，则

$$u_O = -\frac{u_I}{R_1C}t$$

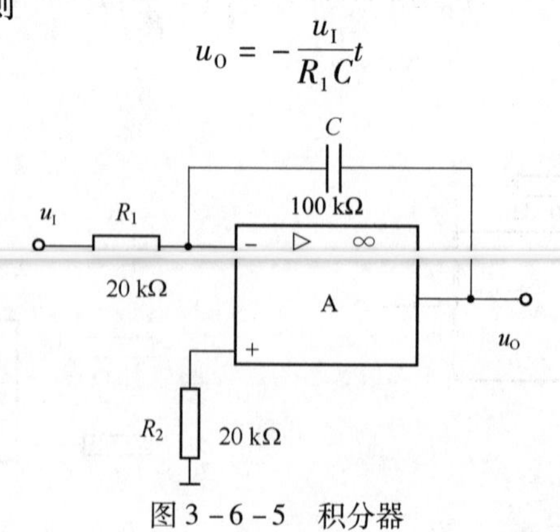

图 3－6－5　积分器

6. 微分电路

图 3 - 6 - 6 中，$u_O = -RC\frac{du_I}{dt}$

$\tau = RC$，微分时间常数。

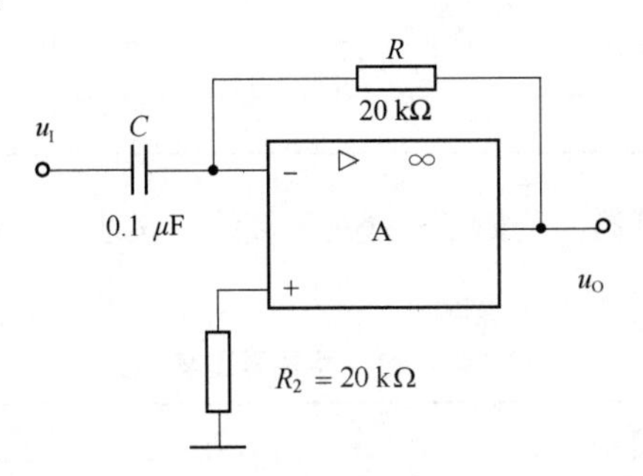

图 3 - 6 - 6　微分电路

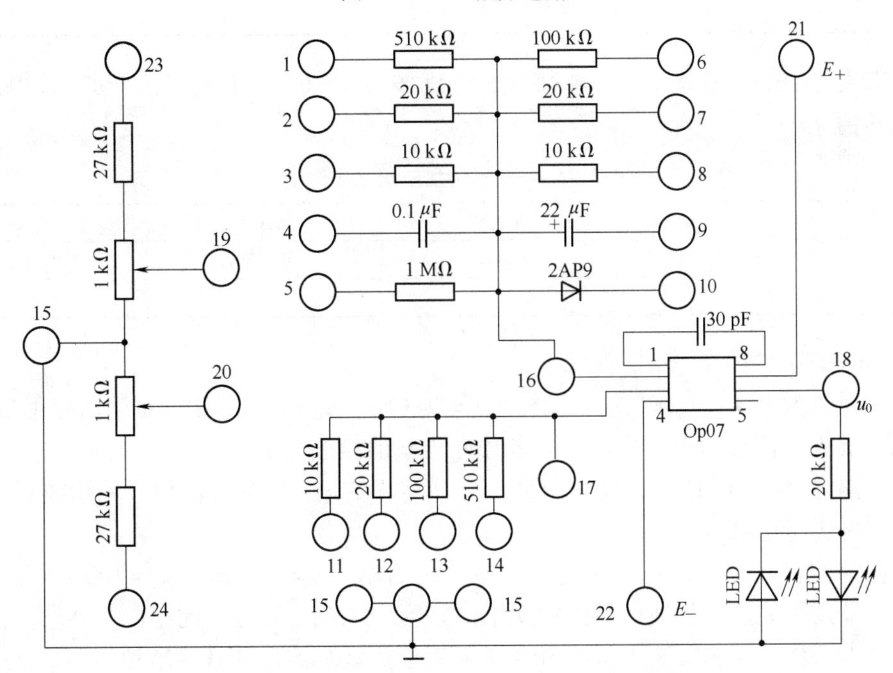

图 3 - 6 - 7　运算放大器在信号运用方面的应用实验板

（五）实验内容

将运放插在实验板上，豁口朝左，并接好直流电源。

1. 线下实验方式

（1）反相比例器。按图 3 - 6 - 1 接线，在反相输入端加直流信号 u_I，测出表 3 - 6 - 1 中对应的输出电压值 u_O，并计算放大倍数 A_f。

表 3 - 6 - 1　反相比例器结果记录

u_I	100 mV	500 mV	1 V	1.5 V	2 V
u_O					
A_f					

（2）同相比例器。按图 3－6－2 接线，在同相端加直流信号 u_I，测出表 3－6－2 中对应的输出电压值 u_O，并计算放大倍数 A_f。

表 3－6－2　同相比例器结果记录

u_I	100 mV	500 mV	1 V	1.5 V	2 V
u_O					
A_f					

（3）减法器（差动比例器）。按图 3－6－3 接线，按表 3－6－3 给定信号加入，测量对应的输出电压值 u_o。

表 3－6－3　减法器结果记录

u_{I1}	0.1 V	0.2 V	1 V	1.5 V
u_{I2}	0.3 V	0.3 V	1.5 V	2 V
u_O				

（4）反相加法器。按图 3－6－4 接线，分别按表 3－6－4 中给定信号加入，测量对应的输出电压值 u_O。

表 3－6－4　反相加法器结果结论

u_{I1}	0.1 V	0.2 V	0.5 V	1 V
u_{I2}	0.3 V	0.3 V	0.8 V	1.5 V
u_O				

（5）积分器：按图 3－6－5 接线。

①选电路参数 $C=0.1\ \mu F$，输入端输入 $f=200$ Hz，$u_I=1$ V 适中的正弦信号用示波器观察 u_I、u_O的波形，比较其相位关系，并测出 u_O与 u_I的相位关系。

②选电路参数 $C=0.1\ \mu F$，输入端输入 $f=200$ Hz，u_I适中的方波信号用示波器观察 u_I、u_O的波形，并进行记录。

（6）微分电路。按图 3－6－6 接线，在输入端输入 $f=200$ Hz，$u_I=100$ mV 的正弦信号，用示波器观察 u_I、u_O的波形，比较其相位关系，并测出 u_O与 u_I的相位关系。

示波器调节注意：测量 u_O与 u_I的相位关系时应先调示波器使其清晰地显示 u_O与 u_I的波形，然后按示波器的 CURSOR 键在其主菜单中选择光标模式“手动”，测量模式“时间测量”，这时屏幕上会出现两个纵向游标尺，调 △▽ POSITION 和 ◁▷ POSITION 将两个游标尺移到 u_O与 u_I波形的相邻波峰处测出位移差 ΔX 值，最后利用公式 $\Delta\varphi=2\pi f\Delta X$ 就可以计算出相位差 $\Delta\varphi$。

2. 线上实验方式

（1）利用 Multisim 软件的原理图输入法输入图 3－6－1、图 3－6－2、图 3－6－3、图 3－6－4（具体方法见第六章相关内容），在输入端加直流信号源（DC POWER），用虚拟仪表（万用表的 DC V 量程）测出表 3－6－1、表 3－6－2、表 3－6－3、表 3－6－4 中对应的输入、输出电压值 u_I、u_O，并计算放大倍数 A_f。

（2）利用 Multisim 软件的原理图输入法输入图 3－6－5、图 3－6－6，（具体方法见第六章相关内容）按照线下实验内容（5）、（6）的要求，在输入端加交流信号 u_I，（由 AC POWER）用虚拟仪表（示波器）观察 u_I、u_O的波形，比较其相位关系，并测出 u_O与 u_I的相位关系（具体操作：测量 u_O与 u_I的相位关系时应先调虚拟仪表（示波器）使其虚拟界面清晰地显示 u_O与 u_I的波形（最好用两种颜色区分），然后移动 T_1、T_2两个纵向游标尺到 u_O与 u_I波形的相邻波峰处测出位移差 ΔX 值（$T_1 - T_2 = \Delta X$），最后利用公式 $\Delta\varphi = 2\pi f\Delta X$ 就可以计算出相位差 $\Delta\varphi$）。

（3）将所有电路图及仿真结果截图提交。

（六）实验报告要求

（1）记录各实验项目的实验结果。

（2）将测试结果与理论计算结果进行比较，并分析误差产生的原因。

（3）将电路图及仿真结果截图（线上）。

二、放大电路中的负反馈

（一）实验目的

（1）掌握负反馈放大电路性能指标的测试方法。

（2）学习用示波器测试放大电路的电压传输特性方法。

（3）掌握 Multisim 的原理图输入方法及实验结果的仿真方法（线上）。

（二）预习要求

（1）复习放大电路中的负反馈有关内容，并书写实验预习报告。

（2）熟悉 Multisim 软件原理图输入法及电路图编译、仿真方法。

（三）实验设备与器件

（1）TKDZ-1A 型模拟电路综合实验装置（含示波器、信号源发生器、交流毫伏表），运算放大器的应用实验电路板。

（2）安装 Multisim 软件、腾讯课堂（用于课堂教学）及 QQ 软件（用于答疑和布置作业）的计算机。

（四）实验电路与原理

在实际的放大电路中，有四种反馈组态：电压并联、电压串联、电流并联、电流串联。引入负反馈后，放大电路的性能得到改善。例如，提高放大倍数的稳定性，改变输入电阻和输出电阻，展宽频带，减小非线性失真等。本实验对电压串联负反馈放大电路的性能指标进行测试。

（五）实验内容

1. 线下实验方式

（1）电压放大倍数 A_{uf}测量。按图 3－6－8 接线，在同相端输入 $f = 500$ Hz　$u_I = 0.5$ V 的正弦信号，在输出波形不失真时，完成表 3－6－5 的内容，测量输出电压 u_O，计算 A_{uf}并与理论值（$A_{uf}=1+R_2/R_1$）相比较。

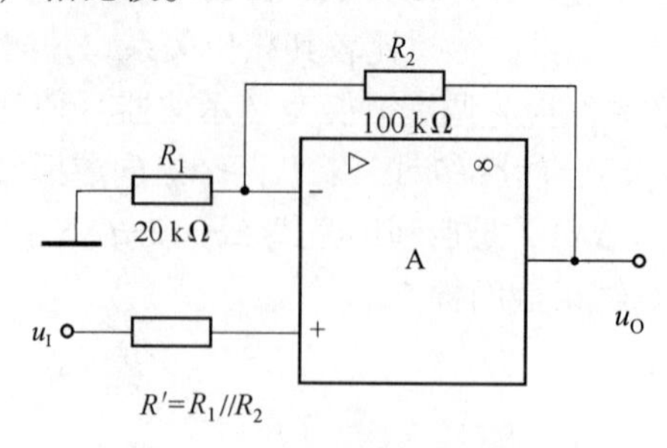

图 3－6－8　电压串联负反馈

表 3－6－5　电压放大倍数

u_I/V	u_O/V	A_{uf}（测量值）	A_{uf}（理论值）

（2）用示波器观察放大电路的电压传输保持上述电路不变，使示波器工作在 $x-y$ 方式。将 u_I接入 CH_1（x 轴），u_O 接入 CH_2（y 轴），并将 u_I的幅度调大，使 u_O 在正负方向均饱和，记录曲线，标出拐点处的 u_I和 u_O 值。

（3）测量上限截止频率f_{Hf}。在实验内容（1）的基础上用交流毫伏表监测 u_O 值，并将其作为基准电压，改变输入信号的频率（增大）至 u_O 值降到基准电压的 70.7%，测量信号的频率，即为上限截止频率f_{Hf}。

用上述方法测得f_{Hf} = ________。

2. 线上实验方式

利用 Multisim 软件的原理图输入法输入图 3－6－1（具体方法见第六章相关内容），用虚拟仪表完成测试内容（测试内容同线下）。

（六）实验报告要求

（1）记录各实验项目的实验结果。

（2）将测试结果与理论计算结果进行比较，并分析误差产生的原因。

（3）将电路图及仿真结果截图（线上）。

实验七　波形的发生与整形

一、运算放大器在非正弦波发生器中的应用

（一）实验目的

（1）掌握用集成运算放大器设计非正弦波发生器电路的方法。

（2）掌握非正弦波发生器电路的组装、调试和故障的排除方法。

（3）掌握 Multisim 软件的原理图输入方法和仿真测试方法（线上）。

（二）预习要求

（1）根据任务要求自拟简单可行的电路图，并简述其原理。

（2）根据任务要求计算并选择电路元件的相应参数。

（3）自拟实验步骤。

（4）安装并学习 Multisim 软件的基本使用方法。

（三）实验设备与器件

（1）TKDZ-1A 型模拟电路综合实验装置（含示波器、信号源发生器、交流毫伏表），运算放大器的非线性应用实验电路板。

（2）安装 Multisim 软件、腾讯课堂（用于课堂教学）及 QQ 软件（用于答疑和布置作业）的计算机。

（四）实验原理

常用的非正弦波发生电路，一般有矩形波发生电路、三角波发生电路以及锯齿波发生电路等，在脉冲和数字系统中，常常被用作信号源。利用集成运算放大器的优良特性，接上少量的外部元件，可以方便地构成低频段（10 Hz ~ 10 kHz）的上述各种波形发生器电路。通常在集成电压比较器电路中引入正反馈，构成滞回比较器，再加上一个简单 *RC* 充放电回路或带运算放大器的积分电路，就能产生矩形波、三角波和锯齿波等。

1. 矩形波发生器

从一般原理来分析，可以利用一个滞回比较器和一个 *RC* 充放电回路组成矩形波发生电路，如图 3－7－1 所示。滞回比较器的输出只有高电平或低电平两种可能的状态，它的两种不同的输出电平使 *RC* 电路进行充电或放电，于是电容上的电压将升高或降低，而电容上的电压又作为滞回比较器的输入电压，控制其输出端状态发生跳变，从而使 *RC* 电路由充电过程变为放电过程或相反。如此循环往复，周而复始，最后在滞回比较器的输出端即可得到一个高低电平周期性变化的矩形波。图 3－7－1 中集成运算放大器 A_1 与电阻 R_1、R_2、组成滞回比较器，电阻 R_3和电容 C 构成充放电回路，稳压管 D_Z和电阻 R_4的作用是钳位，将滞回比较器的输出电压限制在稳压管的稳定电压值。

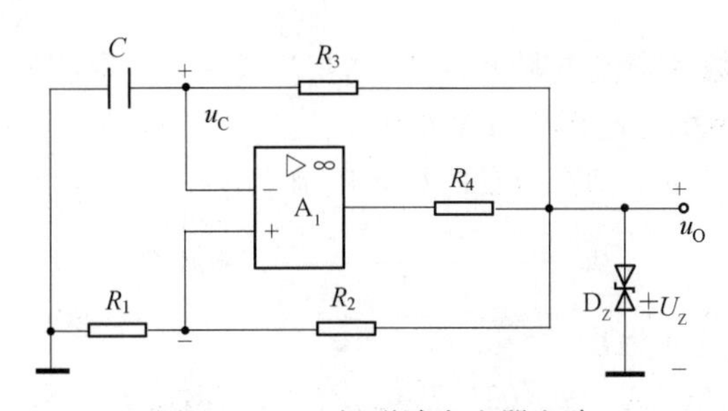

图 3－7－1　矩形波发生器电路

电路的阈值电压为

$$\pm U_{T} = \pm\frac{R_1}{R_1+R_2}U_{OM} \tag{3-7-1}$$

若设

$$F=\frac{R_1}{R_1+R_2} \tag{3-7-2}$$

则 F 为正反馈的反馈系数；U_{OM} 为输出电压 u_O 的幅度，也就是稳压管的稳压值 U_Z。电路的周期为

$$T=2R_3C\ln\left(1+\frac{2R_1}{R_2}\right) \tag{3-7-3}$$

当给定 U_{OM} 和周期 T 或其范围之后，适当选择反馈系数 F 和波段电容 C，由以上关系式以及运放电路原理等，可以估算出比较合理的电路元器件参数。

2. 三角波发生器

可以由一个滞回比较器和一个积分电路组成，如图 3-7-2 所示。滞回比较器的输出 u_{O1} 和积分电路的输出 u_O 互为另一个电路的输入。图中 u_{O1} 为方波，其幅值为稳压管稳压值 U_Z；u_o 为三角波，其峰值电压

$$U_{OM} = \pm\frac{R_1}{R_2}U_{O1} \tag{3-7-4}$$

周期

$$T=4R_3C\frac{R_1}{R_2} \tag{3-7-5}$$

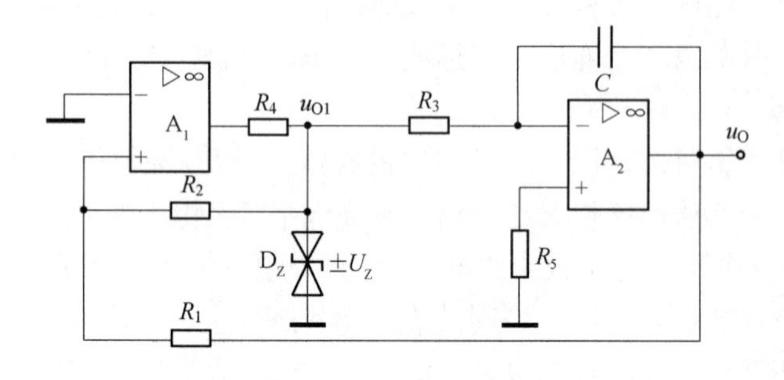

图 3-7-2　三角波发生器电路

3. 设计举例

技术指标：设计一个频率为 20~200 Hz 连续可调、$U_{OM}\approx\pm6$ V 的双极性矩形波发生器电路。

（1）选择稳压管参数和限流电阻 R_4。根据图 3-7-1 矩形波发生器电路图和输出幅度要求进行选择。本题选用稳定电压为 6 V 的两只稳压管构成双向限幅器；由 μA741 的最大输出电压（约为 $V_{CC}-1.5$ V）和稳压管的稳定电流（$I_Z\approx5$ mA）可知，限流电阻

$$R_4=\frac{V_{CC}-1.5\ \text{V}-U_Z}{I_Z}=900\ \Omega$$

故选 R_4 电阻系列标称值为 1 kΩ。

（2）确定反馈电阻 R_1、R_2。式（3-7-2）的反馈系数 F，本例选 $F=0.47$，这样周期 $T\approx2R_1C$，根据式（3-7-3）可得 $R_1/R_2=47/53$，一般电阻选择几十千欧至几百千欧之

间，可取 $R_1=47\ \mathrm{k\Omega}$，$R_2=51\ \mathrm{k\Omega}$ 系列标称值。当然，F 也可以选其他值，比如1/6，则 $R_1/R_2=1/5$，可以选 $R_1=20\ \mathrm{k\Omega}$，$R_2=100\ \mathrm{k\Omega}$ 系列标称值。如果有阈值电压的要求，可以根据式（3－7－2）得到 F 值。

（3）确定波段电容 C 值以及 R_3 值。根据技术指标的频率范围要求，电容 C 值经常取0.01～1 μF之间，本例取 $C=0.1\ \mu\mathrm{F}$（注意不可太小，波形跳变沿斜率太小），根据式（3－7－5）计算得 $R_3=25\sim250\ \mathrm{k\Omega}$，选取器件为20 kΩ的固定电阻和一个270 kΩ电位器。

对于三角波发生电路，同样根据输出幅度要求和式（3－7－4），选择稳压管参数。

注意：这里的 R_1/R_2 可以延用矩形波发生电路的 R_1/R_2 值；然后根据周期或频率要求和式（3－7－5），确定 R_3 和 C 值。

（五）实验内容

1. 线下实验方式

（1）按图3－7－1试设计一个频率为625 Hz、$U_{OM}\approx\pm6\ \mathrm{V}$ 的双极性矩形波发生器电路，选择相应的元件参数（取 $R_1=20\ \mathrm{k\Omega}$，$R_2=100\ \mathrm{k\Omega}$，$C=0.01\ \mu\mathrm{F}$），接线并测量其频率 f 和输出电压幅度 u_O，并与设计值相比较。

（2）如果要设计一个频率为30～300 Hz连续可调、$U_{OM}\approx\pm6\ \mathrm{V}$ 的矩形波发生器电路，图3－7－1电路图应怎样改进？画出其原理图，选择元件参数；安装元器件连接并调试电路，记录相应的波形（u_C 和 u_O）与数据（T、f 以及 u_C 和 u_O 幅度）。

（3）按图3－7－2试设计一个频率为625 Hz、$U_{OM}\approx\pm1.2\ \mathrm{V}$ 的三角波发生器电路，选择相应的元件参数（取 $R_1=20\ \mathrm{k\Omega}$，$R_2=100\ \mathrm{k\Omega}$，$C=0.1\ \mu\mathrm{F}$），接线并测量其频率 f 和输出电压幅度 u_O，并与设计值相比较。

（4）如果要设计一个频率为200 Hz～1 kHz连续可调、$U_{OM}\approx\pm1.2\ \mathrm{V}$ 的三角波发生器电路，图3－7－2电路图应怎样改进？画出其原理图，选择元件参数；安装元器件连接并调试电路，记录相应的波形（u_{O1} 和 u_O）与数据（T、f 以及 u_{O1} 和 u_O 幅度）。

2. 线上实验方式

（1）根据设计任务，计算各元件参数。

（2）用Multisim仿真软件绘制原理图。选取元器件时先选取虚元件，等仿真通过后，可以换作实元件进一步仿真，直到通过为止。

（3）调试并记录结果。

（六）实验报告要求

（1）画出设计原理图，列出元器件清单。

（2）写出实验步骤及调试过程，说明调试中所出现的故障及排除方法，记录实验数据与相应波形。

（3）进行实验结果分析，要求与理论计算值比较，分析产生误差的可能原因。

（七）调试要点

元器件正确安装，特别要注意集成运算放大器的安装方向要正确，引脚要与插座接触良好。

正确连线，要注意电解电容（如果有）和电源的正负极要连接正确，集成运算放大器正常工作需要加两组 12 V 的直流电压，引脚 7 加正 +12 V，引脚 4 加 −12 V，一定不能接错或接反；示波器与电路的共地线要连接，不可忘记。

接通电源，静观几分钟，无异常，即进入调试阶段；若有异常，如实验台发出警报声，或者用手轻触运算放大器表面，发现较烫，应立即切断电源，检查故障所在，当故障排除以后，重新测试。测试时，示波器测试线的正负极不可用错，正极接触测试点，负极接触“地”，否则很容易造成短路现象。另外，矩形波-三角波发生器若没有输出波形，可能是两块运算放大器中有一块坏了或者接线有误。

（八）思考题

（1）就你所知，产生方波的方法有哪几种？比较它们的优缺点。
（2）试写出一些常用电阻、电容系列值。
（3）如果要求矩形波的占空比可调，怎么办？
（4）如果要产生锯齿波，电路怎么修改？

二、*RC* 正弦波振荡电路

（一）实验目的

（1）掌握 *RC* 桥式振荡电路的结构和原理。
（2）掌握 *RC* 正弦波发生电路的设计和调试方法。
（3）学习利用 Multisim 仿真软件进行电路仿真。

（二）预习要求

（1）根据任务要求自拟简单可行的电路图，并简述其原理。
（2）根据任务要求计算并选择电路元件的相应参数。
（3）自拟实验步骤。
（4）安装并学习 Multisim 软件的基本使用方法。

（三）实验设备与器件

（1）TKDZ-1A 型模拟电路综合实验装置（含示波器、信号源发生器、交流毫伏表），运算放大器的非线性应用实验电路板。

（2）安装有 Multisim 软件、腾讯课堂（用于课堂教学）及 QQ 软件（用于答疑和布置作业）的计算机。

（四）实验原理

1. 基本原理

RC 桥式振荡电路又称文氏桥振荡电路，由 *RC* 串并联选频网络和同相放大电路组成，

如图 3-7-3 所示。图中 RC 串并联选频网络形成正反馈回路，由它决定振荡频率 f_0，电阻 R_1、R_2、R_3 和二极管 D_1、D_2 构成负反馈支路，其组态为电压串联负反馈，由这部分电路调节起振、波形失真程度并实现稳幅。

振荡频率
$$f_0=\frac{1}{2\pi RC}$$

起振条件
$$A=1+\frac{R_f}{R_1}\geqslant 3$$

其中，A 为放大倍数，R_f 为反馈电阻。

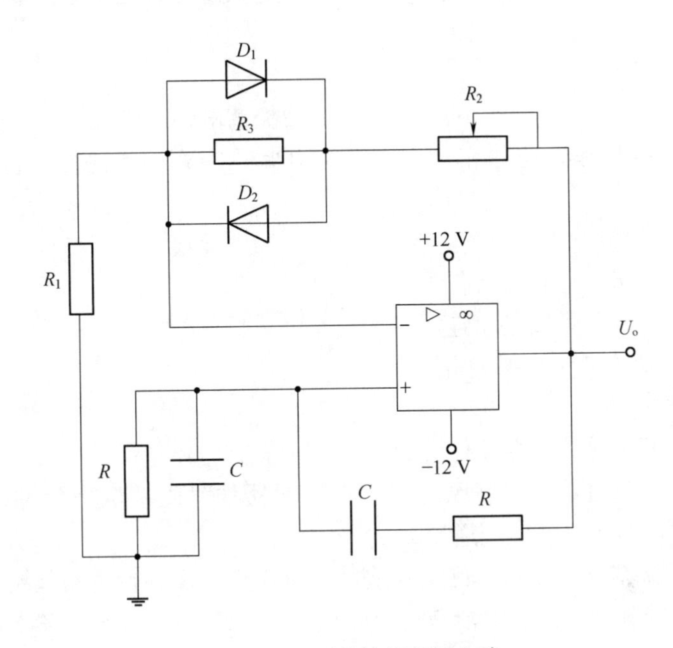

图 3-7-3　正弦波振荡器电路

2. 设计举例

试设计一个振荡频率为 500 Hz 的 RC 桥式振荡电路。

(1) 确定 R、C 值。为了使选频网络的选频特性尽量不受运算放大器输入、输出电阻的影响，R 值的范围一般选几千欧至十几千欧。这里，选择 $R=10\ \text{k}\Omega$

根据设计要求：　$RC=\frac{1}{2\pi f}=\frac{1}{6.28\times 500}\ \text{s}=0.32\times 10^{-3}\ (\text{s})$

其中 C 为

$$C=\frac{0.32\times 10^{-3}\text{s}}{10\times 10^{3}\Omega}=0.032\times 10^{-6}\ \text{F}$$

取标称值　$C=0.033\ \mu\text{F}$

(2) 确定 R_1 和 R_2 的值。根据上述起振条件得

$$R_f\geqslant 2R_1$$

通常取　$R_f=(2.1\sim 2.5)R_1$

可选　$R_1=R=10\ \text{k}\Omega$

由于上电时，二极管 D_1、D_2截止，$R_f > R_2$，有利于起振；起振后，D_1、D_2交替导通 R_3截止，$R_f \approx R_2$起到了稳幅作用。

又 $R_f = R_2 + R_3$（这里取二极管动态电阻与 R_3阻值相等），电阻 R_3值越小波形非线性失真会减小，但不易起振，反之依然。

一般 R_3取几千欧，本例选取 $R_3 = 3\ k\Omega$。所以，取 $R_2 = 2R_1 = 20\ k\Omega$。

（3）选取 D_1、D_2。为了提高振幅的温度稳定性，两个二极管宜选用型号相同的硅二极管。

（4）选择运放型号。因为设计频率较低，一般运放都可满足要求，本例选用 μA741。

（五）实验内容

设计一个振荡频率为 200～1 kHz 的 *RC* 正弦波振荡电路。

振荡频率测量值与理论值的相对误差 < ±10%，振幅基本稳定，波形对称，无明显失真。

1. 线下实验方式

（1）根据设计任务，计算各元件参数。

（2）选取合适的器件并安装、连线。

（3）调试并记录结果（自拟表格）。

2. 线上实验方式

（1）根据设计任务，计算各元件参数。

（2）用 Multisim 仿真软件绘制原理图。选取元器件时先选取虚元件，等仿真通过后，可以换作实元件进一步仿真，直到通过为止。

（3）调试并记录结果。注意：首先调试负反馈支路的 R_2，使电路起振并且波形不失真；其次调节电容 C 和电阻 R，以近可能获得 200 Hz、400 Hz、600 Hz、800 Hz 和 1 kHz 的振荡频率。记录相应的实际频率值 $f_{测}$、R 和 C 值并计算其相对误差。

（六）调试要点

（1）设计电路时，可以根据任务上下限频率及一般设计规则，获得调频电容 C 和电阻 R 的上下限值，进而得到负反馈电路反馈电阻 R_2和 R_3值。参数值计算请参考前述例子。

（2）用 Multisim 软件绘制电路时，将电容 C 设计为可调电容；R、R_2设计成电位器，其值可选上限值 20 kΩ；R_1和 R_3为固定电阻如 10 kΩ 和 3 kΩ。选择器件时，因虚拟器件的参数可调，较容易调试，仿真时使用库中虚拟器件。

（3）电路连线时，注意运放的正、负电源不可接反；调频电路的两个电位器滑线触点连线方向务必相同，以保证串并联电路的电阻值始终相等；另外，需要连接一个示波器和一个频率计。仿真电路如图 3－7－4 所示（图中 $C_1 = C_2 = C$，$R_4 = R_5 = R$）。

（4）调试前需要对可调电容及电位器的属性进行设置。主要是调节键的分配和调节参数值的步进值的设置。要求串并联电路的两个电容调节键相同，两个电阻的调节键相同。为了提高仿真的精确度，步进值设置为 1%。

（5）调试时，首先调整 R_2使电路起振但不失真（因为软件默认初始电阻值为 50% R_2，为了起振容易，仿真时可选择较大阻值的电位器如 47 kΩ）；其次，调节电容，以进行频率粗调；最后调节电阻以进行频率细调。

(6) 仿真成功后，可以更换为实元件，再次测试。

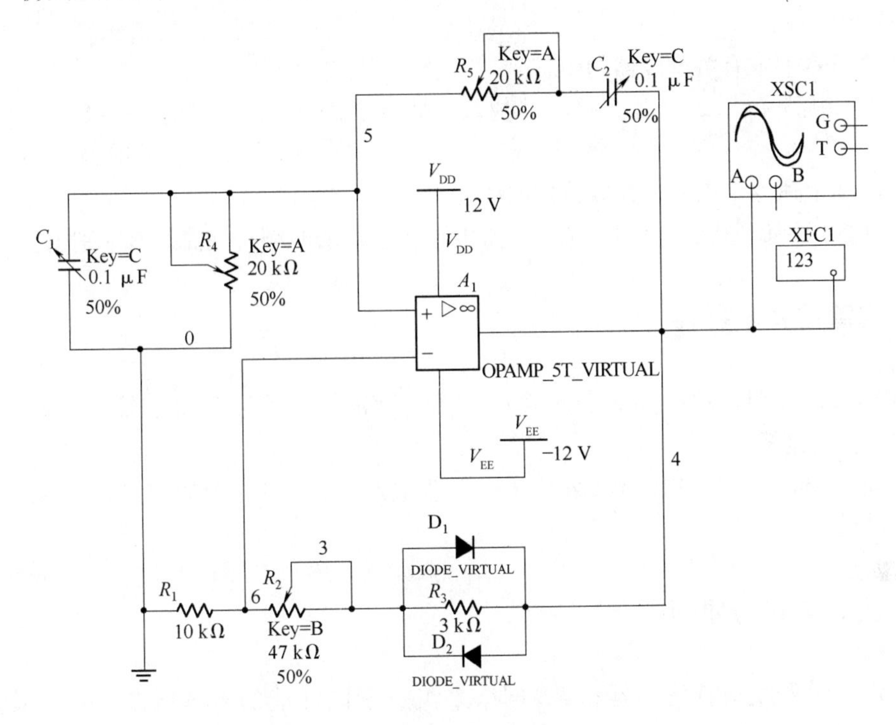

图 3-7-4　桥式振荡器仿真电路图

(七) 实验报告要求

(1) 画出设计原理图，列出元器件清单。

(2) 写出实验步骤及调试过程，说明调试中所出现的故障及排除方法。

(3) 自拟实验表格，记录实验数据。

(4) 计算误差，分析产生误差的原因。

实验八　有源滤波器

一、实验目的

(1) 熟悉用运放、电阻和电容组成的有源低通、高通、带通、带阻滤波器及其特性。

(2) 掌握有源滤波器幅频特性的测量。

(3) 掌握用 Multisim 软件仿真有源滤波器的方法。

二、预习要求

（1）复习本书中有关滤波器的内容。

（2）计算图3－8－2和图3－8－3的截止频率、图3－8－4和图3－8－9中的中心频率。

（3）画出上述四个电路的幅频特性曲线。

（4）如何区别低通滤波器的一阶、二阶电路？它们的幅频特性曲线有区别吗？

三、实验设备与器件

（1）TKDZ-1A型模拟电路综合实验装置（含示波器、信号源发生器、交流毫伏表）、有源滤波实验电路板。

（2）安装Multisim软件、腾讯课堂（用于课堂教学）及QQ软件（用于答疑和布置作业）的计算机。

四、实验电路与原理

本实验采用集成运算放大器和RC网络来组成不同性能的有源滤波电路，其功能是让一定频率范围内的信号通过，抑制或急剧衰减此频率范围以外的信号。可用在信息处理、数据传输、抑制干扰等方面，但因受运算放大器频带限制，这类滤波器主要用于低频范围。目前，有源滤波器的最高工作频率只能达到1 MHz左右。根据对频率范围的选择不同，可分为低通、高通、带通与带阻等四种滤波器。它们的幅频特性如图3－8－1所示。

1. 低通滤波器

低通滤波器是指低频信号能通过的而高频信号不能通过的滤波器，用两级RC网络组成的称为二阶有源低通滤波器，如图3－8－2所示。

二阶有源低通滤波器的幅频特性为

$$A_u(s)=\frac{U_o(s)}{U_i(s)}=\frac{(sCR)^2A_{up}(s)}{1+[3-A_{up}(s)]sCR+(sCR)^2}=\frac{A_{up}(s)}{1-\left(\frac{\omega}{\omega_0}\right)^2+j\frac{1}{Q}\frac{\omega}{\omega_0}} \quad (3-8-1)$$

式中，$A_{up}(s)=1+\frac{R_f}{R_1}$，为二阶低通滤波器的通带增益；$\omega_0=\frac{1}{RC}$为截止频率，它是二阶低通滤波器通带与阻带的界限频率；$Q=\frac{1}{3-A_{up}(s)}$为品质因数，它的大小影响低通滤波器在截止频率处幅频特性的形状；s为$j\omega$。

2. 高通滤波器

将低通滤波器中起滤波作用的电阻、电容互换，即可变成有源高通滤波路，如图3－8－3所示，其性能与低通滤波器相反，频率响应和低通滤波器呈“镜像”关系。

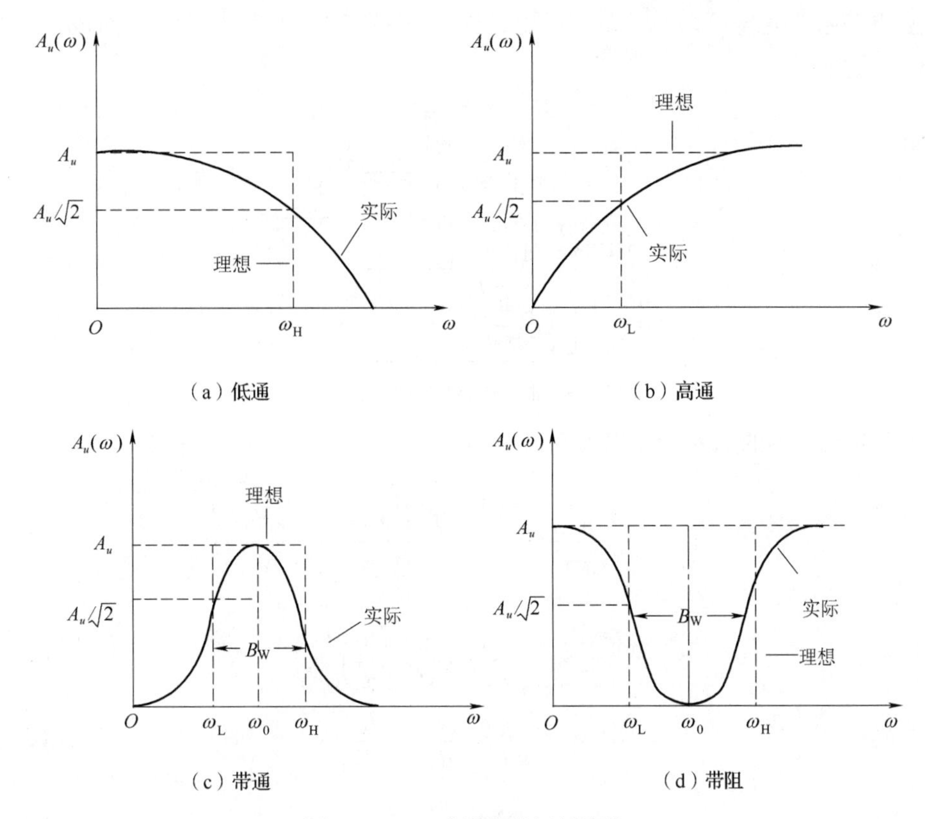

图 3－8－1　滤波器的幅频特性

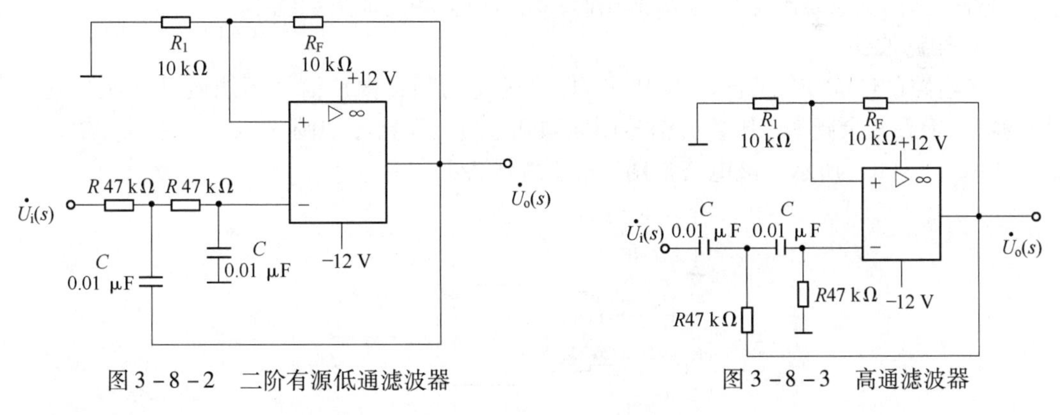

图 3－8－2　二阶有源低通滤波器　　图 3－8－3　高通滤波器

这种高通滤波器的幅频特性为

$$A_u(s)=\frac{\dot{U}_o(s)}{\dot{U}_i(s)}=\frac{(sCR)^2A_{up}(s)}{1+(3-A_{up}(s))sCR+(sCR)^2}=\frac{\left(\frac{\omega}{\omega_0}\right)^2A_{up}(s)}{1-\left(\frac{\omega}{\omega_0}\right)^2+\mathrm{j}\frac{1}{Q}\frac{\omega}{\omega_0}}\qquad(3-8-2)$$

式（3－8－2）中，$A_{up}(s)$、ω_0、Q 的意义与前同。

3. 带通滤波器

这种滤波电路的作用是只允许在一个频率范围内的信号通过，而比通频带下限频率低和比上限频率高的信号都被阻断。

典型的带通滤波器可以从二阶低通滤波电路中将其中一级改成高通而成，原理图如图 3－8－4 所示。

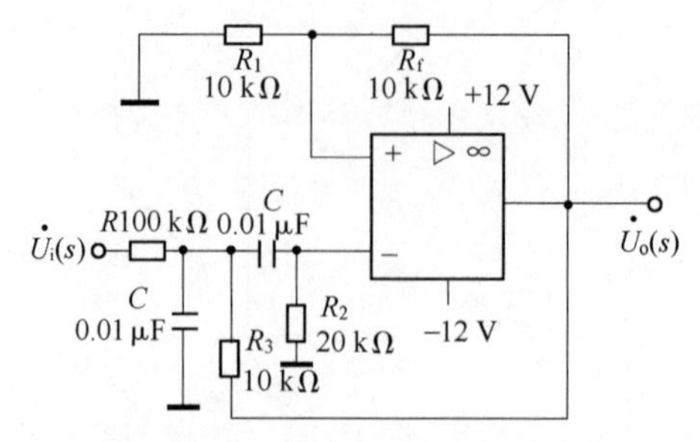

图 3－8－4　二阶有源带通滤波器

二阶有源滤波器的输入、输出关系为

$$A_u(s)=\frac{U_o(s)}{U_i(s)}=\frac{\left(1+\frac{R_f}{R_1}\right)\left(\frac{1}{\omega_0 RC}\right)\left(\frac{s}{U_o(s)}\right)}{1+\frac{B}{\omega_0}\frac{s}{\omega_0}+\left(\frac{s}{\omega_0}\right)^2} \qquad (3-8-3)$$

中心频率

$$\omega_0=\sqrt{\frac{1}{R_2C^2}\left(\frac{1}{R}+\frac{1}{R_3}\right)} \qquad (3-8-4)$$

频带宽

$$B=\frac{1}{C}\left(\frac{1}{R}+\frac{2}{R_2}-\frac{R_f}{R_1R_3}\right) \qquad (3-8-5)$$

品质因数

$$Q=\frac{\omega_0}{B} \qquad (3-8-6)$$

这种电路的优点是改变 R_f 与 R_1 的比例，就可改变频宽而不影响中心频率。

4. 带阻滤波器

这种电路的性能和带通滤波器相反，即在规定的频带内，信号不能通过（或受到很大的衰减），而在其余频率范围内，信号则能顺利通过，电路图如图 3－8－5 所示，幅频特性如图 3－8－1（d）所示。该电路常用于抗干扰设备中。

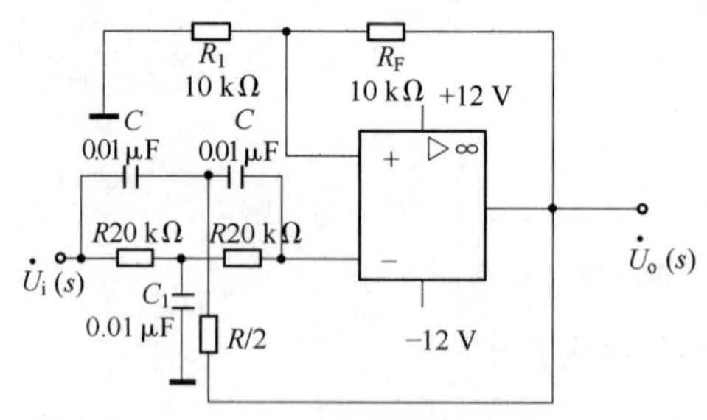

图 3－8－5　二阶有源带阻滤波器

这种电路的输入/输出关系为

$$A_u(s)=\frac{U_o(s)}{U_i(s)}=\frac{\left[1+\left(\frac{s}{\omega_0}\right)^2\right]A_{up}(s)}{1+2(2-A_{up}(s))\frac{s}{\omega_0}+\left(\frac{s}{\omega_0}\right)^2} \qquad (3-8-7)$$

式中，$A_{up}(s)=1+\frac{R_f}{R_1}$；$\omega_0=\frac{1}{RC}$；$s=j\omega$。由式（3－8－7）可见，$|A_{up}(s)|$越接近2，$|A_u(s)|$越大，即起到阻止范围变窄的作用。

五、实验内容

（一）线下实验方式

1. 二阶低通滤波器

实验参见图3－8－2所示，U_i接信号源，令输入信号$U_i=1$ V并保持不变，先用示波器监测输出波形，然后调节信号源，改变输入信号频率。测得相应频率时的输出电压值，即改变一次频率，测量一次输出电压U_o，记入表3－8－1中，并根据实验结果绘制幅频特性曲线。

表3－8－1　二阶低通滤波器测试

U_i/V	1						
f/Hz	0	10	100	200	300	400	1 000
U_o/V							

2. 二阶高通滤波器

实验电路参见图3－8－3所示，测量方法同前，$U_i=1$ V，完成表3－8－2，并根据实验结果绘制幅频特性曲线。

表3－8－2　二阶高通滤波器测试

U_i/V	1						
f/Hz							
U_o/V							

3. 带通滤波器

实验电路参见图3－8－4所示，测量其频率响应特性。完成表格3－8－3，实验数据自拟。

（1）根据实验结果得出电路的中心频率f_0。

（2）以实测中心频率为中心，画出电路的幅频特性曲线。

表3－8－3　带通滤波器测试

U_i/V							
f/Hz							
U_o/V							

4. 带阻滤波器

实验电路参见图3－8－5所示，测量其频率响应特性。完成表格3－8－4，实验数据自拟。

（1）根据实验结果得出电路的中心频率 f_0。

（2）以实测中心频率为中心，画出电路的幅频特性曲线。

表 3-8-4　带阻滤波器测试

U_i/V							
f/Hz							
U_o/V							

（二）线上实验方式

1. 低通滤波器

如图 3-8-6 所示为二阶有源低通滤波器在 Multisim 中的仿真电路，其中 XFG1 为信号源，XMM1 为万用表，XFG1 对应频率可调信号源，XMM1 测量运放的输出电压值，改变一次频率，测量一次输出电压 U_o，观察随着频率上升后万用表的读数变化，完成二阶有源低通滤波器的仿真实验。

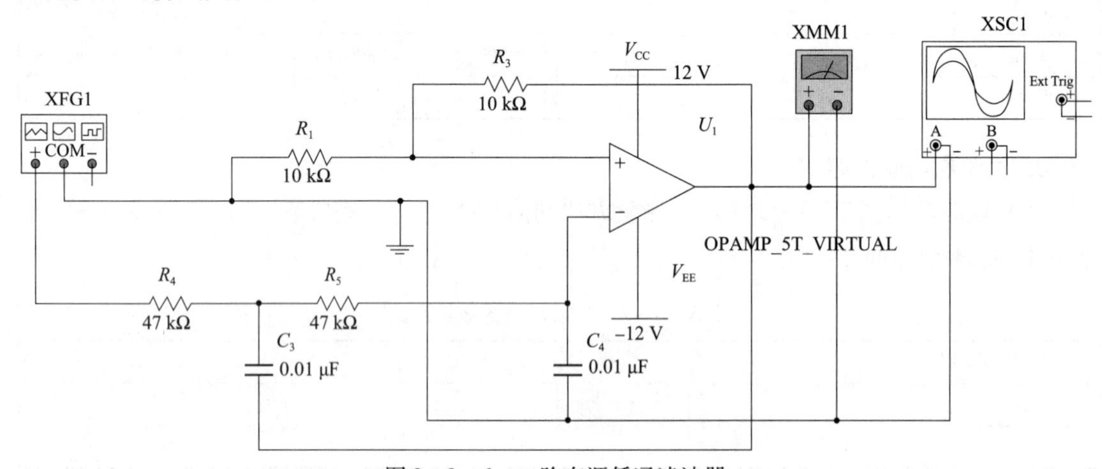

图 3-8-6　二阶有源低通滤波器

2. 二阶有源高通滤波器

图 3-8-7 所示为二阶有源高通滤波器在 Multisim 中的仿真电路，测量方法同上述实验类似，改变一次频率，测量一次输出电压 U_o，观察随着频率上升后万用表的读数变化，完成二阶有源低通滤波器的仿真实验。

3. 二阶有源带通滤波器

图 3-8-8 所示为二阶有源带通滤波器在 Multisim 中的仿真电路，通过改变频率大小，测量一次输出电压 U_o，直到输出电压最大时，对应频率为中心频率 f_0，然后增大或减小至 0.707 U_o记录上限截止频率和下限截止频率。

4. 二阶有源带阻滤波器

图 3-8-9 所示为二阶有源带阻滤波器在 Multisim 中的仿真电路，通过改变频率大小，测量一次输出电压 U_o，直到输出电压最小时，对应频率为中心频率 f_0，然后增大或减小至 0.707 U_o记录上限截止频率和下限截止频率。

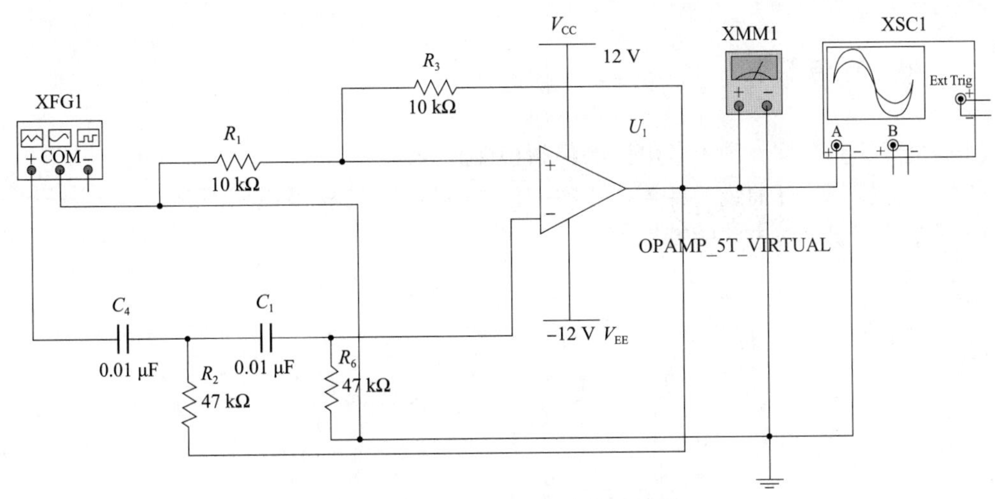

图 3－8－7　二阶有源高通滤波器

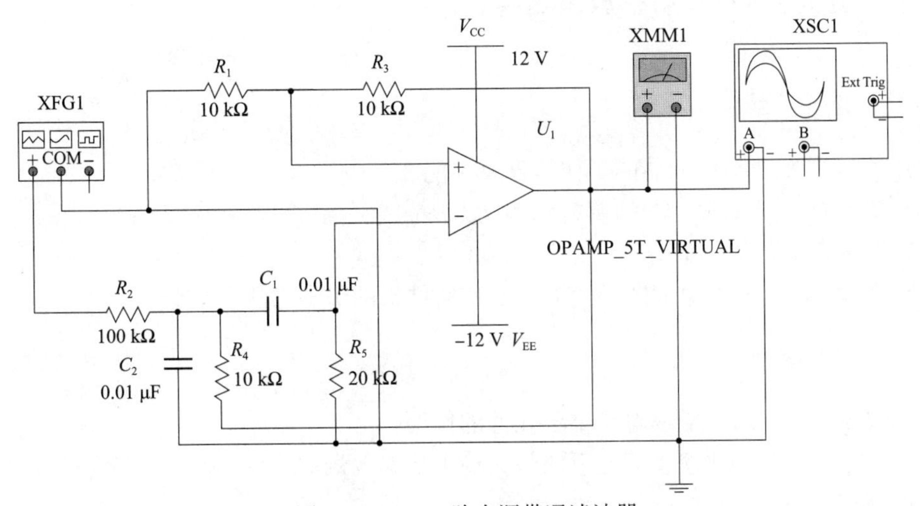

图 3－8－8　二阶有源带通滤波器

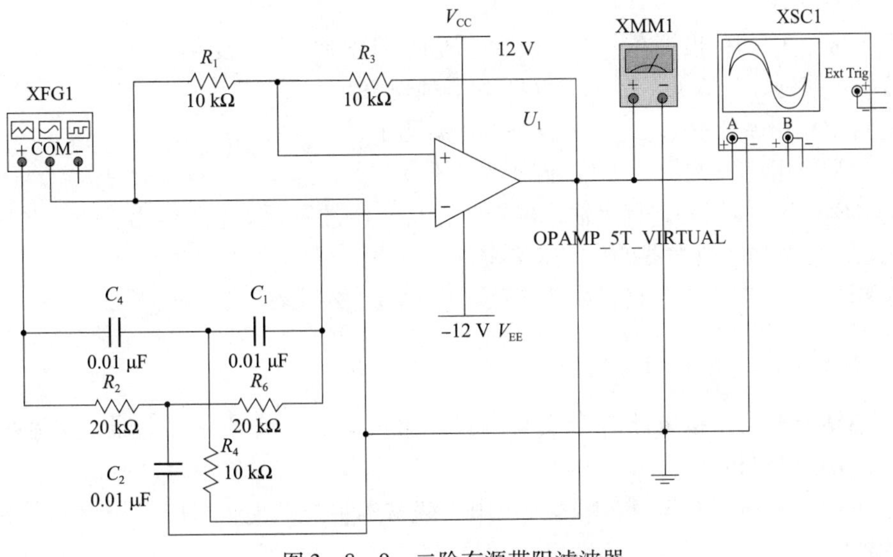

图 3－8－9　二阶有源带阻滤波器

六、实验报告要求

（1）整理实验数据，画出各电路的幅频特性曲线。
（2）根据幅频特性曲线，计算截止频率、中心频率、带宽及品质因数。
（3）总结有源滤波电路的特性。

实验九　功率放大器

一、分立元件 OTL 功率放大器实验

（一）实验目的

（1）了解 OTL 功率放大器的工作原理及性能。
（2）学习 OTL 功率放大器的调整和测试方法。
（3）了解自举电路的作用。
（4）掌握 Multisim 的原理图输入方法及实验结果的仿真方法（线上）。

（二）预习要求

（1）阅读实验原理，了解电路中各元件的作用。

（2）估算实验电路在理想情况下的最大输出功率、最 P_{om} 大管耗 P_{T4}、P_{T5} 直流电源供给的功率 P_N 和效率 η。

（3）回答问题：

①若将 T_2、T_3 的基极接在一起，输出电压 u_o 的波形有什么变化？为什么？

②若将 S 接通，且 R 短路，将产生下列哪种现象？

（a）自举作用加强了　　（b）自举作用减弱了

（c）自举作用消失了　　（d）自举程度不变

③D_1、D_2、W_2 被短路，且无输入信号时，T_4、T_5 的管耗 P_{T4}、P_{T5} 为多少？与甲类功率放大器比较，乙类功率放大器的优点有哪些？

④如果 D_1、D_2 有一个开路，或者接反，会引起什么后果？

（三）实验设备与器件

（1）TKDZ-1A 型模拟电路综合实验装置（含示波器、信号源发生器、交流毫伏表），功率放大器实验电路板。

（2）安装 Multisim 软件、腾讯课堂（用于课堂教学）及 QQ 软件（用于答疑和布置作业）的计算机。

（四）实验电路与原理

1. 实验电路

如图3－9－1所示，该电路为无变压器功率放大电路，输出采用准互补推挽形式，元器件参数均标于图中。

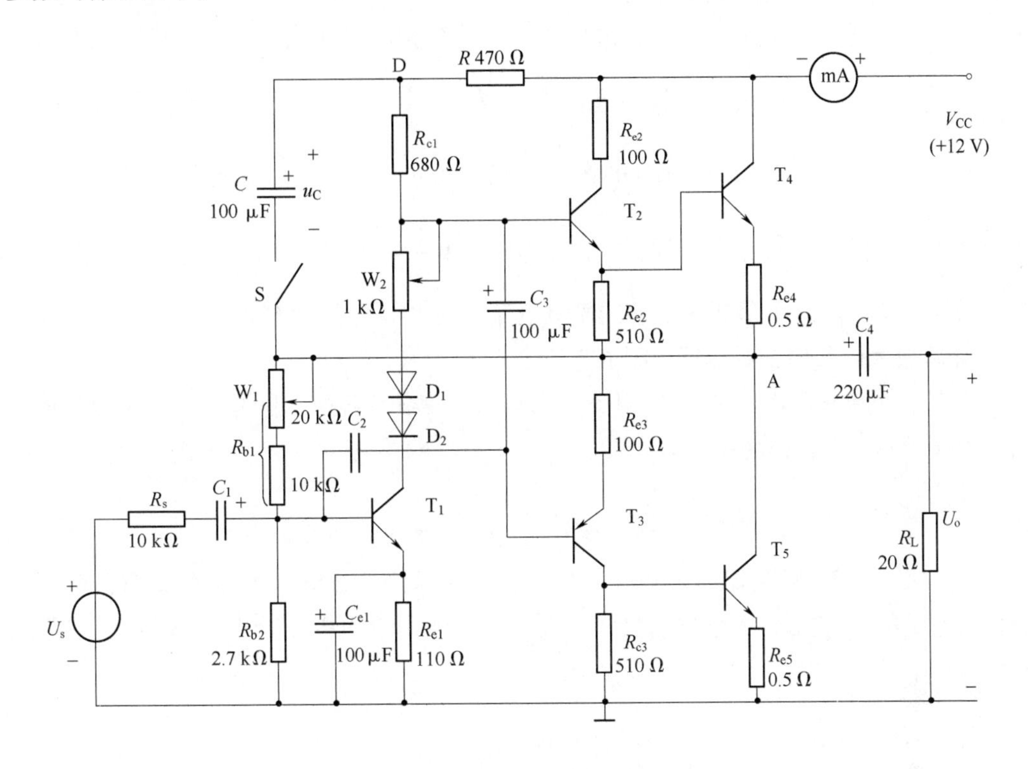

图3－9－1　实验电路图

2. 工作原理

在图3－9－1电路中，互补管采用了复合形式。T_2、T_4组成NPN型复合管，T_3、T_5组成PNP型复合管，T_1管组成了一个共射放大电路。设输入信号为正弦波，经T_1放大后。输出具有一定幅度正弦电压信号u_{O1}，由互补级进行电流放大。在u_{O1}的正半周，T_2、T_4担任电流放大作用，在u_{O1}的负半周，由T_3、T_5担任电流放大作用，放大后的正负半周信号在负载上又合成为一个不失真的正弦信号u_O，虽然u_O的幅度与u_{O1}近似相等，但负载上有了足够的电流幅度，从而达到了功率放大的目的。

为了消除交越失真，需要给T_2、T_3、T_4的基极提供一定的静态偏置，电路中的D_1、D_2和W_2就是给T_2、T_3、T_4提供适当的偏置。只要调节W_2，就可以使输出消除交越失真。T_1管的基极偏置由输出端A点的静态电位V_A提供，电路正常工作时，$V_A=\frac{1}{2}V_{CC}$。由于R_{b1}支路引入较深的电压并联负反馈，它既可以提高A点电位的稳定性，又可以改善非线性失真，降低输出电阻和输入电阻。为了使并联负反馈效果显著，要求信号源有足够大的内阻，故在电路的输入端接入了R_s（10 kΩ）。C_2用来旁路W_2、D_1、D_2两端的交流成分，以使加在互补级两输入端的交流信号相等。

R、C组成自举电路。它的作用是使功率放大器的输出电压幅度增加。因为当U_i为负半周时，T_2管导通。它输出到负载上的电流增加，因而T_2的基极电流也增加。R_{c1}上的压降也增加，当A点电位向$+V_{CC}$接近时，如果没有自举电路，T_2管的基极电流不能增加很多，因此就限制了T_2管输向负载的电流，无法使负载两端得到尽可能大的电压幅度。加上自举电路以后，静态时，$u_I=0$，$u_A=\frac{1}{2}V_{CC}$，$u_D=V_{CC}-I_R R=V_{CC}-u_R$，电容$C$两端电压充到$u_C=u_D-u_A=\frac{1}{2}V_{CC}-u_R\approx\frac{1}{2}V_{CC}$，$R$、$C$的时间常数已选得足够大，可以认为$u_C$不随输入信号的变化而变化。这样，在$u_O$的负半周，$T_2$管导通，$u_A$由$\frac{1}{2}V_{CC}$向正的方向变化，D点的电位$u_D$也随之增加，从而能给$T_2$管提供足够的基极电流，输出电压幅度增加。

3. 功率放大器几项主要指标的测试方法

（1）最大不失真输出功率P_{om}。在忽略功放管的饱和压降时，OTL甲乙类互补推挽功率放大器的最大不失真输出功率近似为

$$P_{om}=\frac{I_{cm}}{\sqrt{2}}\cdot\frac{U_{cem}}{\sqrt{2}}\approx\frac{V_{CC}}{2\sqrt{2}R_L}\cdot\frac{V_{CC}}{2\sqrt{2}}=\frac{V^2_{CC}}{8R_L}\tag{3-9-1}$$

为了测试，给P_{om}放大器加入$f=1$ kHz的正弦信号u_s，逐渐增加u_s的幅值，用示波器观察输出电压的u_o波形，在输出为最大不失真时，测出输出电压u_o（有效值），则最大不失真输出功率

$$P_{om}=\frac{U_o^2}{R_L}\tag{3-9-2}$$

（2）直流电源供给功放级的平均功率在理想情况下，直流电源提供的功率为

$$P_E=\frac{4}{\pi}P_{om}\tag{3-9-3}$$

为了测量P_N，在测量最大不失真输出功率的同时，从直流毫安表中读取直流电源V_{CC}提供给功放电路的平均电流I_E，则

$$P_E=V_{CC}\cdot I_E\tag{3-9-4}$$

（3）效率η：

$$\eta=\frac{P_{om}}{P_E}\tag{3-9-5}$$

（4）失真度γ：

$$\gamma=\sqrt{(u_2^2+u_3^2+\cdots+u_n^2)/u_1}\tag{3-9-6}$$

失真度公式中为u_1基波电压有效值，u_2、u_3、……分别为二次、三次、……谐波电压有效值，用失真度测试仪测量输出波形非线性失真系数（即失真度r）。

（5）最大输出功率时的晶体管的管耗P_T：

$$P_T=P_E-P_{om}\tag{3-9-7}$$

晶体管的最大管耗为 $P_{T4}=P_{T5}\approx 0.2P_{om}$。

（五）实验内容与步骤

1. 线下实验方式

查找实验板上各元件的位置，熟悉实验电路，然后将直流毫安表与 V_{CC} 串联，接通电源，使 $V_{CC}=+12\ V$。

（1）静态工作点的调整与测试：

①将输入端对地短接，调整 W_1，使 $V_A=(1/2)V_{CC}$。再顺时针调整 W_2，使毫安表上的读数为 5 mA 左右。然后拆除短路线，加入 $f=1$ kHz 适当幅度的正弦信号，同时用示波器观察输出波形，逐渐加大输入信号，使输出波形最大且不失真，如若有一方先出现较明显的失真时，可适当调整 W_1，若有交越失真调 W_2。调整后，去掉输入信号 U_s，将输入端对地短接，进行静态测试。

②测量并记录各晶体管引脚对地电压，以及调整后的 V_A，计算各晶体管的静态工作电流 I_{CQ} 和 U_{CEQ}。

（2）OTL 功率放大器性能指标的测试。

①不加自举时（开关 S 扳向下），接入信号源，使放大器工作在最大不失真输出状态，测量此时的 U_{Om}、I_E，计算 P_{Om}、P_E 和效率 η。

②加上自举（开关 S 扳向上），重复（2）①的实验。

（3）测量 OTL 功率放大器的通频带：测量方法同实验四中的相关内容。

（4）观察交越失真及消除交越失真的方法。将 W_2 调至最小，观察并绘下输出波形 u_O，分析失真的原因，如何消除此失真？

2. 线上实验方式

利用 Multisim 软件的原理图输入法输入图 3－9－1（具体方法见第六章有关内容）用虚拟仪表完成测试内容（测试内容同线下）。

（六）实验报告要求

（1）列表整理本实验的各测量数据和计算数据。

（2）比较有、无自举时放大器的各参数指标，说明自举的作用。

（3）当输入信号 u_s 为正弦波时，u_o 出现图 3－9－2（a）、（b）、（c）、（d）所有波形，且调节 W_1 不起作用，试分析故障产生在何处？

（4）将实验结果与预习内容中的估值比较，分析产生误差的原因。

（5）将电路图及仿真结果截图（线上）。

二、集成功率放大器

（一）实验目的

（1）熟悉集成功率放大器的电路原理及测试方法。

（2）掌握集成功率放大器的使用方法。

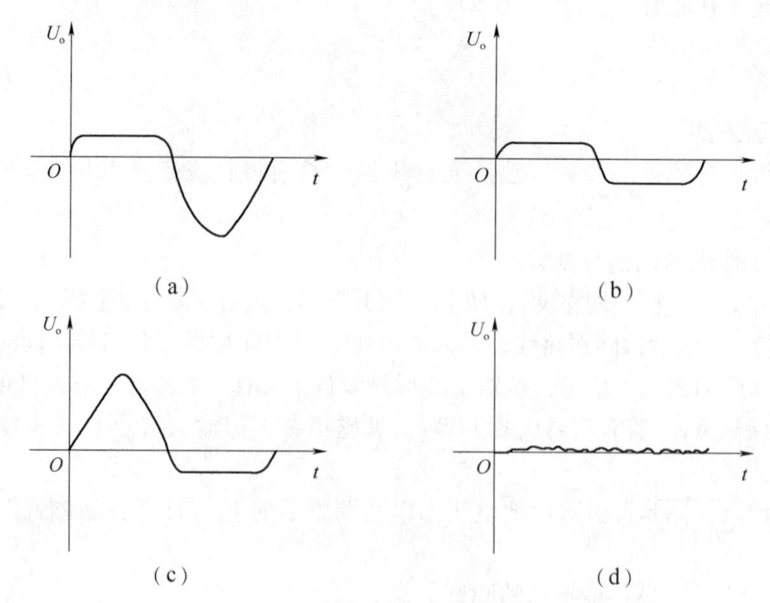

图3-9-2 实验波形图

（3）掌握 Multisim 的原理图输入方法及实验结果的仿真方法（线上）。

（二）预习要求

（1）熟悉功率放大器几个主要技术指标的定义及其测试方法。

（2）分析 LM386 功率放大器内部的电路原理图参见图 3-9-3（a），说明各个晶体管的作用。

（3）分析 LM386 构成的应用电路中各元件的功能。

（三）实验设备与器件

（1）TKDZ-1A 型模拟电路综合实验装置（含示波器、信号源发生器、交流毫伏表）、功率放大器实验电路板。

（2）安装 Multisim 软件、腾讯课堂（用于课堂教学）及 QQ 软件（用于答疑和布置作业）的计算机。

（四）实验电路与原理

1. 工作原理

集成功率放大器种类很多，它可以应用在很多场合，如收录机、电视机的功率输出电路、仪器仪表电路等。但就其内部电路而言，大致可分为两类：一类是具有功率输出级的电路，该类输出功率较低，一般 P_o 在几瓦以下，如 5G37、LA4100 等型号；另一类是不含功率输出级的电路，即所谓集成功率推动电路，该类需要外接大功率输出级，P_o 可达十几瓦，如 SL349、SL404 等型号。LM386 是一种低电压通用型集成功率放大器，其内部电路参见图 3-9-3（a）。其引脚排列如图 3-9-3（b）所示，为 8 脚双列直插式塑料封装。LM386 内部电路由输入级、中间级和输出级等组成，从其内部结构来看，它是把功放中的所有晶体管和部分电阻都集成起来，而将体积较大的电容作为外围元件，这样不仅使用起来方便，而且只要稍加调整外围元件，就能够获得质量很好的应用。其典型应用的参数为：直流电源电压范围为 4～12 V，额定输出功率为 600 mW，带宽 300 kHz，输入阻抗 50 kΩ。

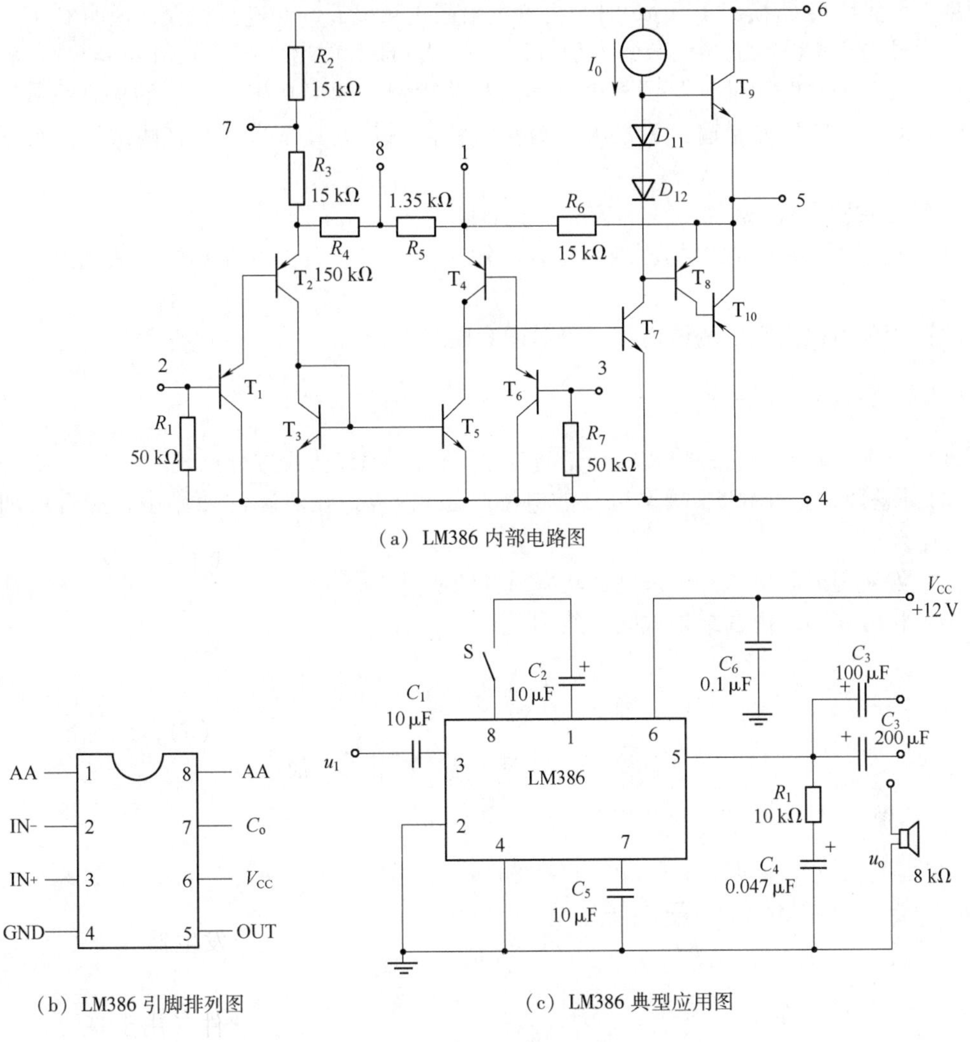

（a）LM386 内部电路图

（b）LM386 引脚排列图　　（c）LM386 典型应用图

图 3－9－3　LM386 电路及引脚排列图

（五）实验内容

1. 线下实验方式

（1）仔细观察集成功率放大电路应用电路 3－9－3（c）实验板上各元件的分布、接线、准备实验。

（2）静态测试。接通电源，令直流电源的电压为 9 V，并串入直流毫安表，将输入端接地，记下毫安表中静态电流的读数，再用直流电压表测量引脚 5 的电压，判断器件的好坏。

（3）动态测试。

①拆除输入短路线，接入 1 kHz 的正弦信号，输入信号的幅度由小增大，同时使用示波器观察输出波形，当输出达到最大不失真时，测量输出电压 U_o 和输入电压 U_i，并读取毫安

表中所示的电流 I_o，计算该功率放大器的最大输出功率 P_o，直流电源供给功放的功率 P_E 和该功放的效率 η。

②观察电容 C_3 的作用。在输出耦合电容 C_3 为 200 μF 时，测试该功率放大器的下限截止频率 f_L，然后将 C_3 换成 100 μF 时，再测下限截止频率 f_L，并进行比较，说明 C_3 的作用。

③测量失真系数。适当调节输入信号，使 $f = 1$ kHz，输出电压有效值 $u_o \geq 1$ V，将此输出电压接入“失真度测量仪”调整该仪器的相关旋钮，测出功率放大器的失真系数。然后加大输入信号，使放大器输出为最大不失真时，再测其失真系数，并将两次测试结果进行比较。

2. 线上实验方式

（1）利用 Multisim 软件的原理图输入法输入图 3－9－3（c）（具体方法见第六章相关内容）。

（2）用虚拟仪表完成测试内容（测试内容同线下）。

（六）实验报告要求

（1）整理实验数据，并将实验结论与分立元件的 OTL 功放进行比较。

（2）回答问题：LM386 功率组件的电源电压≤9 V，在实际的使用中，能否增加或降低？为什么？

（3）如何用最简单的方法来判断功率组件的质量？

（4）将电路图及仿真结果截图（线上）。

实验十　直流稳压电源

一、串联型晶体管稳压电源

（一）实验目的

（1）研究稳压电源的主要特性，加深理解串联稳压电源的工作原理。

（2）学会稳压电源的调试及技术指标测量方法。

（3）掌握 Multisim 的原理图输入方法及实验结果的仿真测试方法（线上）。

（二）预习要求

（1）复习串联稳压电源的基本原理及主要技术指标定义的相关内容。

（2）估算图 3－10－2 中的输出电压调节范围。

（3）熟悉 Multisim 软件原理图输入法及电路图编译、仿真方法。

（三）实验设备与器件

（1）TKDZ-1A 型模拟电路综合实验装置（含示波器、信号源发生器、交流毫伏表），串联型晶体管稳压电源实验电路板。

(2) 安装 Multisim 软件、腾讯课堂（用于课堂教学）及 QQ 软件（用于答疑和布置作业）的计算机。

(四) 实验电路与原理

晶体管串联性稳压电源一般由交流 220 V 市电经调压器降压、桥式整流桥整流、电解电容滤波后，转换为脉动直流信号；再经电阻限流后，加于调整管基极，由调整管发射极输出。同时输出电压经采样电路反馈并放大给调整管（基极），从而稳定输出电压，组成框图，如图 3－10－1 所示。

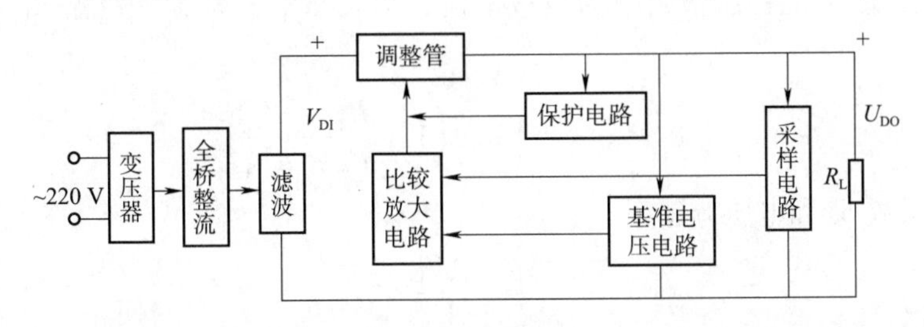

图 3－10－1　稳压电源组成框图

实验电路原理图如图 3－10－2 所示。B_1、B_2组成调压器，D_1~ D_4组成桥式整流器，C_1~ C_4为滤波器，T_1、T_2组成复合调整管，T_4、R_4、R_5、R_{P1}等组成比较放大器和采样电路，稳压管 D_W和 R_3组成基准电路，T_3和 R_2组成保护电路，R 和 R_{P2}为负载。

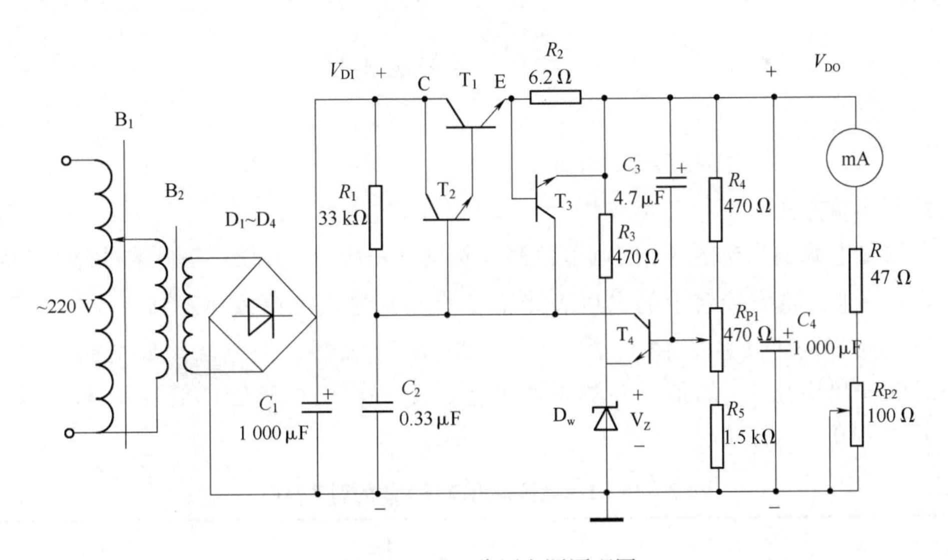

图 3－10－2　稳压电源原理图

1. 电源稳压原理

当 V_{DI}增加或输出 I_L电流减小使 V_{Do}升高时，引起 T_4管基极电位升高，由于稳压管的稳压作用，使 T_4 的 V_{T4BE}升高，从而使其集电极电位 V_{T4C}降低，进而牵制输出 V_{Do}的升高，如图 3－10－3 所示。

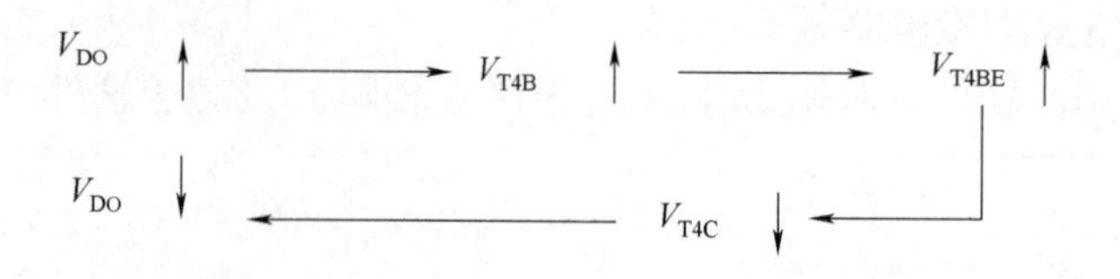

图 3－10－3　稳压电源稳压原理

2. 稳压电源性能指标公式

输出电压 V_{DO}的调节范围：

设 V_Z为稳压管 D_w的稳压值，I_L 为负载电流，R'_{P1}、R''_{P1}分别为电位器 R_{P1}触点的上、下电阻值，则

$$V_{DO}=(V_Z+V_{BE4})\left(1+\frac{R_4+R'_{P1}}{R_5+R''_{P1}}\right) \tag{3-10-1}$$

电压稳压系数 S_r 和电压调整率 S_u：

$$S_r=\frac{\frac{\Delta V_{DO}}{V_{DO}}}{\frac{\Delta V_{DI}}{V_{DI}}} \tag{3-10-2}$$

$$S_u=\frac{\Delta V_{DO}}{V_{DO}}\qquad(\Delta I_L=0) \tag{3-10-3}$$

电流调整率 S_i：

$$S_i=\frac{\Delta V_{DO}}{V_{DO}}\qquad(\Delta V_{DI}=0) \tag{3-10-4}$$

（五）实验内容

1. 线下实验方式

（1）测量电源输出电压 V_{DO}的调节范围。按图 3－10－2 接线，变压器 B_2用实验台上的 0～17 V 一组，将实验台上的电压表接于 C 点与地之间，毫安表不接入，检查无误后接通电源。调节调压器 B_1，使 V_{DI}为 16 V 后调节 R_{P1}观察输出电压，分别测量 R_{P1}最大和最小时的输出电压 V_{DO}的值，并测量两种情况下对应的调整管的管压降 V_{CE}，将数据记录于表 3－10－1 中。

表 3－10－1　电源输出电压 V_{DO}的调节范围

电位器 R_{P1}触点	V_{DI}/V	V_{DO}/V	V_{CE}/V
最上方			
最下方			

（2）测量电源的稳压系数及电压调整率。将电流表接于电路，保持 V_{DI}为 16 V，调节 R_{P1}使 V_{DO}为 10 V，调节 R_{P2}使 I_L 为 100 mA。然后调节调压器，使 V_{DI}上下分别变化 10%，测

量相应的输出电压 V_{DO}，将数据填入表 3－10－2 中。

表 3－10－2　电源的稳压系数及电压调整率

V_{DI}/V	14.4	17.6
V_{DO}/V		
S_r		
S_u		

（3）测量电流（负载）调整率和输出电阻。先断开负载，重新调节调压器 B_1，使 V_{DI} 为 16 V，V_{DO}为 10 V，然后连接负载，在保持 V_{DI}为 16 V 不变的条件下，调节 R_{P2}使 I_L为 100 mA，测量相应的输出电压 V_{DO}，将数据填入表 3－10－3 中。

表 3－10－3　电流（负载）调整率

电路状态	I_L/mA	V_{DO}/V	S_r
负载断开	0	10	
负载接通	100		

（4）测量电源的纹波系数。保持 V_{DI}为 16 V，V_{DO}为 10 V，I_L为 100 mA，用交流毫伏表测量稳压电路输入端的纹波电压 U_i 及输出端纹波电压 U_{DO}，计算纹波系数 U_{DI}/U_{DO}值。

（5）测量电源的外特性。先断开负载；调节调压器 B_1，使 V_{DI}为 16 V，V_{DO}为 10 V，再连接负载，调 R_{P2}使 I_L 依次为 100 mA、120 mA、140 mA、160 mA、180 mA 和 200 mA，分别测量 V_{DO}并记录，画出其伏安特性曲线。

2. 线上实验方式

（1）利用 Multisim 软件的原理图输入法输入图 3－10－2（具体方法见第六章有关内容）电路。

（2）测试内容同线下实验内容。

（六）注意事项

（1）实验前后，保证实验台调压器旋钮置于最小位置，交流开关置于“关”位置。

（2）直流地与交流地不可混淆，电压表负极接直流地。

（3）调试时，注意区分调压器、电位器 R_{P1}和 R_{P2}的作用。

（4）当 R_{P2}阻值较小时即负载接近短路时，持续时间应尽量短（不超过 5 s），以免元器件过热甚至烧坏。

（七）实验报告要求

（1）整理实验数据，计算电源的各项技术指标。

（2）绘制电源外特性图（包括线上电子挡和线下手写挡）。

（3）分析和评价串联稳压电源的性能与特点。

（八）思考题

（1）如果把图中电路中 R_{P1}电位器的滑动端往上（或者往下）调，各晶体管的 Q 点将如何变化？

（2）如果把 C_3 去掉（开路），输出电压将如何？

（3）这个稳压电源哪个晶体管消耗的功率大？

（4）分析分离元件稳压电源保护管 T_3 在输出负载短路前后的工作状态。

二、集成稳压电源

（一）实验目的

（1）研究集成稳压电源的主要特点与测试方法。

（2）了解集成稳压电源的应用。

（3）掌握 Multisim 的原理图输入方法及实验结果的仿真方法（线上）。

（二）预习要求

（1）复习有关集成稳压电源的基本原理及主要技术指标定义的相关内容。

（2）列出实验中所要求的各种表格。

（3）熟悉 Multisim 软件原理图输入法及电路图编译、仿真方法。

（三）实验设备与器件

（1）TKDZ-1A 型模拟电路综合实验装置（含示波器、信号源发生器、交流毫伏表），集成稳压电源实验板。

（2）安装 Multisim 软件、腾讯课堂（用于课堂教学）及 QQ 软件（用于答疑和布置作业）的计算机。

（四）实验原理

集成稳压器体积小，外接线路简单、使用方便、工作可靠及通用性强等特点，在电子设备中应用十分普遍。它的种类很多，以串联三端 78 × ×和 79 × ×式居多，常用类型：

W7800 系列 —— 稳定正电压：

W7805　输出 +5 V；

W7809　输出 +9 V；

W7812　输出 +12 V；

W7815　输出 +15 V。

W7900 系列——稳定负电压：

W7905　输出 −5 V；

W7909　输出 −9 V；

W7912　输出 −12 V；

W7915　输出 −15 V。

其输入电压 V_I 一般应比输出电压端 V_o 高 3 V 以上。本实验所用集成稳压器为 W7812，实验电路图如图 3 − 10 − 4 所示。

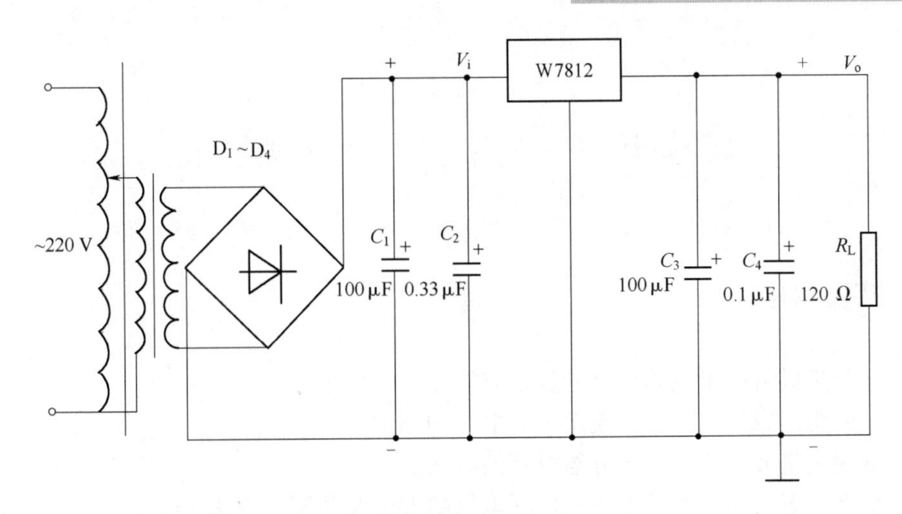

图 3-10-4　7812 稳压器电路

（五）实验内容

1. 线下实验方式

（1）整流滤波电路测试。按照图 3-10-4 接线，将调压器输出电压调至 15 V，作为整流电路输入电压。接通工频电源，测量输出直流电压 V_o（注意与理论值做比较，若差距较大，可能出现了故障，要加以排除）；用示波器观察输入/输出纹波电压的波形，把数据记入自拟的表格中并绘制波形图。

（2）集成稳压电源性能指标测试。

①测量最大输出电流 I_{omax}。

②测量稳压系数 S_r，方法请参考本章实验十的“一、串联型晶体管稳压电源”。

③测量输出电阻 r_o，方法请参考本章实验十的“一、串联型晶体管稳压电源”。

2. 线上实验方式

（1）利用 Multisim 软件的原理图输入法输入图 3-10-4（具体方法见第六章有关章节）电路。

（2）测试内容同线下实验内容，实验方式参考本章实验十的“一、串联型晶体管稳压电源”。

（六）注意事项

（1）实验前后，保证实验台调压器旋钮置于最小位置，交流开关置于“关”位置。

（2）直流地与交流地不可混淆，电压表负端接直流地。

（3）调试时，注意调压器输出电压值不可大于 20 V。

（七）实验报告要求

（1）整理实验数据，计算电源的 S_r 和 r_o。

（2）分析和讨论直流稳压电源与开关稳压电源的性能与特点。

实验十一　多路信号发生器实验

一、实验目的

（1）掌握集成运放单电源电路的设计方法。
（2）掌握用集成运放设计方波发生器电路的方法。
（3）掌握用集成运放设计积分器电路的方法。
（4）掌握用集成运放设计电压比较器电路的方法及其调试方法。
（5）掌握 Multisim 软件的原理图输入方法及仿真测试方法（线上）。

二、预习要求

（1）根据任务要求自拟简单可行的电路图，并简述其原理。
（2）根据任务要求计算并选择电路元件的相应参数。
（3）自拟实验步骤。
（4）安装并学习 Multisim 软件的基本使用方法。

三、实验原理

常见的低频方波发生电路可用运放及阻容元件等实现；利用运算放大器及简单的 *RC* 充放电回路可以构成积分电路；利用简单的电压比较器可以将正弦波变为同频率的方波，也可以将三角波变为矩形波。

（1）一般运算放大器都是采用双电源供电，而由于条件限制等原因只能采用单电源供电时，需要给双电源供电电路的“原接地端”做合适的电平配置，使其能够正常工作。运算放大器使用单电源，就是用电压配置给运算放大器提供一个“中点”，使其认为是双电源供电。产生模拟电路的中点，可以采用电阻分压的方法。

（2）矩形波发生器。从一般原理来分析，可以利用一个滞回比较器和一个 *RC* 充放电回路组成矩形波发生电路，如图 3－11－1 所示。电路原理参考波形的发生与整形这一实验内容。

（3）电压比较器。电压比较器是对输入信号进行鉴别与比较的电路，是组成非正弦波发生电路的基本单元电路。常用的电压比较器有单限比较器、滞回比较器、窗口比较器、三态电压比较器等。

四、实验设备与器件

（1）TKDZ-1A 型模拟电路综合实验装置（含示波器、信号源发生器、交流毫伏表），自选元器件若干。

（2）安装 Multisim 软件、腾讯课堂（用于课堂教学）及 QQ 软件（用于答疑和布置作业）的计算机。

五、实验内容

（一）线下实验方式

试用运算放大器及阻容等元件设计一个频率为 2 kHz、U_{OM}为 3～5 V 的单极性矩形波发生器电路，要求输出三路波形：①占空比为 20%；②占空比为 50%；③占空比为 80% 的矩形波，而且要用单电源 +5 V 给运算放大器供电，试选择相应的元器件参数，安装元器件并连接、调试电路（可先用面包板搭接电路调试好，再在印制电路板上完成焊接），用示波器测试并记录波形。记录相应的波形（u_C 和 u_o）与数据（T、f 以及 u_C 和 u_o 幅度）。

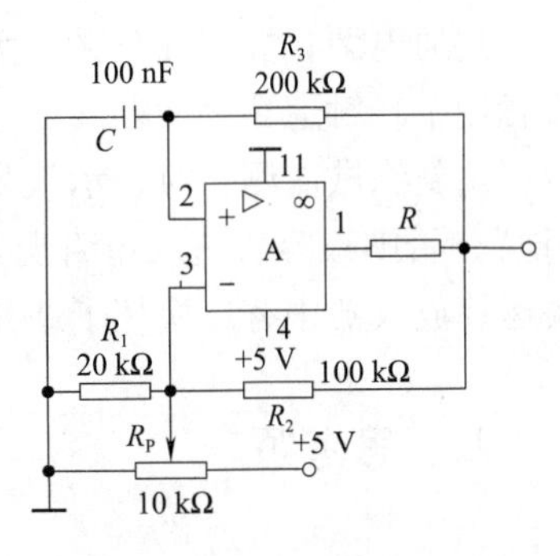

图 3－11－1　矩形波发生器

（1）先设计一个频率为 2 kHz 连续可调、$U_{OM}<5$ V 的方波发生器电路，画出其原理图，选择元件参数（参考波形的发生与整形实验）；安装元器件连接并调试电路，记录相应的输出波形（u_o）与数据（T、f 以及 u_C 和 u_o 幅度）。

（2）再设计一个积分器电路，选择合适的元件参数（取 $C=0.01\sim1$ μF），安装元器件连接并调试电路，用示波器测试并记录输出电压波形和幅度（输入为前面产生的方波）。

（3）设计两个单限比较器电路，将三角波分别变为两种占空比的矩形波。画出其原理图并选择元件参数，安装元器件连接并调试电路，调节电位器记录输出波形（u_o）幅值及占空比。

（二）线上实验方式

（1）根据设计任务，计算各元件参数。

（2）用 Multisim 仿真软件绘制原理图。选取元器件时先选取虚元器件，等仿真通过后，可以换作实元件进一步仿真，直到通过为止。

（3）调试并测试输出波形的频率、幅值并记录波形。

六、实验报告要求

（1）画出设计原理图，列出元器件清单。

（2）写出实验步骤及调试过程，说明调试中所出现的故障及排除方法，记录实验数据与相应波形。

（3）进行实验结果分析，要求与理论计算值比较，分析产生误差的可能性原因。

七、调试要点

元器件正确安装，特别要注意集成运算放大器的安装方向要正确，引脚要与插座接触良好。

正确连线，要注意电解电容（如果有）和电源的正负极要连接正确，集成运算放大器使用单电源供电，比如 Op07、741 这样的芯片引脚 7 加 +5 V，引脚 4 接地，一定不能接反；示波器与电路的共地线要连接，不可忘记。

接通电源，静观几分钟，无异常，即进入调试阶段；若有异常，如实验台发出警报声，或者用手轻触运算放大器表面，发现较烫，应立即切断电源，检查故障所在，当故障排除以后，重新测试。测试时，示波器测试线的正负探极不可用错，正极接触测试点，负极接触“地”，否则很容易造成短路现象。另外，矩形波-三角波发生器若没有输出波形，可能是两块运算放大器中有一块坏了或是接线有误。

八、思考题

（1）产生方波的方法有哪几种？比较它们的优缺点。

（2）还有哪些方案可以实现此实验的要求？

第四章　数字电子技术实验

实验一　门电路逻辑功能测试

一、实验目的

（1）掌握各类门电路逻辑功能的静态测试和动态测试方法。
（2）熟悉典型门电路的逻辑功能。
（3）掌握门电路多余端的处理方法。
（4）学会数字实验箱的使用。
（5）掌握 Multisim 的原理图输入方法及实验结果的仿真方法（线上）。

二、预习要求

（1）查阅附录 B，熟悉与本次实验有关的芯片。
（2）复习有关 OC（集电极开路）门、三态门的知识。
（3）自拟实验步骤，写出预习报告。
（4）熟悉 Multisim 软件原理图输入法及仿真方法。

三、实验设备与器件

（1）数字实验箱、74LS00、74LS01、74LS125 等芯片。
（2）安装 Multisim 软件、腾讯课堂（用于课堂教学）及 QQ 软件（用于答疑和布置作业）的计算机。

四、实验原理与方法

1. 实验原理

逻辑门电路是组成各种数字电路的基本单元。常用的门电路有与门、或门、非门（反相器）、与非门、或非门、异或门等。另外，还有一些特殊的门，如 OC 门、三态门等。门电路若有多余端一般不能悬空，以防止干扰信号侵入而破坏电路的稳定性。

2. 门电路的测试方法

逻辑门电路的测试分静态和动态两种测试方法。在测试之前要弄清楚集成电路芯片的类型系列和型号，然后通过查手册，找出该芯片的电源端、地端以及每个门的输入端和输出端。根据芯片的要求接上电源，任选一个门进行测试。在静态测试时，门的输入端接逻辑开关信号，输出端接 LED 显示器，如、L_1、L_2……通过逻辑开关分别给输入端加上“0”或者“1”（如某门电路有三个输入端 A、B、C，测试则应多次进行），记录输出端的状态。通过静态测试，得到被测逻辑门的真值表。

动态测试方法是在静态测试的基础上进行，此时应将静态输入信号换成动态信号，即连续脉冲。输出由 LED 换成用双踪示波器测试，然后分别观察和记录输入、输出信号波形，分析其逻辑关系。

3. 测试举例

测试 TTL 芯片 74LS00 与非门的逻辑功能。

（1）静态测试：已知芯片为 TTL 类型，电源电压为 5 V，查附录 B 知 74LS00 由四个与非门组成，这里选中第一个门，输入端为 1A（①）、1B（②），输出端为 1Y（③）。接好电源，输入端接开关 S_1、S_2，输出端接 L_1。列表测试如图 4－1－1 所示（①、②、③表示对应的引脚号）。

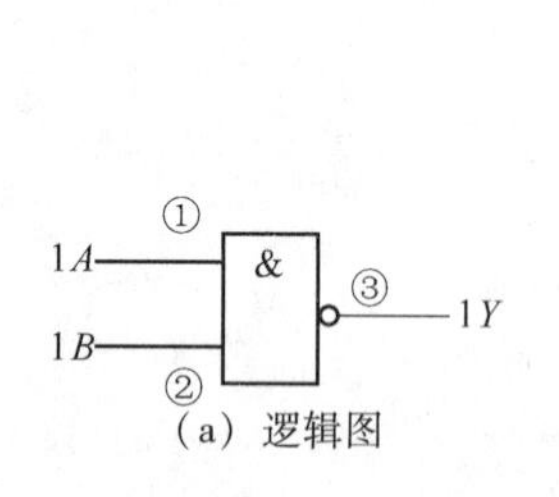

（a）逻辑图

输入		输出
1A	1B	1Y
0	0	1
0	1	1
1	0	1
1	1	0

（b）真值表

$Y = (A \cdot B)'$

（c）逻辑表达式

图 4－1－1　74LS00 与非门的逻辑功能

（2）动态测试：将输入端 1A 接连续脉冲 Q_1，1B 接 Q_2，用示波器的 CH1 接 1A，CH2 接 1B，分别测出 1A 和 1B 的波形（此时示波器的触发源开关应置 CH2）。CH2 不动，再用 CH1 去测 1Y 的波形。测试结果如图 4－1－2 所示。

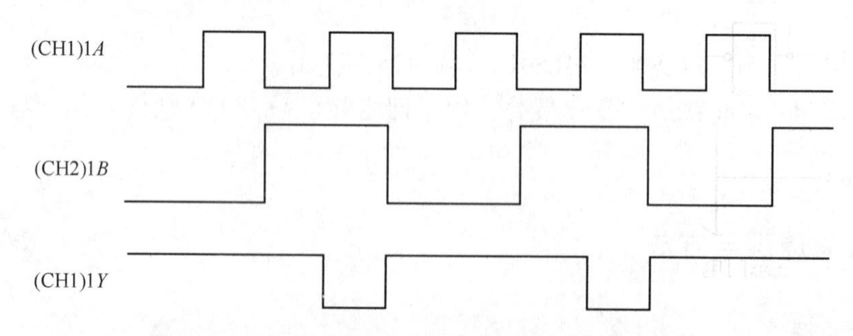

图 4－1－2　74LS00 与非门的逻辑功能测试结果

由动态波形分析，该门电路的逻辑功能为 $Y = (A \cdot B)'$；然后分别测试其余三个门，若功能正确，说明该芯片完好。

五、实验内容

(一) 线下实验方式

(1) 熟悉数字实验箱的使用。

(2) 测试实验箱连续脉冲 Q_1、Q_2、Q_3、Q_4高频段的波形。

(3) 测试 TTL 芯片 74LS00 的逻辑功能。

(4) 测试 TTL 系列 74LS08、74LS86 及 74LS125 (三态门)、74LS01 (OC 门) 的逻辑功能。

(5) 测试 74LS20 的逻辑功能，学习多余端的处理方法。电路如图 4-1-3 所示，只做动态测试。

要求测出 A、B、Y 在 C、D 分别为 00、01、10、11 时的波形，并通过波形分析作为多余端的 C 和 D，在什么情况下不影响该门电路的正常工作，从而得出与非门的多余端应如何处理。如果是或门、或非门，其多余端应如何处理?

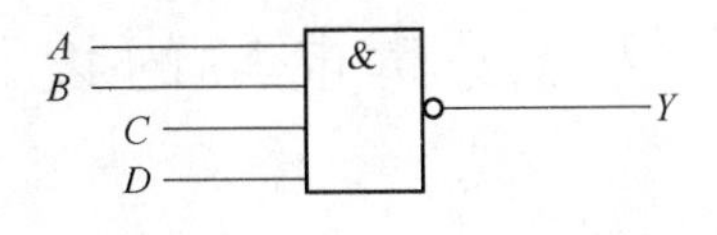

图 4-1-3　74LS20 逻辑图

(6) 三态门电路逻辑功能测试：电路如图 4-1-4 所示，只做静态测试，自拟并填写真值表。

(7) OC 门电路测试。电路如图 4-1-5 所示，要求同上。分析 $1Y$、$2Y$ 与 Y 之间的逻辑关系，从而得出 OC 门的特点是什么? 普通门电路的输出端能否接在一起?

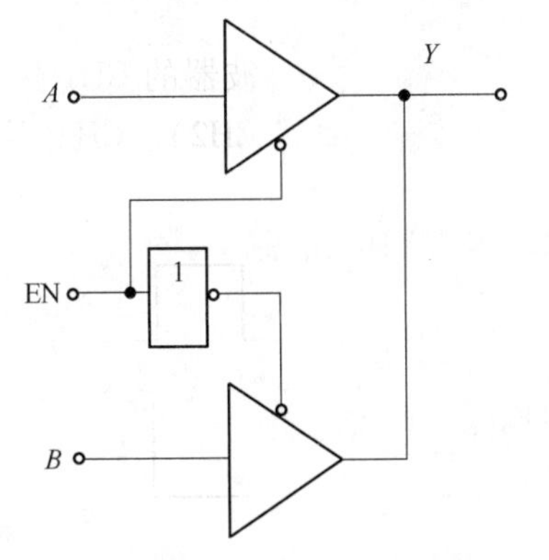

图 4-1-4　三态门电路逻辑功能测试电路图

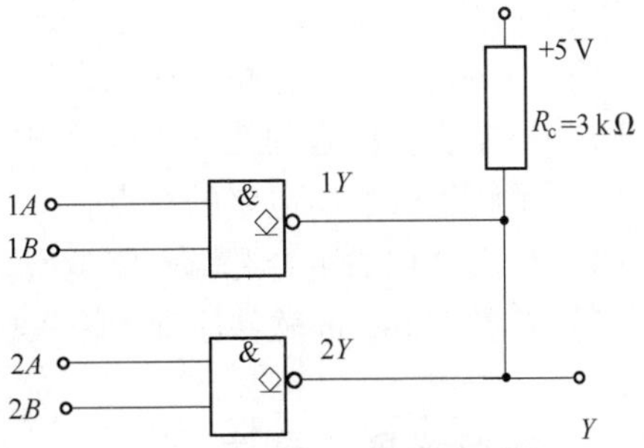

图 4-1-5　OC 门测试电路图

(二) 线上实验方式

(1) 设置字节发生器使其产生四路连续脉冲，用逻辑分析仪显示此四路连续脉冲。

(2) 与非门静态测试：首先将高、低电平分别和“单刀双掷开关”同一侧的两端相连，另一端和与非门输入端相连，与非门输出端接发光二极管。当输入为四种状态时，观察输出所接发光二极管的状态并进行记录。

（3）与非门动态测试：设置字节发生器使其产生两路连续脉冲作为与非门的输入信号，用逻辑分析仪显示输入及输出波形。

注意： 将逻辑分析仪虚拟面板时钟频率设置到 1 kHz。

（4）其他门电路测试方法类同。

六、实验报告要求

（1）整理测试结果，填写好各电路的真值表。

（2）整理测试波形，用坐标纸画出，并将其与之对应的逻辑图和真值表贴在一起。

（3）比较 CMOS 门电路和 TTL 门电路的 V_{OH} 和 V_{OL}，说明它们各自的特点。

（4）将电路图及仿真结果截图（线上）。

实验二　组合逻辑电路的设计与测试

一、实验目的

（1）掌握组合逻辑电路的一般设计方法。

（2）掌握组合逻辑电路的一般测试方法，学习检查故障出处、排除故障的方法。

（3）掌握 Multisim 的原理图输入方法及实验结果的仿真方法（线上）。

二、预习要求

（1）预习组合逻辑电路的理论设计步骤。

（2）根据实验内容的任务要求给出理论设计过程及逻辑电路图。

（3）了解组合逻辑电路的特点。

（4）列出常用的组合逻辑电路类型。

（5）熟悉 Multisim 软件原理图输入法及电路图编译、仿真方法。

三、实验设备与器件

（1）数字实验箱、示波器、74LS00、74LS20。

（2）安装 Multisim 软件、腾讯课堂（用于课堂教学）及 QQ 软件（用于答疑和布置作业）的计算机。

四、实验原理

通常逻辑电路可分为组合逻辑电路和时序逻辑电路两大类。电路在任何时刻，输出状态只决定于同一时刻各输入状态的组合，而与先前的状态无关的逻辑电路称为组合逻辑电路。组合逻辑电路设计就是根据给出的实际逻辑任务要求或逻辑问题，求出实现这一逻辑功能的最简的逻辑电路。要求电路中的元件数量最少，种类最少，连线也最少。

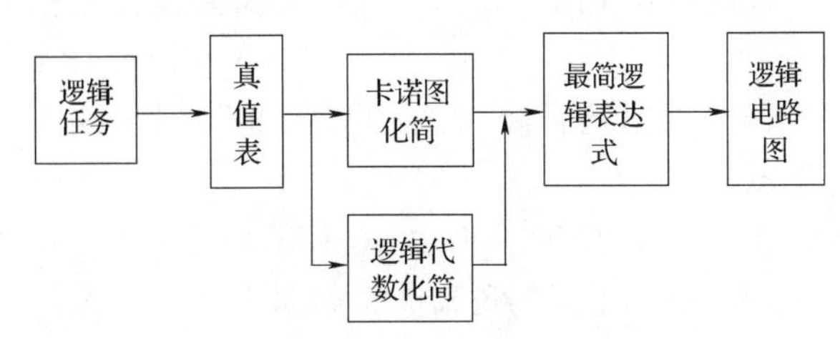

图 4－2－1　组合逻辑电路设计方框图

组合逻辑电路设计的一般方法如图 4－2－1 所示。

组合逻辑电路设计的一般步骤如下：

（1）进行逻辑抽象。根据任务要求进行逻辑抽象，确定输入变量和输出变量，定义逻辑状态的含义。

（2）根据输入/输出变量关系列出逻辑真值表。

（3）根据真值表写出逻辑函数表达式。

（4）化简逻辑函数并转换为适当形式。为获得最简的设计结果，需要将逻辑函数化为最简形式。可以用卡诺图或逻辑代数进行化简。如果对所用器件的种类有附加的限制，还应将函数式变换为与器件种类相适应的形式。

（5）选定器件的类型。为了产生所需要的逻辑函数，可以用小规模、中规模集成门电路甚至可编程逻辑器件（PLD）组成相应的逻辑电路，应根据对电路的具体要求和器件的资源情况决定采用哪一种类型的器件。

（6）画逻辑电路图。根据化简或转换后的逻辑函数式，画出逻辑电路图。

下面举一个具体的例子说明如何进行组合逻辑电路的设计。

例如：设计一个仅用"与非"门实现的监视交通信号灯工作状态的逻辑电路。取红、绿、黄灯的状态为输入变量，分别用 A、B、C 表示，并规定灯亮为1，不亮为0。取故障信号为输出变量，用 Y 表示，并规定正常工作状态下，A、B、C 中只有一个灯亮，Y 为0；发生故障时，Y 为1。

解：（1）根据题意列出真值表，如表 4－2－1 所示。

表 4－2－1　真值表

A	B	C	Y
0	0	0	1
0	0	1	0
0	1	0	0
0	1	1	1
1	0	0	0
1	0	1	1
1	1	0	1
1	1	1	1

（2）根据真值表写出逻辑函数式。

$$Y = A'B'C' + A'BC + AB'C + ABC' + ABC$$

经逻辑式化简（逻辑代数化简或者卡诺图化简）得：

$$Y = A'B'C' + AB + AC + BC$$

（3）根据题目要求选用“与非”门来实现，需要将化简后逻辑函数式转换为“与非”式。

$$Y = ((A'B'C' + AB + AC + BC)')' = ((A'B'C')' \cdot (AB)' \cdot (AC)' \cdot (BC)')'$$

（4）画出电路的逻辑图，如图 4－2－2 所示。

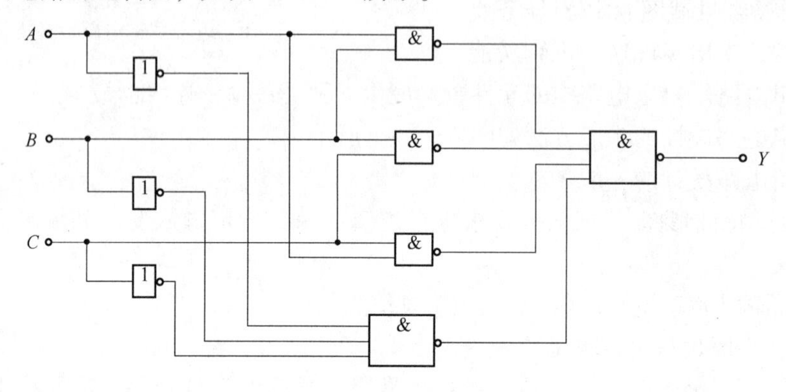

图 4－2－2　交通灯监测器逻辑图

五、实验内容

（1）试用 74LS00 芯片设计一个半加器电路（设 A、B 分别为加数和被加数，C 为和，C_1 为进位）。

（2）设计一个四人表决电路（多数赞成则提案通过）。本设计要求采用四重二输入与非门实现。

（3）设 A、B、C、D 是四位二进制码，可用来表示 16 个十进制数 X，试用与非门和发光二极管显示电路，设计组成一个组合逻辑电路，使其能够区分十进制数 X 的 $0 \leqslant X \leqslant 4$；$5 \leqslant X \leqslant 9$；$10 \leqslant X \leqslant 15$ 三种情况。要求所用的与非门最少，连线最少。

（一）线下实验方式

（1）安装芯片并正确连线。安装芯片时，注意芯片方向的正确性和布局的合理性。连线时，首先连接各芯片的接地端、电源端；其次连接输入端、输出端，最好用不同颜色的连接线来分类连接。

（2）静态测试并记录结果（真值表）。电路的输入端接逻辑开关，输出端接发光二极管，改变开关状态，观察输出状态变化并记录测试结果。

（3）动态测试并记录结果（波形图）。电路的输入端分别连接相关的连续脉冲，用示波器观察所有输入/输出信号波形并进行记录。

注意：用双踪示波器时要分多次测量，CH1 始终接输入最慢信号，CH2 依次分别测其他信号。

（二）线上实验方式

（1）熟悉 Multisim 软件的主界面环境和元器件库的结构（请参考第六章相关内容）。
（2）进行原理图输入并启动仿真按钮，建议使用字节发生器和逻辑分析仪等虚拟议器。
（3）静态测试并记录实验结果（真值表）。
（4）动态测试并记录结果（波形图）。
（5）将实验结果截图并提交。

六、实验报告要求

（1）填写真值表。
（2）绘制动态波形图。
（3）将电路图及仿真结果截图（线上）。

实验三　MSI 组合逻辑电路

一、编码、译码、显示实验

（一）实验目的

（1）了解编码器、译码器、显示器的性能及使用方法。
（2）学会编码器、译码器、显示器的应用。
（3）掌握 Multisim 的原理图输入方法及实验结果的仿真方法（线上）。

（二）预习要求

（1）在附录 B 中查出 74LS147、74LS04、CC4511 的引脚图和功能。
（2）熟悉显示器的引脚和使用。
（3）熟悉图 4-3-1 的工作原理。
（4）在图 4-3-1 中，74LS147 的输出端 Y'_0、Y'_1、Y'_2、Y'_3 与 CC4511 的输入端连线时，请思考为什么要加反相器 74LS04？
（5）熟悉 Multisim 软件原理图输入法及仿真方法。

（三）实验设备及器件

（1）数字实验箱、74LS04、74LS147、CD4511，共阴极数码管等芯片。

（2）安装 Multisim 软件、腾讯课堂（用于课堂教学）及 QQ 软件（用于答疑和布置作业）的计算机。

（四）实验原理

1. 编码、译码、显示原理

编码、译码、显示原理电路图如图 4-3-1 所示。该电路由 10 线-4 线优先编码器 74LS147、显示译码器 CC4511、反相器 74LS04 和共阴极七段显示器等组成。

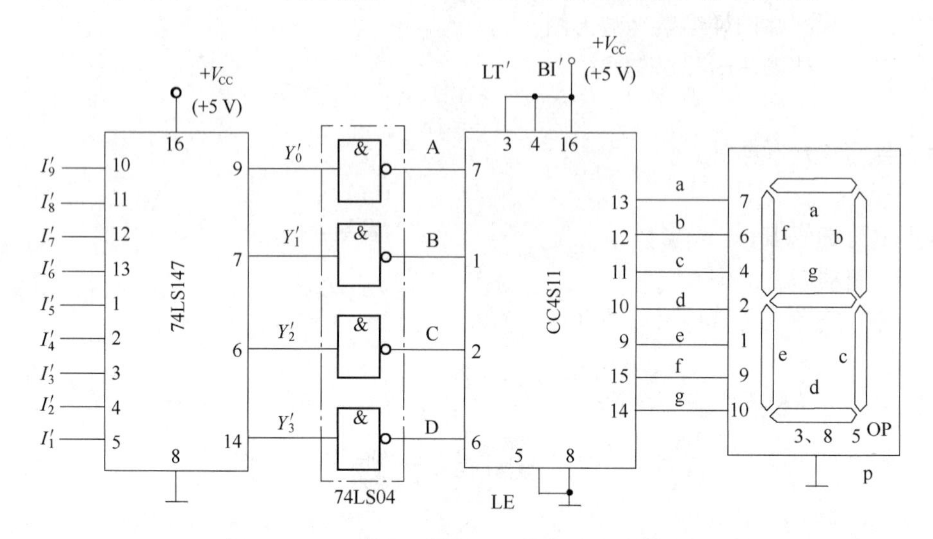

图 4-3-1 编码、译码、显示实验电路原理图

2. 显示译码器

显示译码器和显示器配合可将二进制码译成十进制码。选用的 CC4511 是 BCD 码七段锁存译码器兼驱动器。其外引线排列图如图 4-3-2 所示。

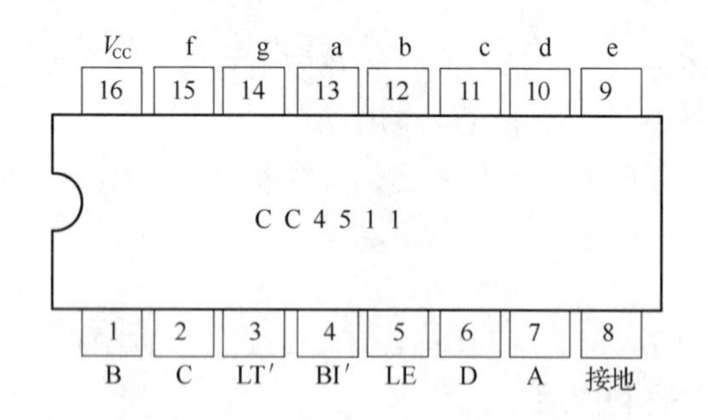

图 4-3-2 CC4511 引线排列图

CC4511 具有以下特点：

（1）要求输出数字 0~9 时，“消隐输入端”（BI′）必须保持高电平。“灯测试输入端”（LT′）必须保持高电平。“锁存输入端”（LE）必须接低电平。

（2）当“消隐输入端”（BI′）直接接低电平时，不管其他输入为何电平，所有各段输出均为低电平。

（3）当“灯测试”（LT′）为低电平时，所有各段输出都为高电平（若接上显示器，则显示数字 8，可以利用这一点来检查 CC4511 和显示器的好坏）。

（4）当“锁存输入端”（LE）为高电平时，输出锁存。

3. 显示器

显示器采用七段发光二极管，它可直接显示出译码器输出的十进制数。七段发光显示器有共阳接法和共阴接法两种：共阳接法就是把发光二极管的阳极都接在一个公共点上接电源（+5 V），与其配套的译码器为 74LS47；共阴接法则相反，它是把发光二极管的阴极都连在一起接地，与其配套的译码器为 74LS48、CC4511。七段显示器的外引线排列图、共阴接法及数字符号显示如图 4-3-3 所示。

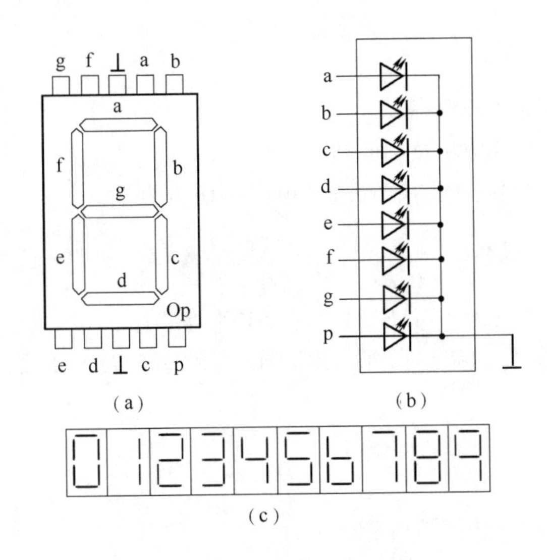

图 4-3-3　共阴七段显示器

如果输入的频率较高时，显示器所显示的数字可能出现混乱或很快改变结果，这时，可给计数器后面加一级锁存器（如 74LS273 八个 D 触发器）。如果显示器所显示的数字暗淡，可加一级缓冲器（如 74LS07、74LS17）或射极限随器来提升电流。

（五）实验内容

1. 线下实验方式

（1）测试 74LS147 的逻辑功能，记录实验结果。

（2）测试 CC4511 的逻辑功能，记录实验结果。

（3）按图 4-3-1 接线，将 $I'_1 \sim I'_9$ 分别接至数据开关，验证编码器 74LS147 和译码器 CC4511 的逻辑功能。记录实验结果。

2. 线上实验方式

（1）利用 Multisim 软件的原理图输入法输入图 4-3-1，74LS147 的输入端和单刀双掷开关相连，使其能输入高电平或低电平。按照 74LS147 的真值表来测试优先编码器的功能并用数码管来显示。

（2）将实验结果截图并提交。

二、中规模数据选择器及其应用

（一）实验目的

（1）熟悉数据选择器的逻辑功能及特点。
（2）试设计逻辑函数发生器。
（3）了解数据选择器的应用。
（4）掌握 Multisim 的原理图输入方法及实验结果的仿真方法（线上）。

（二）预习要求

（1）复习数据选择器有关内容。
（2）熟悉 74LS151 逻辑功能及引脚排列。
（3）熟悉 Multisim 软件原理图输入法及电路图仿真方法。

（三）实验设备及器件

（1）数字实验箱、74LS20、74LS151、74LS138 等芯片。
（2）安装 Multisim 软件、腾讯课堂（用于课堂教学）及 QQ 软件（用于答疑和布置作业）的计算机。

（四）实验原理

1. 74LS151 八选一数据选择器介绍。

八选一数据选择器 74LS151 功能表参见附录 B。

由 74LS151 功能表可以看出，当选通输入端（ST′=0）时，Y 是 A_2、A_1、A_0 和输入数据 D_0~D_7 的与或函数，它的表达式为

$$Y = \sum_{i=0}^{7} m_i D_i \qquad (4-3-1)$$

式中，m_i 是 A_2、A_1、A_0 构成的最小项，显然当 $D_i=1$ 时，其对应的最小项 m_i 在与或表达式中出现；当 $D_i=0$ 时，对应的最小项就不出现。利用这一点，可以实现组合逻辑函数。

2. 74LS151 数据选择器应用举例

将数据选择器的地址选择输入信号 A_2、A_1、A_0 作为函数的输入变量，数据输入 D_0~D_7 作为控制信号，控制各最小项在输出逻辑函数中是否出现，选通输入端 ST′ 始终保持低电平，这样，八选一数据选择器就成为一个三变量的函数产生器。

例如，利用八选一数据选择器产生逻辑函数：

$$L = A'B'C' + A'BC' + AB'C' + ABC' + ABC$$

可以将此函数改成下列形式：

$$L = m_0D_0 + m_2D_2 + m_5D_5 + m_6D_6 + m_7D_7 \qquad (4-3-2)$$

式 4-3-2 符合式 4-3-1 的标准式。考虑到式中没有出一最小项 m_1、m_3、m_4，因而只有 $D_0=D_2=D_5=D_6=D_7=1$，而 $D_1=D_3=D_4=0$。由此可画出该逻辑函数产生器的逻辑图

如图4－3－4所示。

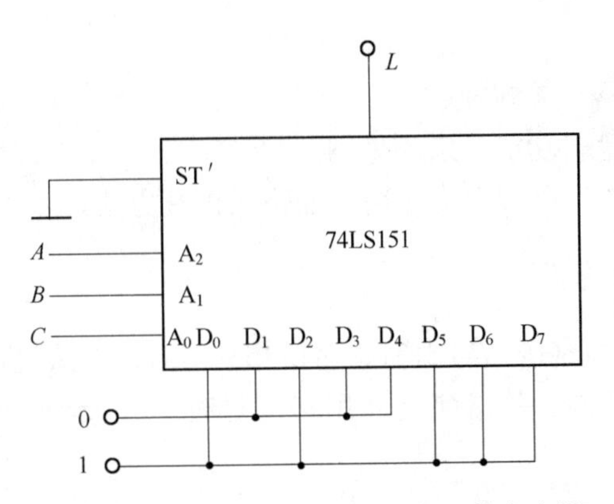

图4－3－4　用74LS151构成逻辑函数产生器

（五）实验内容

1. 线下实验方式

（1）测试74LS151的逻辑功能。

（2）试用八选一数据选择器产生逻辑函数 $Y=AB'C'+A'C'+BC$。

（3）试用一片双四选一数据选择器组成一个八选一数据选择器。

（4）试用数据选择器74LS151设计一个监测信号灯工作状态的逻辑电路。其条件是，信号灯由红（用R表示）、黄（用Y表示）和绿（用G表示）三种颜色灯组成，正常工作时，任何时刻只能是红、绿或黄当中的一种灯亮。而当出现其他五种灯亮状态时，电路发生故障要求逻辑电路发出故障信号。

设用1、0分别表示R、Y、G灯的亮和灭状态，故障信号由实验箱中的灯亮表示，试将设计的逻辑电路用实验验证，并列表记下实验结果。

2. 线上实验方式

（1）熟悉Multisim软件的主界面环境和元器件库的结构（请参考第六章相关内容）。

（2）74LS151的数据选择端接单刀双掷开关，数据输入端 $D_0\sim D_7$ 和字节发生器产生的8路波形信号相连接，其数据输入和输出端接逻辑分析仪，通过改变数选端观察输出和输入哪路信号一致来测试其逻辑功能。

（3）按要求取元件并连线，测试并记录结果。

三、中规模译码器及其应用

（一）实验目的

（1）熟悉译码器的逻辑功能及特点。

（2）了解译码器的应用。

（3）试设计逻辑函数发生器和数据分配器。

（4）掌握Multisim的原理图输入方法及实验结果的仿真方法（线上）。

（二）预习要求

（1）复习数据译码器有关内容。

（2）熟悉 74LS138 逻辑功能及引脚排列。

（3）熟悉 Multisim 软件原理图输入法及电路图仿真方法。

（三）实验设备及器件

（1）数字实验箱、74LS00、74LS151、74LS153、74LS138 等芯片。

（2）安装 Multisim 软件、腾讯课堂（用于课堂教学）及 QQ 软件（用于答疑和布置作业）的计算机。

（四）实验原理

1. 74LS138 线译码器介绍

3－8 线译码器 74LS138 的逻辑功能表参见附录 B。

由 74LS138 的逻辑功能表可以看出，该译码器有三个选通端：G_1、G'_{2A}和 G'_{2B}，只有当 $G_1=1$、$G'_{2A}=0$、$G'_{2B}=0$ 同时满足时，才允许译码，否则就禁止译码。设置多个选通端，使得该译码器能灵活地组成各种电路。

以允许译码条件下，由 74LS138 的逻辑功能表（见附录 B）得

$$\begin{cases} Y'_0=(A'_2A'_1A'_0)' \\ Y'_1=(A'_2A'_1A_0)' \\ \quad\vdots \\ Y'_7=(A_2A_1A_0)' \end{cases} \tag{4-3-3}$$

2. 74LS138 应用举例

若要产生逻辑函数

$$L=A'B'C'+A'BC'+AB'C+ABC'+ABC$$

则只要将输入变量 A、B、C 分别接到 $A_0A_1A_2$端，并利用摩根定律进行变换，可得

$$L=\{(A'B'C')'\cdot(A'BC')'\cdot(AB'C)'\cdot(ABC')'\cdot(ABC)'\}'=(Y'_0Y'_2Y'_5Y'_6Y'_7)'$$

由此可画出其逻辑图如图 4－3－5 所示。

此外，这种带选通输入端的译码器又是一个完整的数据分配器，如果把 74LS138 中的 G_1作为数据输入端，而将 A_2、A_1、A_0作为地址输入端，则当 $G'_{2A}=G'_{2B}$时，从 G_1端来的数据只能通过 A_2、A_1、A_0所确定的一根输出线送出去。例如，当 $A_2A_1A_0=100$ 时，G_1的状态将以反码形式出现在 Y'_4 输出端。

（五）实验内容

1. 线下实验方式

（1）测试 74LS138 的逻辑功能。

（2）试用 74LS138 实现逻辑函数 $L=A'BC'+AB'C'+A'B'C'+ABC$。

（3）用 3－8 线译码器 74LS138 和门电路设计 1 位二进制全减器电路。输入为被减数、减数和来自低位的借位，输出为两数之差和向高位的借位信号。

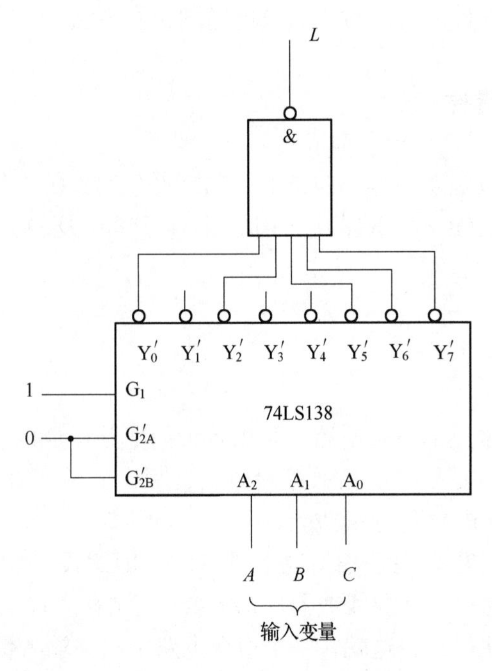

图4－3－5　用74LS138构成逻辑函数发生器

2. 线上实验方式

（1）熟悉Multisim软件的主界面环境和元器件库的结构（请参考第六章相关内容）。

（2）74LS138的输入端接单刀双掷开关，输出端接发光二极管，测试其逻辑功能。

（3）按要求取元件并连线，测试并记录结果。

实验四　组合逻辑电路分析

一、实验目的

（1）掌握组合逻辑电路的分析方法与测试方法。

（2）了解组合电路的冒险现象及其消除方法。

（3）掌握Multisim的原理图输入方法及实验结果的仿真方法（线上）。

二、预习要求

（1）预习组合逻辑电路的分析方法。

（2）预习用非门和异或门等构成全加器的工作原理。

（3）预习组合电路险象的种类、产生原因及防止方法。

（4）根据实验内容要求，设计好必要的线路。

（5）熟悉 Multisim 软件原理图输入法及电路图仿真方法。

三、实验设备与器件

（1）数字实验箱、双踪示波器、74LS00、74LS86、74LS08、74LS32。

（2）安装 Multisim 软件、腾讯课堂（用于课堂教学）及 QQ 软件（用于答疑和布置作业）的计算机。

四、实验原理

（1）组合电路是最常见的逻辑电路，是由各种门电路构成的。

（2）组合电路的分析是根据所给的逻辑电路，写出其输入与输出之间的逻辑函数表达式或真值表，从而确定该电路的逻辑功能。

（3）组合电路分析过程是在理想情况下进行的，即假设一切器件均没有延迟效应，但实际上并非如此，信号通过任何导线或器件都需要一段响应时间，由于制造工艺上的原因，各器件延迟时间的离散性很大，这就在一个组合电路中，当输入信号发生变化时，有可能产生错误的输出。这种输出出现瞬时错误的现象称为组合电路的冒险现象（简称险象）。本实验将对 0 型及 1 型冒险进行研究。

如图 4－4－1 所示电路，其输出函数 $Z=A+A'$，在电路达到稳定时，即静态时，输出 Z 总是 1。然而在输入 A 变化时（动态时）由图可见，在某些瞬间输出 Z 会出现 0，即当 A 经历 1→0 的变化时 Z 出现窄脉冲，即电路存在 0 型险象。

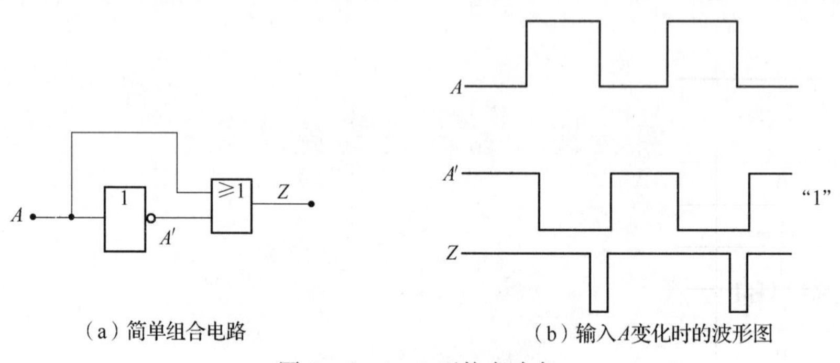

（a）简单组合电路　（b）输入 A 变化时的波形图

图 4－4－1　0 型静态险象

同理，如图 4－4－2 所示电路，$Z=A\cdot A'$，存在有 1 型险象。

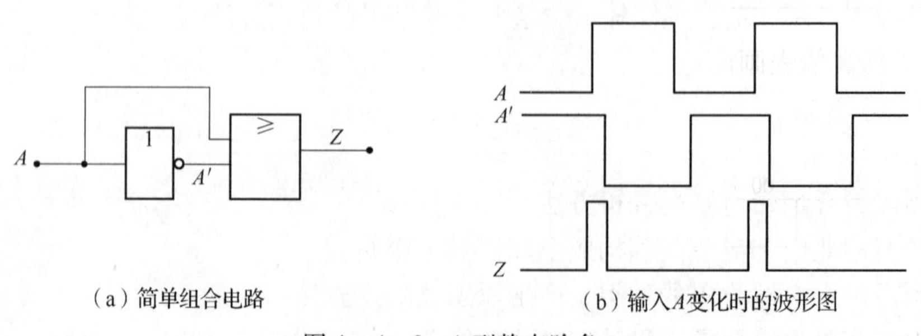

（a）简单组合电路　（b）输入 A 变化时的波形图

图 4－4－2　1 型静态险象

进一步研究得知，对于任何复杂的按“与或”或“或与”函数式构成的组合电路中，只要能成为 $A+A'$ 或 AA' 的形式，必然存在险象。为了消除此险象，可以增加校正项，前者的校正项为被赋值各变量的“乘积项”，后者的校正项为被赋值各变量的“和项”。

还可用卡诺图的方法来判断组合电路是否存在险象，以及找出校正项来消除险象。

五、实验内容

（一）线下实验方式

1. 分析、测试全加器的逻辑电路

（1）写出图 4－4－3 所示电路的逻辑表达式。

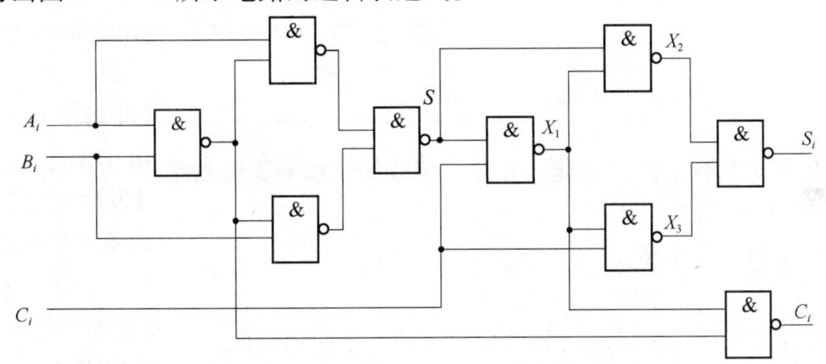

图 4－4－3　由与非门组成的全加器电路

（2）列出表 4－4－1 所示的真值表。

表 4－4－1　真值表

A_i	B_i	C_{i-1}	S	X_1	X_2	X_3	S_i	C_i
0	0	0						
0	0	1						
0	1	0						
0	1	1						
1	0	0						
1	0	1						
1	1	0						
1	1	1						

（3）根据真值表画出逻辑函数 S_i、C_i 的卡诺图并化简。

A_i \ B_iC_{i-1}	00	01	11	10
0				
1				

$S_i=$

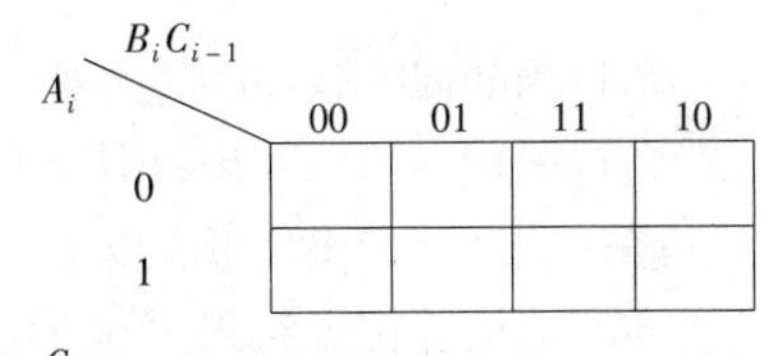

$C_i=$

（4）按图 4 -4 -3 要求，选择与非门并接线，进行测试，将测试结果填入表 4 -4 -2，并与上面真值表进行比较逻辑功能是否一致。

表 4 -4 -2　结果记录表

A_i	B_i	C_{i-1}	S_i	C_i
0	0	0		
0	0	1		
0	1	0		
0	1	1		
1	0	0		
1	0	1		
1	1	0		
1	1	1		

2. 分析、测试用异或门、或非门和非门组成的全加器逻辑电路

根据全加器的逻辑表达式

本位和：$S_i=(A_i\oplus B_i)\oplus C_{i-1}$

进　位：$C_i=(A_i\oplus B_i)\cdot C_{i-1}+A_i\cdot B_i$

可知一位全加器可以用两个异或门和两个与门及一个或门组成。

（1）画出用上述门电路实现全加器逻辑电路。

（2）接所画的原理图、选择器件，并在实验箱上接线。

（3）进行逻辑功能测试，将测试结果填入自拟表格中，判断测试是否正确。

3. 观察冒险现象

按图 4 -4 -4 接线，当 $B=1$，$C=1$ 时，A 输入矩形波（$f=1$ MHz 以上），用示波器观察 Z 输出波形。并用添加校正项方法消除险象。

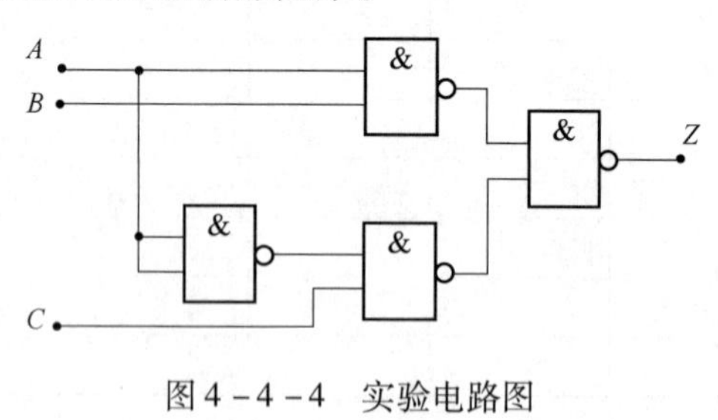

图 4 -4 -4　实验电路图

（二）线上实验方式

（1）熟悉 Multisim 软件的主界面环境和元器件库的结构（请参考第六章相关章节）。

（2）进行原理图输入并启动仿真按钮。

（3）静态测试并记录实验结果（真值表）。

（4）动态测试并记录结果（波形图）。

六、实验报告要求

（1）整理实验数据、图表，并对实验结果进行分析讨论。
（2）总结组合电路的分析与测试方法。
（3）对险象进行讨论。

实验五　集成触发器的测试与应用

一、实验目的

（1）掌握常用触发器的逻辑功能。
（2）熟悉各类触发器。
（3）了解时钟脉冲的触发作用。
（4）掌握 Multisim 的原理图输入方法及实验结果的仿真方法（线上）。

二、预习要求

（1）复习各类触发器的逻辑功能、触发方式及内部电路结构。
（2）理论分析实验表格中触发器输出的次态。
（3）熟悉 Multisim 软件原理图输入法及电路图仿真方法。

三、实验设备与器件

（1）数字逻辑实验箱、双踪示波器、74LS74、74LS112、74LS00。
（2）安装 Multisim 软件、腾讯课堂（用于课堂教学）及 QQ 软件（用于答疑和布置作业）的计算机。

四、实验原理

触发器具有两个稳定的状态，用以表示逻辑状态“1”和“0”，在一定的外界信号的作用下，可以从一个稳定的状态翻转到另一个稳定的状态，它是一个具有记忆功能的二进制信息存储器件，是构成各种时序电路的最基本的逻辑单元。

常见的 D 触发器的芯片有 74LS74 等芯片。D 触发器的特性方程是 $Q^{*}=D$。其功能表见附录 B，其中 D 为输入端，S_{D}'和 R_{D}'分别为异步置位端和异步复位端，CP 为时钟脉冲输入端。D 触发器的输出状态更新发生在 CP 脉冲的上升沿，故称为上升沿触发的边沿触发器。

将D触发器接成计数工作状态（即 D 接 Q'），CP 接连续脉冲。可以看到每遇到一个 CP 脉冲的上升沿，输出 Q 发生一次翻转。

常见的JK触发器是74LS112这个芯片。JK触发器的特性方程是 $Q^* = JQ' + K'Q$。其功能表见附录B，其中 J、K 为输入端，S'_D 和 R'_D 分别为异步置位端和异步复位端，CP 为时钟脉冲输入端。JK触发器的输出状态更新发生在 CP 脉冲的下降沿，故称为下降沿触发的边沿触发器。将JK触发器接成计数工作状态（$J = K = 1$），CP 接连续脉冲，可以看到每遇到一个CP脉冲的下降沿，输出 Q 发生一次翻转。

配合使用简单的门电路可以实现JK触发器和D触发器之间的相互转换。电路图见实验内容部分。

五、实验内容

（一）线下实验方式

1. D触发器（74LS74）

查阅附录B熟悉74LS74的引脚功能。

（1）测试异步置位端 S'_D 和异步复位端 R'_D 的功能，将 D、S'_D、R'_D 端分别接逻辑开关 S_1、S_2、S_3、CP端接单脉冲，输出端 Q 接发光二极管 L_1，按表4-5-1要求在 S'_D、R'_D 作用期间改变 D 和 CP 的状态，测试并记录 S'_D 和 R'_D 对输出状态的控制作用。

（2）测试D触发器的逻辑功能

改变 D 的状态，并用 S'_D 和 R'_D 端对触发器进行异步置位或复位。按表4-5-2所示要求测试其逻辑功能，并在表4-5-2中记录结果。

（3）观察波形。将D触发器接成计数工作状态［即 D 接 Q'（Q的逻辑反）］，CP 接连续脉冲。用示波器观察 CP 及 Q 的波形。

表4-5-1 结果记录表（1）

D	CP	S'_D	R'_D	Q
×	×	0	1	
×	×	1	0	

表4-5-2 结果记录表（2）

D	CP	Q	Q^*（次态）
0	↑	0	
0	↑	1	
1	↑	0	
1	↑	1	

2. JK触发器（74LS112）

查阅附录B，熟悉74LS112的引脚功能。

（1）将 J、K 端和 S'_D、R'_D 端分别接逻辑开关，CP 端接单脉冲，输出端 Q 接发光二极管 L_1，按表4－5－3要求测试并记录 S'_D、R'_D 对输出端状态的控制作用，测试方法同上。

表4－5－3　结果记录表（3）

CP	J	K	S'_D	R'_D	Q
×	×	×	1	0	
×	×	×	0	1	

（2）测试JK触发器的逻辑功能。改变 J、K 状态，并用 S'_D 和 R'_D 端对触发器进行异步置位或复位，按表4－5－4要求，测试其逻辑功能，并在表4－5－4中记录结果。

表4－5－4　结果记录表（4）

J	K	CP	Q	Q^*
0	0	↓	0	
		↓	1	
0	1	↓	0	
		↓	1	
1	0	↓	0	
		↓	1	
1	1	↓	0	
		↓	1	

（3）观察波形。将JK触发器接成计数工作状态（$J=K=1$），CP 接连续脉冲，用示波器观察 CP 及 Q 的波形。

3. D触发器和JK触发器之间的相互转换。

（1）将JK触发器转换成D触发器，并验证其逻辑功能。参考电路如图4－5－1所示。

（2）将D触发器转换成JK触发器，并验证其逻辑功能。参考电路图如4－5－2所示。

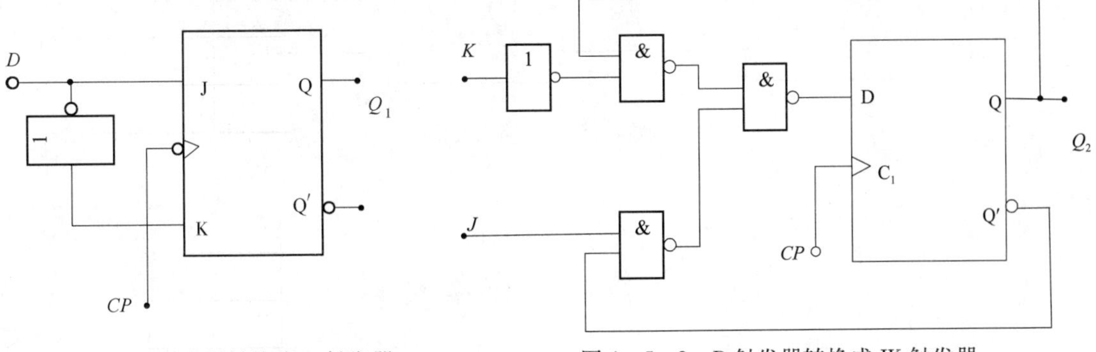

图4－5－1　JK触发器转换成D触发器　　　图4－5－2　D触发器转换成JK触发器

（二）线上实验方式

（1）熟悉Multisim软件的主界面环境和元器件库的结构，并进行原理图输入（请参考第六章相关章节）

（2）静态测试，先利用“复位开关 PB-DPST”、+5 V 及 1 kΩ 的电阻建一个单次脉冲，如图 4－5－3 测试时，输入建议使用单刀双掷开关实现高低电平输入。

（3）动态测试：测试时，输入建议使用方波发生器。输出使用双通道示波器即可。

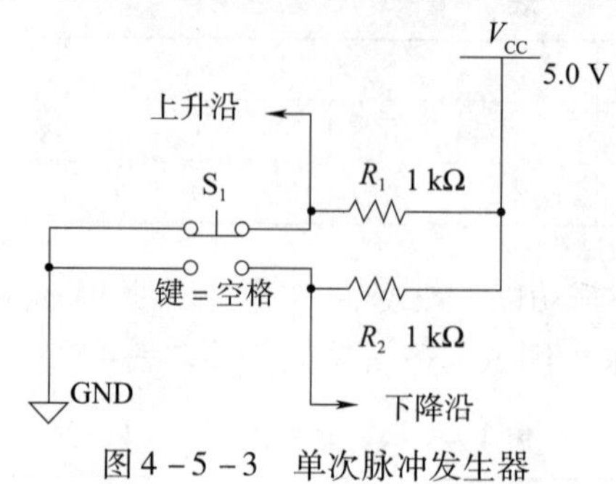

图 4－5－3　单次脉冲发生器

六、实验报告要求

（1）阐述输出状态“不变”和“不定”的含义。

（2）总结 S'_D、R'_D及各输入端的作用。

（3）已知本实验中使用的边沿型 D 触发器和 JK 触发器的输入波形如图 4－5－4 所示，设 Q'_1、Q'_2的起始状态为低电平，$R'_D=1$，画出对应的输出波形。

（4）用特征方程推导 D 触发器和 JK 触发器间的相互转换电路。

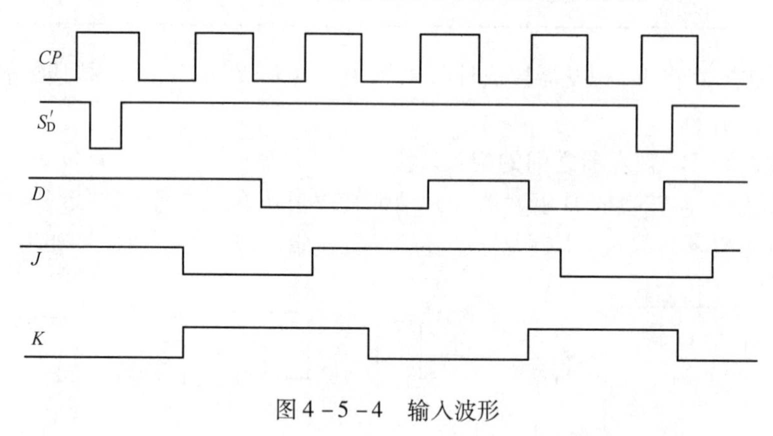

图 4－5－4　输入波形

实验六　移位寄存器及其应用

一、实验目的

（1）掌握中规模四位双向移位寄存器的逻辑功能及使用方法。

（2）熟悉移位寄存器的应用——构成环形计数器。

（3）掌握 Multisim 的原理图输入方法及实验结果的仿真方法（线上）。

二、预习要求

（1）复习寄存器有关内容。

（2）查阅 74LS194、74LS74 引脚图，熟悉其逻辑功能及引脚排列。

（3）在对 74LS194 进行置数后，若要使输出端改成另外的数码，是否一定要使寄存器清零？

（4）使寄存器清零，除采用 C_R'输入低电平外，可否采用右移或左移的方法？可否使用并行送数法？若可行，如何进行操作？

（5）若进行循环左移，图 4－6－1 接线应如何改接？

（6）熟悉 Multisim 软件原理图输入法及电路图编译、仿真方法。

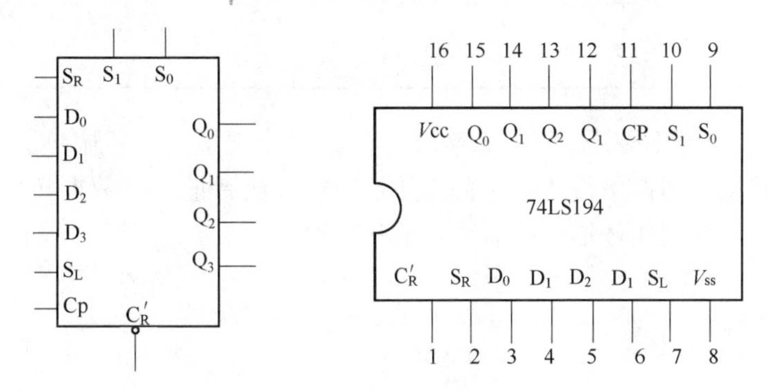

图 4－6－1　74LS194 的逻辑符号及引脚排列

三、实验设备与器件

（1）数字实验箱、74LS194（或 CC40194）、74LS74（或 CC4013）、74LS00。

（2）安装 Multisim 软件、腾讯课堂（用于课堂教学）及 QQ 软件（用于答疑和布置作业）的计算机。

四、实验原理

（1）移位寄存器是一个具有移位功能的寄存器，是指寄存器中所存的代码能够在移位脉冲的作用下依次左移或右移。既能左移又能右移的称为双向移位寄存器，只需要改变左、右移的控制信号便可实现双向移位要求。根据移位寄存器存取信息的方式不同分为：串入串出、串入并出、并入串出、并入并出四种形式。本实验选用的四位双向通用移位寄存器，型号为 74LS194 或 CC40194，两者功能相同，可互换使用，其逻辑符号及引脚排列如图 4－6－1 所示。

其中 D_3、D_2、D_1、D_0为并行输入端；Q_3、Q_2、Q_1、Q_0为并行输出端；S_R为右移串行输

入端，S_L为左移串行输入端；S_1、S_0为操作模式控制端；C_R为直接无条件清零端；CP 为时钟脉冲输入端。74LS194 有五种不同的操作模式：并行送数寄存、右移、左移、保持及清零。74LS194 的功能如表 4－6－1 所示。

表 4－6－1　74LS194 的功能

CP	C'_R	S_1	S_0	功能	$Q_3\ Q_2\ Q_1\ Q_0$
×	0	×	×	清除	$C'_R=0$，使 $Q_3Q_2Q_1Q_0=0000$，寄存器正常工作时，$C'_R=1$
↑	1	1	1	送数	CP 上升沿作用后，并行输入数据送入寄存器，$Q_3Q_2Q_1Q_0=D_3D_2D_1D_0$，此时串行数据（$S_R$、$S_L$）被禁止
↑	1	0	1	右移	串行数据送至右移输入端 S_R，CP 上升沿进行右移，$Q_3Q_2Q_1Q_0=D_{SR}Q_3Q_2Q_1$
↑	1	1	0	左移	串行数据送至左移输入端 S_L，CP 上升沿进行左移，$Q_3Q_2Q_1Q_0=Q_2Q_1Q_0D_{SL}$
↑	1	0	0	保持	CP 作用后寄存器内容保持不变，$Q_3Q_2Q_1Q_0=Q_3^*Q_2^*Q_1^*Q_0^*$

（2）移位寄存器应用很广，可构成移位寄存器型计数器、顺序脉冲发生器、串行累加器，可用作数据转换，即把串行数据转换为并行数据，或者把并行数据转换为串行数据等。本实验研究移位寄存器用作环形计数器线路及其原理。

五、实验内容

（一）线下实验方式

1. 测试 74LS194（或 CC40194）**的逻辑功能**

按图 4－6－1 接线，C'_R、S_1、S_0、S_L、S_R、D_3、D_2、D_1、D_0分别接至逻辑开关的输出插口，Q_3、Q_2、Q_1、Q_0接至 LED 逻辑电平显示输入插口。CP 端接单次脉冲源输出插口。按表 4－6－1 所规定的输入状态，逐项进行测试。

（1）清除：令 $C'_R=0$，其他输入均为任意态，这时寄存器输出 Q_3、Q_2、Q_1、Q_0应均为 0。清除后，置 $C'_R=1$。

（2）送数：令 $C'_R=S_1=S_0=1$，送入任意四位二进制数据，如 $D_3D_2D_1D_0=$ dcba，加 CP 脉冲，观察 $CP=0$、CP 由 0→1、CP 由 1→0 三种情况下寄存器输出状态的变化，观察寄存器输出状态变化是否发生在 CP 脉冲的上升沿。

（3）右移：清零后，令 $C'_R=1$，$S_1=0$，$S_0=1$，由右移输入端 S_R送入二进制数码如 0100，由 CP 端连续加四个脉冲，观察输出情况并进行记录。

（4）左移：先清零或预置，再令 $C'_R=1$，$S_1=1$，$S_0=0$，由左移输入端 S_L送入二进制数码如 1111，连续加四个 CP 脉冲，观察输出端情况并进行记录。

（5）保持：寄存器预置任意四位二进制数码 dcba，令 $C'_R=1$，$S_1=S_0=0$，加 CP 脉冲，观察寄存器输出。

2. 测试用 D 触发器构成的循环移位寄存器

测试用 D 触发器构成的循环移位寄存器的逻辑功能及动态波形并进行记录，验证能否自启动，如图 4-6-2 所示。

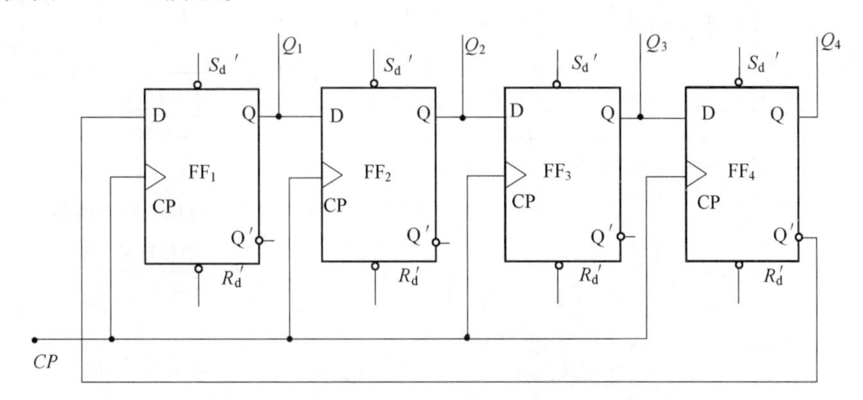

图 4-6-2　用 D 触发器构成的循环移位寄存器

（1）静态测试：用两个 74LS74 按图 4-6-2 搭电路，CP 接单次脉冲，D_1 接 Q_4'，通过八个逻辑开关为触发器 FF_1、FF_2、FF_3 及 FF_3 置初态 $Q_4Q_3Q_2Q_1=0000$，然后使所有的 $R_d'=S_d'=1$，按动单次脉冲，记录状态转换图或真值表。

（2）动态测试：将 CP 接到连续脉冲，分别用示波器观察 CP 及 Q_1、Q_2、Q_3 及 Q_4 的波形，画出波形图。

（3）自启动功能测试：先通过八个逻辑开关为触发器 FF_1、FF_2、FF_3 及 FF_3 置初态，使其在有效循环外如 $Q_4Q_3Q_2Q_1=0101$，然后使所有的 $R_d'=S_d'=1$，在有效沿到来之后，观察输出状态 $Q_4Q_3Q_2Q_1$ 能否进入有效循环，如果能，则能自启动，否则不能自启动。

3. 设计“一人打乒乓球游戏电路”（选做）

该电路要求如下：用 8 个排成长串的灯来显示球的位置（每个灯反映移位寄存器的一位），用一个开关作为“接球”的“球拍”。用 74LS194 和 74LS74 构成一个 8 位右移移位寄存器，其中只有一位是“1”，以代表球的位置，其余位置都是“0”。采用周期为 1 s 的时钟源。在裁判按一下“开局”开关后，球就自左向右移动。当球到达右端时，如果运动员能适时地按一下“接球”开关，就算接到了球，球就会重新开始从左端向右移动；如果运动员过早或过迟按“接球”开关，球就会消失（灯全暗），就算丢一球。到裁判再按一下“开局”，游戏重新开始。其参考电路如图 4-6-3 所示，图中秒脉冲信号由实验箱 S_4（低频）给出。

（二）线上实验方式

1. 利用 Multisim 软件的原理图输入法输入图 4-6-1（具体方法见第六章相关章节）

静态测试：首先将单次脉冲（参考实验五）接入 74LS194 的 CP 端，选九个单刀双置开关接到 74LS194 的 C_R'、S_1、S_0、S_L、S_R、D_3、D_2、D_1、D_0 端（注意九个开关的 KEY 选用不同的按键），选四个发光二极管分别接到 74LS194 输出端 Q_1、Q_2、Q_3、Q_4，按表 4-6-1 所规定的输入状态，逐项进行测试，画出状态转换图或记录真值表（并截图提交实验结果）。

状态，记录之。

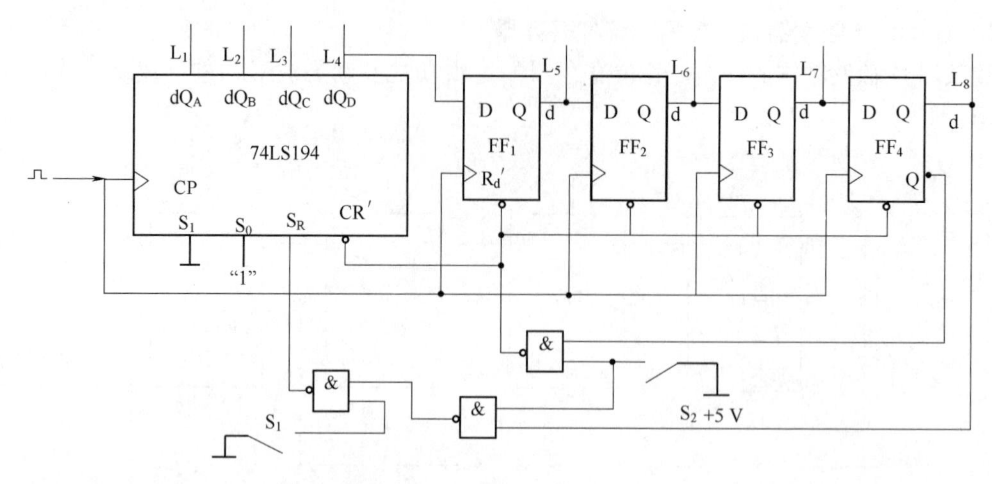

图 4-6-3 一人打乒乓球游戏电路

2. 利用 Multisim 软件的原理图输入法输入图 4-6-2（具体方法见第六章相关章节）

（1）静态测试：首先将单次脉冲（参考实验五 集成触发器）4-6-2 的 CP 端，选八个单刀双置开关接到 FF_1、FF_2、FF_3 及 FF_4 的 R'_d、S'_d端，选四个发光二极管分别接到 FF_1、FF_2、FF_3 及 FF_4 的输出端 Q_1、Q_2、Q_3、Q_4，按动单次脉冲，记录状态转换图或记录真值表（并截图提交实验结果）。

（2）动态测试：选 CLOCK 1 kHz 接入 CP，把 CP 及 Q_1、Q_2、Q_3、Q_4 接入逻辑分析仪，在逻辑分析仪虚拟面板中观察 CP 及 Q_1、Q_2、Q_3、Q_4 的波形，并截图提交实验结果（注意：将逻辑分析仪虚拟面板时钟频率设置到 1 kHz）。

六、实验报告要求

（1）根据“五、实验内容 1”的要求，将测试结果填入自拟的表格中，并总结 74LS194 的逻辑功能。

（2）根据“五、实验内容 2”的结果，画出四位环形计数器的状态转换图及波形图。

（3）并将电路图及仿真结果截图（线上）。

实验七 时序逻辑电路分析

一、实验目的

（1）掌握时序逻辑电路的一般手工分析方法。

（2）掌握时序逻辑电路状态转换图、时序图和自启动功能的测试方法。

（3）掌握 Multisim 的原理图输入方法及实验结果的仿真方法（线上）。

二、预习要求

（1）复习触发器的有关内容。

（2）查阅74LS112、74LS74、74LS00、74LS86引脚图，熟悉其逻辑功能及引脚排列。

（3）根据实验内容1的要求，理论分析图4－7－4的静态逻辑功能，将结果填入自拟的表格中，并推导出动态波形，总结该电路的逻辑功能。

（4）根据实验内容2的结果，理论分析图4－7－5的静态逻辑功能，将结果填入自拟的表格中，并推导出动态波形，判断该电路能否自启动。

（5）熟悉Multisim软件原理图输入法及电路图编译、仿真方法。

三、实验设备与器件

（1）数字电路实验箱、74LS112、74LS74（或CC4013）、74LS00、74LS86。

（2）安装Multisim软件、腾讯课堂（用于课堂教学）及QQ软件（用于答疑和布置作业）的计算机。

四、实验原理

时序逻辑电路与逻辑电路不同，它在任意时刻的输出不仅与当时的输入有关，还与过去的状态有关，即时序电路具有“记忆”功能。时序逻辑电路有以下特点：

（1）时序逻辑电路由组合电路和存储电路共同组成，具有记忆过去状态的功能。

（2）时序逻辑电路中存在反馈电路。

（3）时序逻辑电路输出由电路当时的输入状态和电路原来的状态共同决定。

分析一个时序电路，就是要找出给定时序电路的逻辑功能。具体地说，就是要求找出电路的状态和输出的状态在输入变量和时钟信号作用下的变化规律。分析同步时序电路一般按如下步骤进行：

①从给定的逻辑图中写出每个触发器的驱动方程（即存储电路中每个触发器输入信号的逻辑函数式）。

②把得到的这些驱动方程代入相应触发器的特性方程，得出每个触发器的状态方程，从而得到由这些状态方程组成的整个时序电路的状态方程组。

③根据逻辑图写出电路的输出方程。

例如：分析图4－7－1所示同步时序电路的功能。

解　分析过程如下：

（1）写出电路的驱动方程

$$\begin{cases} J_1 = K_1 = 1 \\ J_2 = K_2 = A \oplus Q_1 \end{cases} \qquad (4-7-1)$$

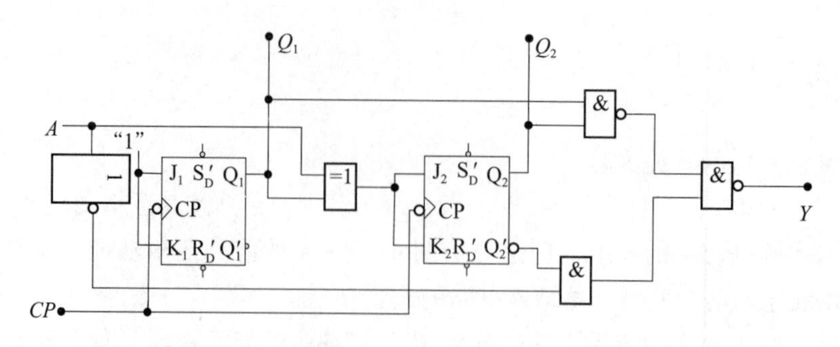

图 4－7－1　用触发器和门电路构成的同步时序电路

（2）将驱动方程代入 JK 触发器的特性方程，得到状态方程

$$\begin{cases} Q_1^* = J_1Q'_1 + K'_1Q_1 \\ Q_2^* = J_2Q'_2 + K'_2Q_2 \end{cases} \tag{4-7-2}$$

（3）写输出方程

$$Y = [(Q_1Q_2)'A'Q'_2]' \tag{4-7-3}$$

至此得到了图 4－7－1 电路所对应的驱动方程、状态方程和输出方程。为了更直观地了解电路的逻辑功能，再把电路的逻辑功能用状态转换表（图）和时序图来表示。

（4）时序转换表（图）：首先列出状态转换表，即将输入信号和现态的所有组合状态作为输入（在本例中是 A、Q_1、Q_2），然后根据输出方程和状态方程，逐项填入输出 Y 的值和次态 Q^*（在本例中是 Q_1^*、Q_2^*）的值。由此可列出状态转换表，如表 4－7－1 所示。

表 4－7－1　状态转换

输入	现态		次态		输出
A	Q_2	Q_1	Q_2^*	Q_1^*	Y
0	0	0	0	1	0
0	0	1	1	0	0
0	1	0	1	1	1
0	1	1	0	0	1
1	0	0	1	1	1
1	1	1	1	0	1
1	1	0	0	1	1
1	0	1	0	0	1

还可以根据状态转换表画出状态转换图如图 4－7－2 所示，图中每一个圆圈表示电路的一个状态，圈内的数字表示状态编码。箭头表示状态转移方向，箭头旁标注的数字表示现态的输入和输出。

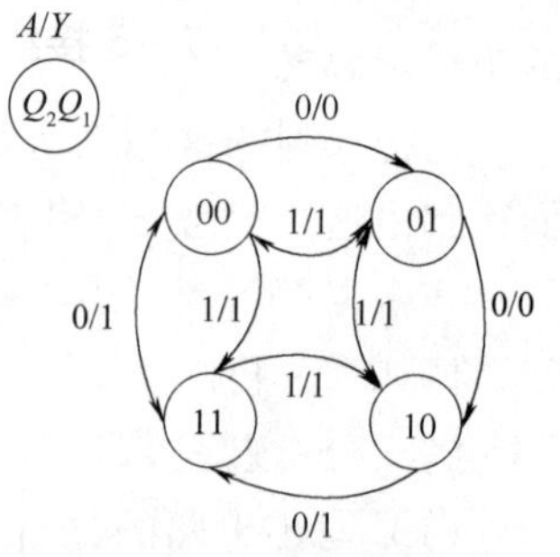

图 4－7－2　状态转换图

还可以根据状态转换表，得出时序图，如图 4－7－3 所示。

（5）逻辑功能分析：从状态图和时序图可以看出，此电路是一个加减可控计数器。当 $A=0$ 时进行加法计数，在时钟作用下，Q_2Q_1 的值从 00 到 11 递增，每四个脉冲电路状态循环一次。当 $A=1$ 时进行减法计数，在时钟作用下，Q_2Q_1 的值从 11 到 00 递增，每四个脉冲电路状态循环一次。

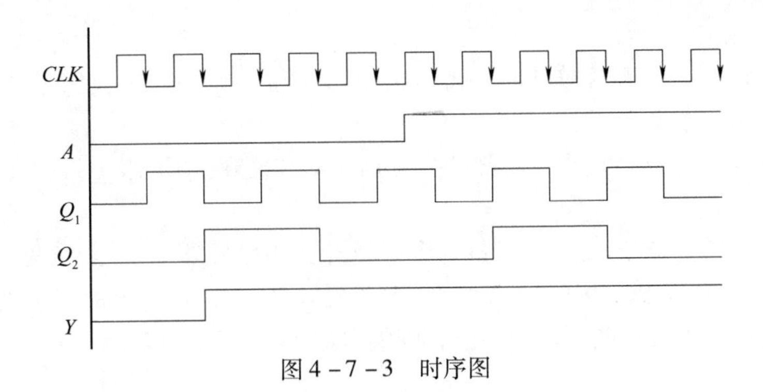

图 4-7-3　时序图

五、实验内容

(一) 线下实验方式

1. 按图 4-7-4 接线

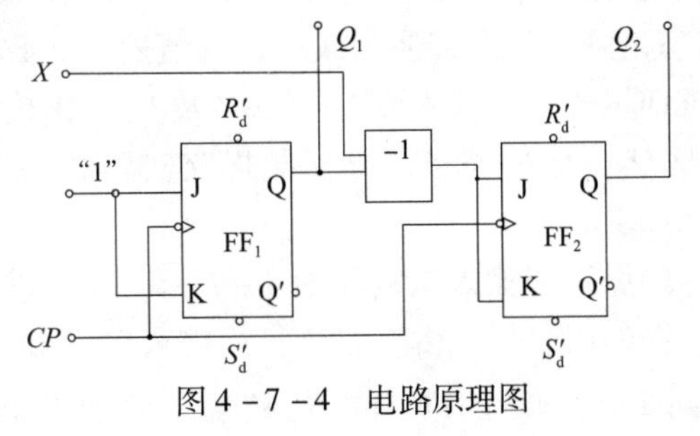

图 4-7-4　电路原理图

要求如下：

(1) 静态测试：将 X 端接到逻辑开关，CP 接单脉冲，Q_1Q_2 接到发光二极管，分别测试 $X=0$ 和 $X=1$ 时，Q_1Q_2，在时钟作用下的输出状态，画出状态转换图。

(2) 动态测试：将 CP 接到连续脉冲，分别用示波器观察 $X=1$ 时 CP 及 Q_1、Q_2 的波形和 $X=0$ 时，CP 及 Q_1、Q_2 的波形，画出波形图。

(3) 分析并说明该电路逻辑功能。

2. 按图 4-7-5 接线

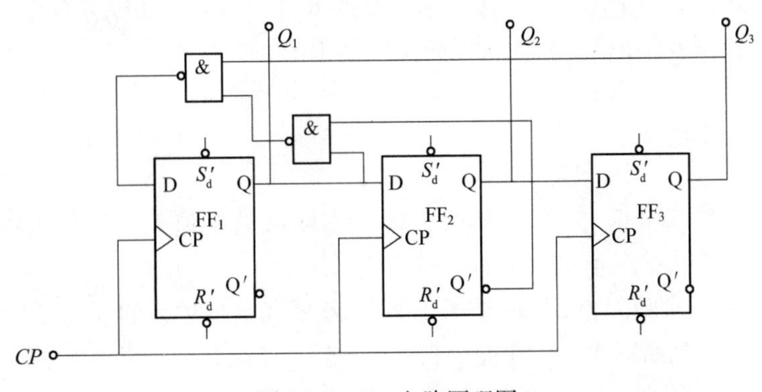

图 4-7-5　电路原理图

要求如下：

（1）静态测试：将 CP 接单脉冲，$Q_1Q_2Q_3$ 接到发光二极管，$Q_1Q_2Q_3$ 在时钟作用下的输出状态，画出状态转换图。

（2）动态测试：将 CP 接到连续脉冲，分别用示波器观察 CP 及 Q_1、Q_2、Q_3的波形，画出波形图。

（3）测试电路能否自启动：先通过六个逻辑开关为触发器 FF_1、FF_2 及 FF_3 置初态，使其在有效循环外如 $Q_3Q_2Q_1=010$，然后使所有的 $R'_d=S'_d=1$，在有效沿到来之后，观察输出状态 $Q_3Q_2Q_1$ 能否进入有效循环。如果能，则能自启动，否则不能自启动。

（二）线上实验方式

1. 利用 Multisim 软件的原理图输入法输入图 4-7-4（具体方法见第六章相关章节）

（1）静态测试：首先用“复位开关 PB-DPST”、+5 V 及 1 kΩ 的电阻建一个单次脉冲（参考实验五）接入触发器 FF_1、FF_2 的 CP 端，选四个“单刀双置开关”接到 FF_1、FF_2 的 $R'_dS'_d$端，为触发器 FF_1、FF_2 置初态 $Q_2Q_1=00$（注意四个开关的 KEY 选用不同的按键），选两个发光二极管分别接到触发器 FF_1、FF_2 的输出端 Q_1Q_2，记录当 $X=1$ 和 $X=0$ 时 Q_1Q_2 在单次脉冲作用下的输出状态，画出状态转换图或记录真值表，并截图提交实验结果。

（2）动态测试：选 CLOCK 1 kHz 接入 CP，把 CP 及 Q_1、Q_2接入逻辑分析仪，在逻辑分析仪虚拟面板中观察 CP 及 Q_1、Q_2的波形，并截图提交实验结果（注意：将逻辑分析仪虚拟面板时钟频率设置为 1 kHz）。

2. 利用 Multisim 软件的原理图输入法输入图 4-7-5（具体方法见第六章有关章节）

（1）静态测试：首先将单次脉冲（参考实验五）接入触发器 FF_1、FF_2、FF_3 的 CP 端，选六个单刀双置开关接到 FF_1、FF_2、FF_3 的 $R'_dS'_d$端，为触发器 FF_1、FF_2、FF_3 置初态 $Q_3Q_2Q_1=000$（注意六个开关的 KEY 选用不同的按键），选三个发光二极管分别接到触发器 FF_1、FF_2、FF_3 的输出端 $Q_1Q_2Q_3$，记录 $Q_1Q_2Q_3$ 在单次脉冲作用下的输出状态，画出状态转换图或记录真值表，并截图提交实验结果。

（2）动态测试：选 CLOCK 1 kHz 接入 CP，把 CP 及 Q_1、Q_2、Q_3接入逻辑分析仪测试，在逻辑分析仪虚拟面板中观察 CP 及 Q_1、Q_2、Q_3的波形，并截图提交实验结果（注意：将逻辑分析仪虚拟面板时钟频率设置到 1 kHz）。

（3）电路自启动功能验证：通过六个单刀双置开关为触发器 FF_1、FF_2、FF_3 置初态，使其在有效循环外如 $Q_3Q_2Q_1=010$，然后使所有的 $R'_d=S'_d=1$ 验证电路自启动功能，记录验证过程（状态转换图及结论），并截图提交实验结果。

六、实验报告要求

（1）根据“五、实验内容 1”的要求，将静态测试结果填入自拟的表格中，将动态测试波形记录下来，并总结图 4-7-4 的逻辑功能。

（2）根据“五、实验内容 2”的结果，将静态测试结果填入自拟的表格中，将动态测试波形记录下来，并判断图 4-7-5 能否自启动。

（3）将电路图及仿真结果截图（线上）。

实验八　时序逻辑电路设计

一、实验目的

（1）掌握时序逻辑电路的设计方法。

（2）熟悉时序逻辑电路的连接，并掌握电路故障的排除方法。

（3）掌握 Multisim 的原理图输入方法及实验结果的仿真方法（线上）。

二、预习要求

（1）复习时序逻辑电路的设计方法。

（2）按照实验要求完成各项目的理论设计。

（3）熟悉 Multisim 软件原理图输入法及电路图编译、仿真方法。

三、实验设备与器件

（1）数字电路实验箱、74LS112、74LS08、74LS04 等。

（2）安装 Multisim 软件、腾讯课堂（用于课堂教学）及 QQ 软件（用于答疑和布置作业）的计算机。

四、实验原理

同步时序逻辑电路的手工设计实际上是手工分析的逆过程，以下将给出简单的时序逻辑设计方法。即根据给定的逻辑功能要求，设计一组相应的驱动方程、状态方程和输出方程，给出符合逻辑要求的时序逻辑电路，并画出与之对应的逻辑图。采用手工设计方法的简单同步时序逻辑电路的设计，要求采用尽量少的触发器和逻辑门来实现所需的逻辑功能。其实，这是传统的低速小规模数字电路设计的基本要求。主要步骤如下：

1. 根据需要实现的逻辑功能要求建立状态转换图和状态转换表

按以下步骤完成分析设计要求，建立原始状态图。

（1）确定电路模型。分析电路的输入条件和输出要求，确定输入变量、输出变量和电路应有的状态数。

（2）定义输入、输出状态和每个状态的含义，并对各状态按一定的规律编号。

（3）按设计要求画出电路的状态转换图和状态转换表。

2. 状态化简

为了使所设计的电路使用尽量少的元件，必须对原始状态图进行化简，消除多余的状态，保留有效状态。检查电路中是否存在等价状态，如果存在等价状态，则将其合并。所谓等价状态，是指如果存在两个或两个以上电路状态，在相同的输入条件下不仅有相同的输出，而且转向同一个次态，则称这些电路状态为等价状态。

3. 状态编码

状态编码就是为每一个电路状态确定一个代码。为了便于记忆，状态编码一般选用按一定规律变化的二进制编码（在现代数字技术中常称为顺序编码方式，且触发器的个数与状态数间的关系与传统方法也有很大不同，注意区别）。首先要确定代码的位数，也就是触发器的个数。若电路的状态数为 M，则触发器的个数 n 应满足 $n \geqslant \log_2 M$。触发器的类型通常可选 D 触发器或 JK 触发器。

4. 求出相关触发器的状态方程、驱动方程和电路的输出方程

由状态图或状态转换表列出输出信号及次态的真值表。在此真值表中，将电路的输入信号和触发器的现态作为输入；电路的输出和触发器的次态作为输出，然后根据真值表（或直接由状态转换表）画出相应的卡诺图。最后求出电路的输出方程和状态方程，并根据所选触发器的类型和对应的特性方程，求出各触发器的驱动方程。

5. 画出逻辑电路图并检查电路的自启动能力

根据状态方程、驱动方程和输出方程画出逻辑电路图。检查电路是否具有自启动能力，就是将无效状态代入状态方程依次计算次态，检验电路是否能够进入有效循环。如果不能自动进入有效循环，则应对设计进行修改。这有两种解决方法：一种是通过预置的方法，在开始工作时将电路预置成某一有效状态；另一种是修改设计，使电路能够自启动。

例如：要求使用 JK 触发器设计一个同步 8421 BCD 码的十进制加法计数器。

解　（1）根据设计要求，该电路没有输入变量，有一个输出变量 Y 表示进位信号。

可直接得到原始状态图，如图 4－8－1 所示。

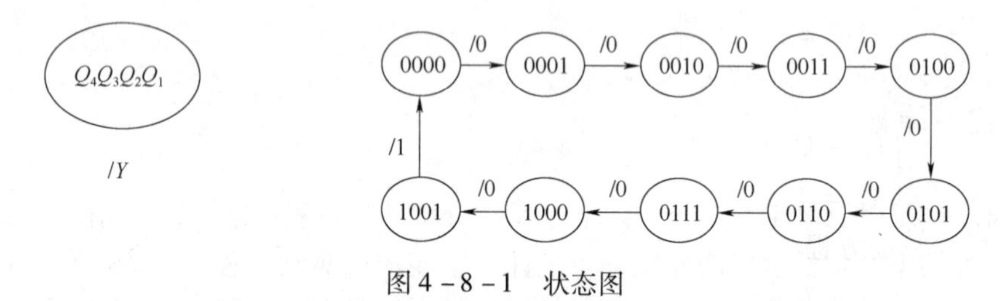

图 4－8－1　状态图

（2）由此状态图可得输出方程 $Y = Q_4Q_1$，以及次态卡诺图，如图 4－8－2 所示。

Q_4Q_3 \ Q_2Q_1	00	01	11	10
00	0001	0010	0100	0011
01	0101	0110	1000	0111
11	××××	××××	××××	××××
10	1001	0000	××××	××××

（a）次态卡诺图

图 4－8－2　$Q_4Q_3Q_2Q_1$ 次态卡诺图

Q_4Q_3 \ Q_2Q_1	00	01	11	10
00	0	0	0	0
01	0	0	1	0
11	×	×	×	×
10	0	1	×	×

（b）Q_4^*卡诺图

Q_4Q_3 \ Q_2Q_1	00	01	11	10
00	0	0	1	0
01	1	1	0	1
11	×	×	×	×
10	0	0	×	×

（c）Q_3^*卡诺图

Q_4Q_3 \ Q_2Q_1	00	01	11	10
00	0	1	0	1
01	0	1	0	1
11	×	×	×	×
10	0	0	×	×

（d）Q_2^*卡诺图

Q_4Q_3 \ Q_2Q_1	00	01	11	10
00	1	1	0	1
01	1	1	0	1
11	×	×	×	×
10	1	0	×	×

（e）Q_1^*卡诺图

图4-8-2　$Q_4Q_3Q_2Q_1$次态卡诺图（续）

（3）根据各次态卡诺图，可求得各触发器的状态方程：

$$
\begin{aligned}
Q_4^* &= Q_3Q_2Q_1 + Q_1'Q_4 = Q_3Q_2Q_1Q_4' + (Q_3Q_2Q_1 + Q_1')\,Q_4 \\
&= Q_3Q_2Q_1Q_4' + (Q_3Q_2Q_1)'Q_1Q_4 \\
Q_3^* &= Q_3'Q_2Q_1 + Q_3Q_2' + Q_3Q_1' = Q_2Q_1Q_3' + (Q_2' + Q_1')\,Q_3 \\
Q_2^* &= Q_4'Q_2'Q_1 + Q_2Q_1' = Q_4'Q_1Q_2' + Q_1'Q_2 \\
Q_1^* &= Q_1'
\end{aligned}
\tag{4-8-1}
$$

（4）JK触发器的特性方程是$Q^* = JQ' + K'Q$，因此可以直接得到各触发器的驱动方程

$$
\begin{cases} J_4 = Q_3Q_2Q_1 \\ K_4 = (Q_3Q_2Q_1)'Q_1 \end{cases}
\quad
\begin{cases} J_3 = Q_2Q_1 \\ K_3 = Q_2Q_1 \end{cases}
\quad
\begin{cases} J_2 = Q'_4Q_1 \\ K_2 = Q_1 \end{cases}
\quad
\begin{cases} J_1 = 1 \\ K_1 = 0 \end{cases}
\tag{4-8-2}
$$

（5）根据驱动方程和输出方程画出逻辑电路图如图4-8-3所示。

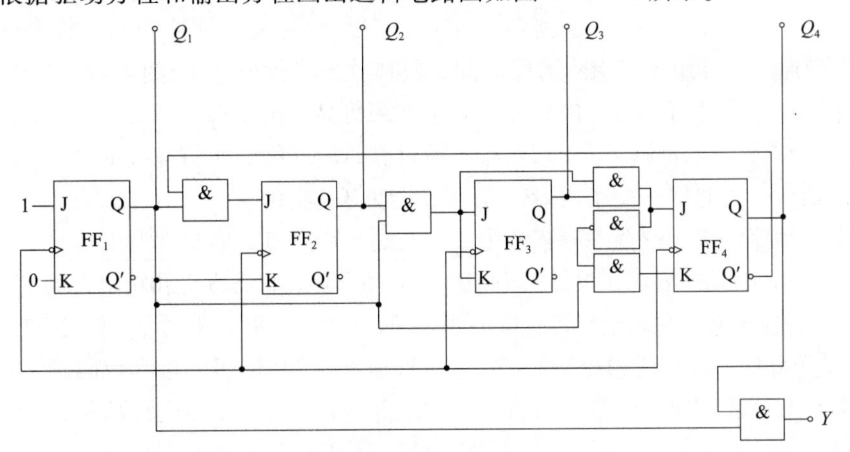

图4-8-3　电路图

最后验证电路的自启动性能。可以先将无效状态 1010 ~ 1111 分别代入状态方程进行计算，验证在 CLK 脉冲作用下，都能回到有效状态，因此该电路能够自启动。

（6）可以将上述电路在 Multisim 中仿真得到图 4 -8 -4 的仿真波形。从仿真波形图可以看出该电路能够按 8421BCD 码加法计数方式正常工作。

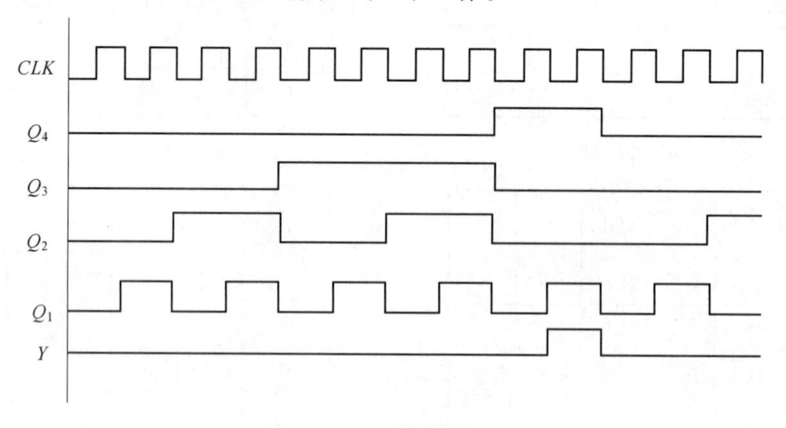

图 4 -8 -4　仿真波形图

五、实验内容

（一）线下实验方式

1. 无人指挥交通灯控制电路

设计一个交通控制电路，要求电路能实现如下循环：红灯亮 60 s（表示停车信号）→红灯和黄灯同时亮 4 s（通车预备信号）→绿灯亮 60 s（通过信号，此时红黄灯同时灭）→绿灯和黄灯同时亮 4 s（停车预备信号）→红灯亮 60 s……周而复始。

提示：可以将实验箱上的 S_4（低频时）调成秒信号，利用双 D 触发器 74LS74 和 74LS93（四位二进制计数器）分频，可获得周期为 54 s 和脉宽为 4 s 的脉冲分别驱动红灯、绿灯和黄灯。

根据设计要求，设计一个十字路口（东西—南北）交通指挥控制器，控制两个路口的红黄绿三色交通灯，并用数字指示通停时间，具体技术指标如下：

（1）东西停，南北行——东西红灯亮，南北绿灯亮（60 s）。

（2）东西预行，南北预停——东西红、黄灯亮，南北绿、黄灯亮（4 s）。

（3）东西行，南北停——东西绿灯亮，南北红灯亮（60 s）。

（4）东西预停，南北预行——东西绿、黄灯亮，南北红、黄灯亮（4 s）。

根据给定的逻辑功能要求，设计一组相应的驱动方程、状态方程和输出方程，给出符合逻辑要求的时序逻辑电路，并画出与之对应的逻辑图，如图 4 -8 -5 所示：首先按图 4 -8 -5 接线，将 CP 接单脉冲，计数器 71LS192（1）和 71LS192（2）输出端接到数码管，东西方向指示灯（RYG）和南北方向指示灯（$R_1Y_1G_1$）接到发光二极管，记录数码管及方向指示灯（RYG，$R_1Y_1G_1$）在时钟作用下的输出状态，验证其是否能达到技术指标。

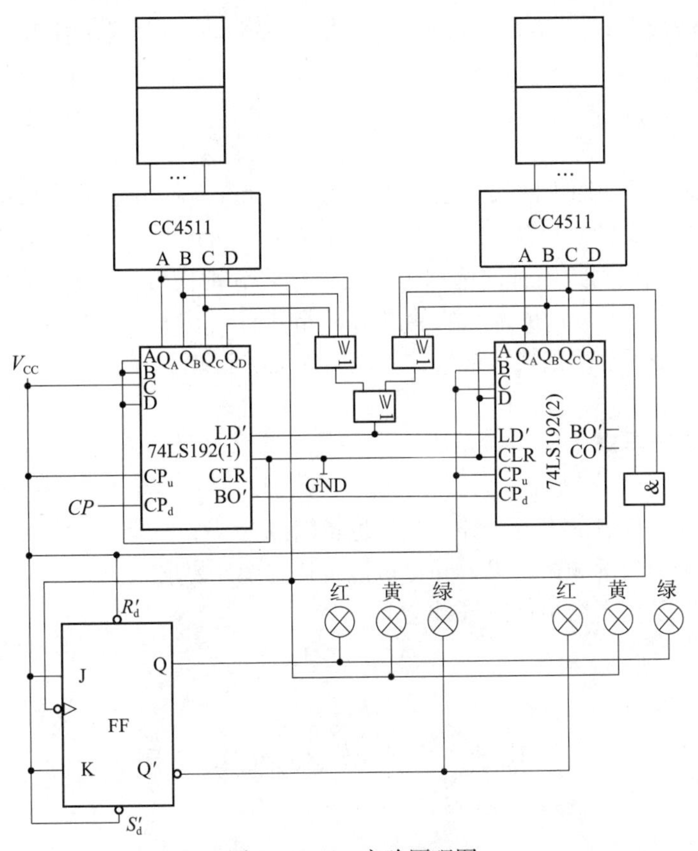

图 4－8－5　实验原理图

2. 小汽车尾灯控制电路（选做）

用六个发光二极管模拟六个尾灯（汽车尾中两侧各有三个灯），要求设计电路实现如下功能：汽车正常行驶时六个尾灯全灭；右转弯时，右边三个尾灯以 1 s 周期自左至右轮换亮、暗，而左边三个尾灯全暗；左转弯则反之；汽车停车时，六个尾灯全亮。

3. 彩灯循环电路一（选做）

要求设计一流水灯显示电路，使八只灯七暗一亮，且这一亮灯循环左移。该电路可分别用如下几个方案提供的集成块实现。

（1）用 74LS90（一片）和 74LS138（一片）实现。

（2）用 74LS161（一片）和 74LS138（一片）实现。

（3）用 74LS73（两片）或 74LS74（两片）和 74LS138（一片）实现。

4. 彩灯循环电路二（选做）

与电路一同，但要求七亮一暗，且这一暗灯循环左移。

5. 抢“15”电路（选做）

用四位二进制计数器 74LS161 及门电路设计一个供两个人玩的抢“15”电路，两人分别操纵两个开关，当动作的频率合适时，先到达“15”者为胜，声、光同时显示。

6. 四人智力抢答电路（选做）

试用 74LS112（二块双 JK 触发器）、74LS20（一块双四输入与非门）、74LS00（四二输入与非门）设计一个四路抢答器，功能如下：当某抢答开关动作后，即有与其相对应的灯光显示，并伴有蜂鸣声响，此时，其余各开关再动作均无效。当复位开关接通时，抢答重新开始。

（二）线上实验方式

利用 Multisim 软件的原理图输入法输入图 4－8－5（具体方法见第六章相关章节），首先将单次脉冲（参考实验五）接入计数器 74LS192（1）的 CP 端，计数器 71LS192（1）和 71LS192（2）输出端接到数码管，选六个发光二极管分别代表东西方向指示灯（RYG）和南北方向指示灯（$R_1Y_1G_1$），记录数码管及方向指示灯（RYG，$R_1Y_1G_1$）在时钟作用下的输出状态，验证其是否能达到技术指标，并截图提交实验结果。

六、实验报告要求

（1）写出各实验任务的设计步骤，画出逻辑图。
（2）记录每个项目的测试结果，并分析能否达到设计要求。
（3）将电路图及仿真结果截图（线上）。

实验九　计数器及其应用

一、实验目的

（1）掌握中规模集成计数器的功能特点及其测试方法。
（2）熟悉中规模集成计数器的一般应用。
（3）掌握 Multisim 的原理图输入方法及实验结果的仿真方法（线上）。

二、预习要求

（1）复习计数器相关内容。
（2）查阅 74LS92、74LS192、74LS00 等引脚图，熟悉其引脚排列及功能。
（3）根据实验内容要求，分别设计一个二十四和六十进制的计数器。
（4）熟悉 Multisim 软件原理图输入法及电路图编译、仿真方法。

三、实验设备与器件

（1）数字实验箱，示波器、74LS00、74LS192、74LS92。
（2）安装有 Multisim 软件、腾讯课堂（用于课堂教学）及 QQ 软件（用于答疑和布置作业）的计算机。

四、实验原理

在时序电路中，有一类可以实现对脉冲信号的计数功能，该电路称作计数器。计数器不但可以用于脉冲的计数，在数字系统中还常用作定时、分频、执行数字运算及其他一些逻辑功能。

计数器的种类很多，按构成计数器中各触发器时钟端连接的方式分为同步计数器和异步计数器两类；按计数器的进制又分为二进制计数器、十进制计数器和其他任意进制计数器；按其计数过程中计数状态的变化情况又可分为加法计数器、减法计数器或可逆计数器。除此之外，计数器还具有可预置数及可编程等功能。

目前，中规模集成计数器无论是 TTL 结构，还是 COMS 结构的，种类型号都相当齐全，应用也很广泛。计数器可以组成任意进制计数器、分频器、序列信号发生器、脉冲分配器、数码寄存器与移位寄存器等。

下面介绍两片常用的集成计数器。

（一）74LS192

74LS192 是双时钟同步十进制（8421BCD）可逆计数器（具有清 0 和置数功能）。其逻辑框图和引脚图如图 4－9－1 所示。

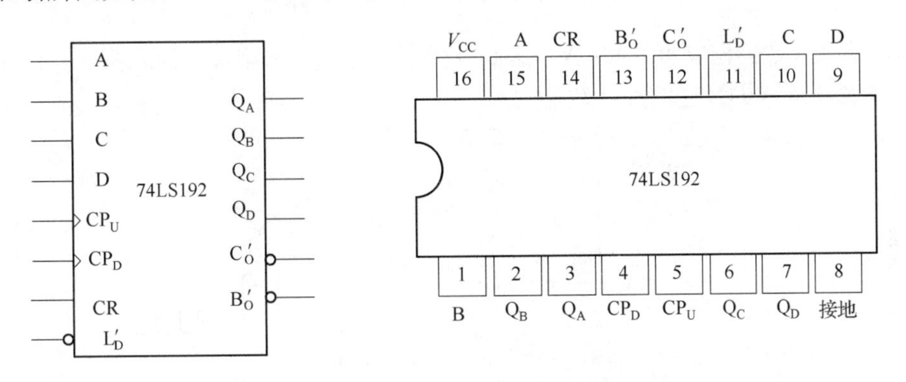

图 4－9－1　74LS192 逻辑框图和管脚图

74LS192 引脚说明：

A、B、C、D——并行数据输入。

Q_A、Q_B、Q_C、Q_D——计数数据输出。

CR——异步清零端，高电平有效。

L_D'——异步置数端，低电平有效。

CP_U——加法计数时钟输入，上升沿有效。

CP_D——减法计数时钟输入，上升沿有效。

C_O'——进位输出端。

B_O'——借位输出端。

74LS192 功能表如表 4－9－1 所示。

表 4-9-1 74LS192 功能表

CR	L_D'	CP_U	CP_D	D	C	B	A	Q_D	Q_C	Q_B	Q_A
1	×	×	×	×	×	×	×	0	0	0	0
0	0	×	×	d	c	b	a	d	c	b	a
0	1	↑	1	×	×	×	×	加计数			
0	1	1	↑	×	×	×	×	减计数			

中规模集成计数器除按其自身功能实现计数功能外，还可以构成任意进制的计数器。

一片中规模 N 进制集成计数器可以构成 M（$M<N$）进制计数器。可以采用清零法来实现。图 4-9-2 所示为用清零法构成的六进制计数器。

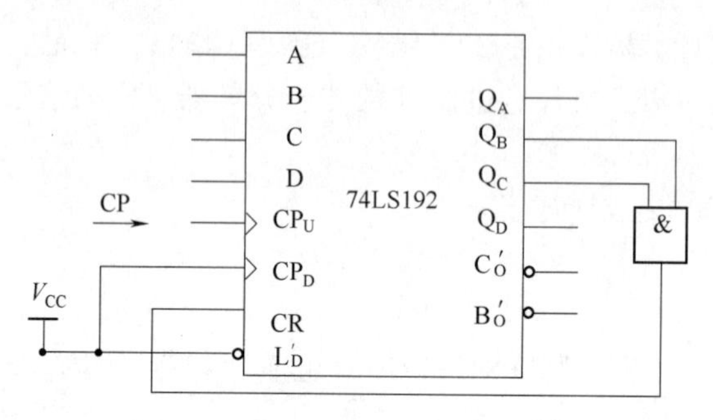

图 4-9-2 清零法六进制计数器

N 进制集成计数器构成 M（$M<N$）进制计数器，也可以采用置数法来实现。图 4-9-3 所示为用置数法构成的六进制加计数器。

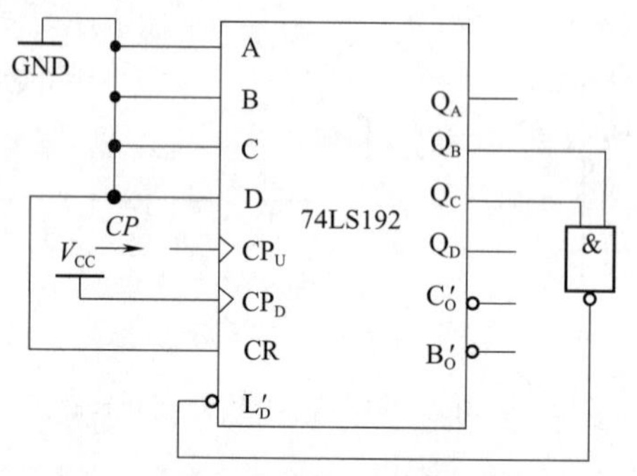

图 4-9-3 置数法六进制加计数器

当要构成的 M 进制计数器 $M>N$ 时，若 M 可以分解为两个小于 N 的因数（N_1 和 N_2）相乘，即 $M=N_1 \cdot N_2$，则需要两片以上 N 进制计数器组合起来实现。各片之间的连接可以用串行进位和并行进位方式，可以用整体清零和整体置数方法实现，如图 4-9-4 所示。它是由两片 74LS192 组成的 100 分频器。Q_7、Q_6、Q_5、Q_4、Q_3、Q_2、Q_1、Q_0 为分频器输出。

（二）74LS92

1. 外部引脚及功能说明

74LS92 是异步二、六、十二进制计数器（有清 0 功能）。逻辑框图和引脚图如下图 4-9-5 所示。

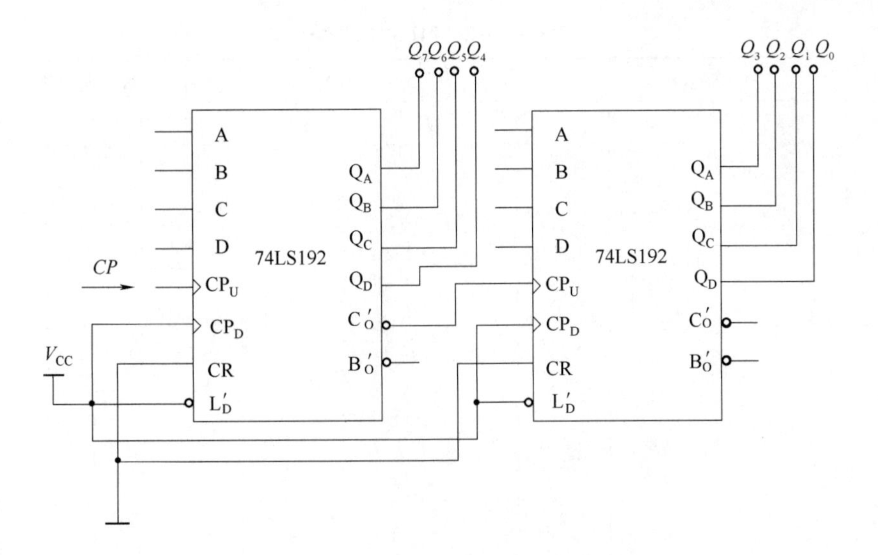

图 4－9－4　74LS192 组成的 100 分频器

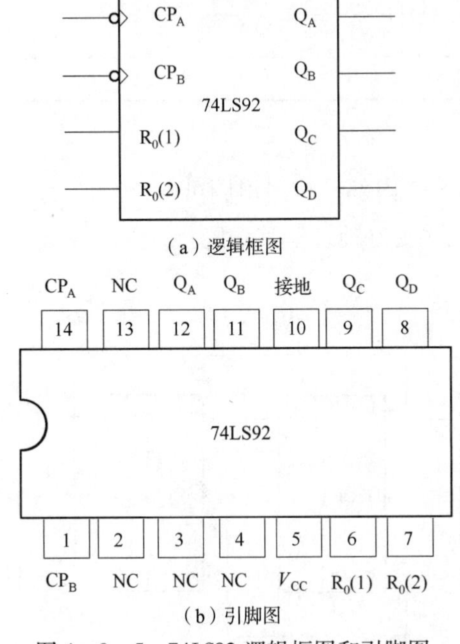

图 4－9－5　74LS92 逻辑框图和引脚图

74LS92 引脚说明：

$R_{0(1)}$、$R_{0(2)}$：异步复位，高电平有效。

CP_A：二进制时钟，下降沿有效；Q_A 数据输出。

CP_B：六进制时钟，下降沿有效；Q_D、Q_C、Q_B（321 码）数据输出。

当 CP_A 接外部时钟，CP_B 与 Q_A 相连，Q_D、Q_C、Q_B、Q_A（6421 码）数据输出，为十二进制计数器。

74LS92 功能表如表 4－9－2 所示。

表 4－9－2　74LS92 功能表

$R_{0(1)}$	$R_{0(2)}$	CP_A	CP_B	Q_D Q_C Q_B Q_A
1	1	X	X	0 0 0 0
0	0	↓	Q_A	0 0 0 1
		↓	Q_A	0 0 1 0
		↓	Q_A	0 0 1 1
		↓	Q_A	0 1 0 0
		↓	Q_A	0 1 0 1
		↓	Q_A	1 0 0 0
		↓	Q_A	1 0 0 1
		↓	Q_A	1 0 1 0
		↓	Q_A	1 0 1 1
		↓	Q_A	1 1 0 0
		↓	Q_A	1 1 0 1
		↓	Q_A	0 0 0 0
0	1	↓	Q_A	同上
1	0	↓	Q_A	同上

2. 内部结构

图 4－9－6 所示为 74LS92 内部结构。由图可知，Q_A 与 Q_D、Q_C、Q_B 的内部触发器无关联。通过分析它的原理，能够更好地理解其功能。

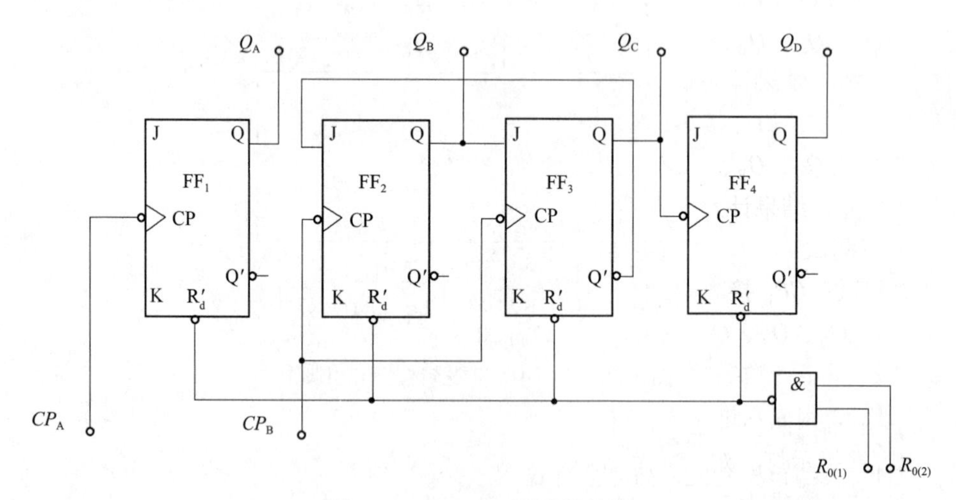

图 4－9－6　74LS92 内部结构

3. 应用举例

在数字钟应用中，分、秒计时需要六十进制和二十四进制计数器。以带进位输出端的六十进制计数器为例，可以设计六十进制的个位和十位分别用 74LS192 和 74LS92 来实现，如图 4－9－7 所示。因为 74LS192 是上升沿触发，而 74LS92 是下降沿触发。所以用 74LS192

的高位 Q_D 作为 74LS92 的时钟输入信号（串行进位法）。这样，只有在 Q_D 下降沿（即 74LS192 复位时）时 74LS92 计数，同时，减少了一个门电路。74LS92 的高位 Q_D 输出端不用。秒计数器向分计数器进位信号是用 74LS92 的 Q_C 和 Q_A 经与非门输出产生的。

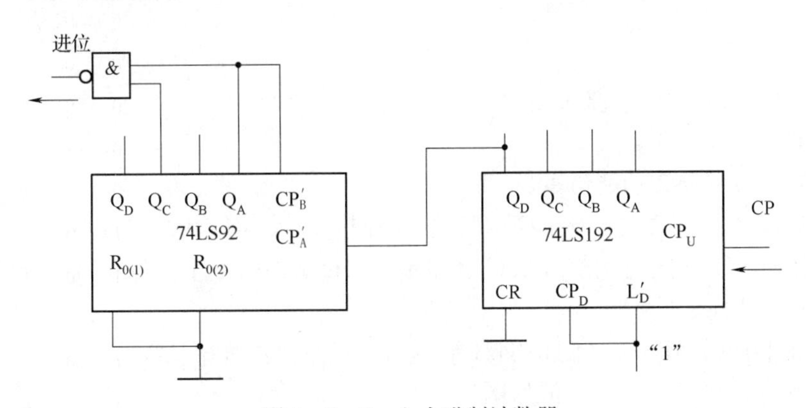

图 4－9－7　六十进制计数器

五、实验内容

（一）线下实验方式

1. 74LS192 同步可逆加减 BCD 计数器功能测试

（1）静态测试：

①加计数测试：CP_U 接入单脉冲，CP_D 接高电平，CR、L'_D、D、C、B、A 端分别接逻辑开关，输出 Q_D、Q_C、Q_B、Q_A 接译码显示器（CD4511）的输入，测试 74LS192 的清 0、置数及加计数功能，结果计入相应表格。

②减计数测试：CP_D 接入单脉冲，CP_U 接高电平，CR、L'_D、D、C、B、A 端分别接逻辑开关，输出 Q_D、Q_C、Q_B、Q_A 接译码显示器（CD4511）的输入，测试 74LS192 的清 0、置数及减计数功能，结果计入相应表格。

（2）动态测试：

加计数测试：CP_U 接入连续脉冲，CP_D、L'_D接高电平，CR 接低电平，用示波器观测并记录 Q_D、Q_C、Q_B、Q_A、$Q_O{}'$的时序波形。

2. 74LS92 异步计数器功能测试

（1）74LS92 构成六进制（321 码）功能测试。CP_B 接入单脉冲，$R_{0(1)}$、$R_{0(2)}$接低电平，Q_D、Q_C、Q_B 接指示灯，观察计数器的输出状态并记录结果（状态转换表）。

（2）74LS92 构成十二进制（6421 码）功能测试。CP_A 接入单脉冲，CP_B 与 Q_A 相连，$R_{0(1)}$、$R_{0(2)}$接低电平，Q_D、Q_C、Q_B、Q_A 接指示灯，观察计数器的输出状态并记录结果（状态转换表）。

3. 用一片 74LS192（个位）和一片 74LS92（十位）构成一个六十进制 BCD 码计数器

要求：按照设计图接线。CP_U 端接入 1 Hz 连续脉冲，用两个数码管显示输出，观察计数器的输出状态变化，并记录结果（状态转换表）。

4. 用一片 74LS192 和一片 74LS92 以及门电路构成一个二十四进制 BCD 码计数器。

要求：按照设计图接线。CP_U 端接入 1 Hz 连续脉冲，用两个数码管显示器显示，观察计数器的输出状态变化，并记录结果（状态转换表）。

（二）线上实验方式

1. 熟悉 Multisim 软件的基本使用方法

请参考第六章相关章节。

2. 74LS192，74LS92 功能仿真

（1）静态测试：要求在同一个原理图文件中同时放入 74LS192、74LS92。两个芯片使用同一个输入脉冲，输出同时用灯和数码管显示。74LS192 用于十进制 BCD 加计数，74LS92 用于十二进制加计数。

注意：软件中的 74LS92 功能是 8421 码，希望通过测试来确认。

（2）波形仿真并记录结果（波形图）。

可以使用逻辑分析仪测试 74LS192 的时钟输入及输出 Q_D、Q_C、Q_B、Q_A、C_O'波形。

3. 二十四、六十进制计数器仿真

建议使用 74LS92 的 CP_B、Q_D、Q_C、Q_B 六进制功能，其他内容基本同线下，此处不再赘述。

六、实验报告要求

（1）画出各实验电路。

（2）记录整理实验结果。

（3）总结使用中规模集成计数器的体会。

七、思考题

（1）如何设计六十进制进位信号？

（2）请比较 74LS160 和 74LS 192 的功能特点。

实验十　A/D、D/A 转换

一、实验目的

（1）了解 A/D 和 D/A 转换器的基本工作原理。

（2）掌握大规模集成电路 A/D 和 D/A 转换器的功能及典型应用。

（3）掌握 Multisim 的原理图输入方法及实验结果的仿真方法（线上）。

二、预习要求

（1）复习 A/D、D/A 转换器的相关内容，重点掌握 DAC0832、ADC0809 的结构、引脚功能排列及各引脚功能含义等。

（2）利用公式计算出表 4－10－2 中的理论值。

（3）在 Multisim 软件中找到 DAC0832 和 ADC0809 替代芯片，掌握使用方法，画出合适的实验电路，给出实验方法。

三、实验设备与器件

（1）数字实验箱、数字万用表、DAC0832、ADC0809 芯片。

（2）安装有 Multisim 软件、腾讯课堂（用于课堂教学）及 QQ 软件（用于答疑和布置作业）的计算机。

四、实验原理

在数字电子技术的很多应用场合往往需要把模拟量转换为数字量，称为模/数转换器（A/D 转换器，简称 ADC）；或者把数字量转换成模拟量，称为数/模转换器（D/A 转换器，简称 DAC）。完成这种转换的线路有多种，特别是单片大规模集成 A/D、D/A 转换器的问世，为实现上述转换提供了极大的方便。本实验将采用大规模集成电路 DAC0832 实现 D/A 转换，ADC0809 实现 A/D 转换。

（一）D/A 转换器 DAC0832

1. DAC0832 的结构和功能

DAC0832 是采用 CMOS 工艺制成的单片电流输出型 8 位数/模转换器。图 4－10－1 所示为 DAC0832 的内部结构图，图 4－10－2 所示为 DAC0832 的引脚排列图。

DAC0832 的引脚功能说明如下：

$D_0 \sim D_7$：数字信号输入端。

ILE：输入寄存器允许，高电平有效。

CS′：片选信号，低电平有效。

WR_1'：写信号 1，低电平有效。

XFER′：传送控制信号，低电平有效。

WR_2'：写信号 2，低电平有效。

I_{out1}、I_{out2}：DAC0832 电流输出端。

R_{fb}：反馈电阻，是集成在片内的外接运放的反馈电阻。

U_R：基准电压（$-10 \sim +10$）V。

V_{CC}：电源电压（$+5 \sim +15$）V。

AGND：模拟地。

DGND：数字地。

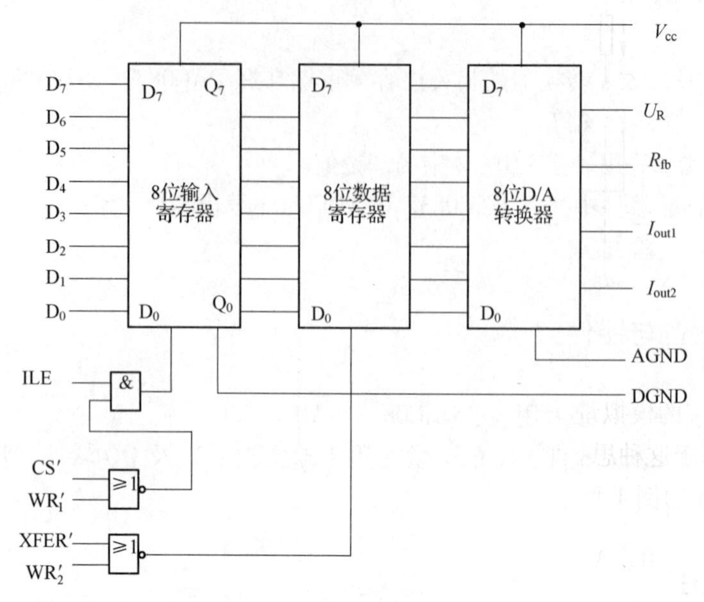

图 4－10－1　DAC0832 内部结构图

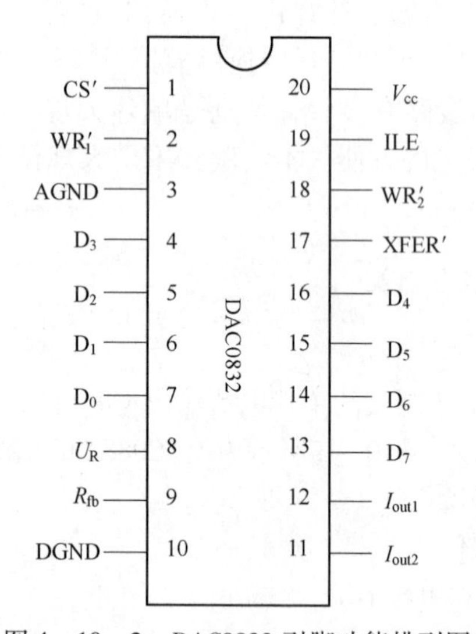

图 4－10－2　DAC0832 引脚功能排列图

2. DAC0832 数模转换原理

DAC0832 的数模转换时采用 8 位倒 T 型电阻网络 D/A 转换器，图 4－10－3 是 4 位倒 T 型电阻网络 D/A 转换器的原理电路图。它是由 4 位电子开关 $S_3 \sim S_0$、$R \sim 2R$ 电阻网络、集成运放、数据寄存器等几部分组成。数字代码 $d_3 \sim d_0$ 经数据寄存器输入到电子开关 $S_3 \sim S_0$，电子开关的作用是当某位代码为“1”时，该位电子开关接运放的反向输入端；而当某位代码为“0”时，则该位电子开关接基准电压源的地端。

数字量是以代码形式表示的，而每一位代码都具有一定的“权”（4 位二进制代码从高到低位的权依次为 8、4、2、1），因此为了将数字量转换成模拟量，必须将每一位代码按其

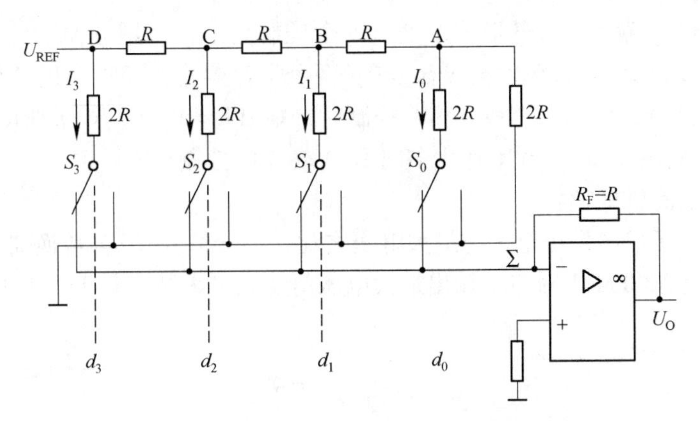

图 4-10-3　例 T 形电阻网络 D/A 转换原理图

"权"转换成相应的模拟量，然后将各位的模拟量相加，就得到该数字量所对应的模拟量。D/A 转换就是基于这种思想而设计的。

图 4-10-3 的倒 T 型电阻网络中的 D、C、B、A 各点对地端向右看过去的等效电阻都为 R，因此 D、C、B、A 各点电位依次减半，即 $V_D = U_{REF}$，$V_C = \frac{U_{REF}}{2}$，$V_B = \frac{U_{REF}}{4}$，$V_A = \frac{U_{REF}}{8}$。I_3~I_0各电流为：$I_3 = \frac{U_{REF}}{2R}$，$I_2 = \frac{U_{REF}}{4R}$，$I_1 = \frac{U_{REF}}{8R}$，$I_0 = V_A = \frac{U_{REF}}{16R}$。

运放的反向端存在虚短现象，因而不管电子开关各位接"1"还是接"0"，流向运放反向端（$\sum$ 点）的总电流 I 不会改变：

$$I = I_3 + I_2 + I_1 + I_0 = \frac{U_{REF}}{2R} + \frac{U_{REF}}{4R} + \frac{U_{REF}}{8R} + \frac{U_{REF}}{16R} \tag{4-10-1}$$

$$U_0 = -IR_F = -IR = \frac{U_{REF}}{16R}(2^3 d_3 + 2^2 d_2 + 2^1 d_1 + 2^0 d_0) \tag{4-10-2}$$

若数字量代码是 n 位，

则
$$U_0 = -\frac{U_{REF}}{2^n}(d_{n-1}2^{n-1} + \cdots + d_1 2^1 + d_o 2^0) = -\frac{U_{REF}}{2^n}\sum_{i=0}^{n-1} d_i 2^i \tag{4-10-3}$$

式（4-10-3）是倒 T 型电阻网络 D/A 转换的传输（转换）特性表达式，若 DAC0832 的 $n=8$，则

$$U_0 = -\frac{U_{REF}}{2^8}(d_7 2^7 + d_6 2^6 + d_5 2^5 + d_4 2^4 + d_3 2^3 + d_2 2^2 + d_1 2^1 + d_0 2^0) \tag{4-10-4}$$

3. DAC0832 的应用

DAC0832 可输入 8 位二进制码的数据，数据输入端可与微机及其他的数字信号相连。从图 4-10-1 可知 DAC0832 中有一个 8 位输入寄存器和一个 8 位数据（DAC）寄存器。两者串联 D/A 转换器，输入寄存器受 ILE、CS′、WR_1'三个控制信号控制，ILE = 1、CS′ = 0、WR_1'为数据写入的脉冲控制信号，当 WR_1'为下跳的负脉冲时，数据进入输入寄存器；而当 $WR_1' = 1$ 时，输入寄存器被锁定。8 位数据寄存器受到 XFER′、WR_2'控制，XFER′ = 0，WR_2'为数据写入的脉冲控制信号，当 WR_2'为下跳的负脉冲时，输入寄存器数据转入数据寄存器；而当 $WR_2' = 1$ 时，数据寄存器被锁定。

根据 DAC0832 的输入总线的形式改变这 5 个控制信号，使用方便、灵活。输入总线是单路控制时 ILE = 1，CS′ = XFER′ = WR_2' = 0，两个寄存器直接相连，用 WR_1'作为数据输入及 D/A 转换控制信号；而输入总线是多路控制时，则 ILE = 1，CS′ = XFER′ = 0，用 WR_1'作为数据输入的控制信号，而用 WR_2'作为多路 D/A 转换的控制信号。

4. D/A 转换器的性能指标

（1）分辨率：指输出最小电压与最大电压之比。对于 8 位 D/A 转换器，输出最小电压与输入最小数字量 00000001 对应，输出最大电压与输入最大数字量 11111111 对应。则分辨率为

$$\frac{1}{2^n-1}=\frac{1}{2^8-1}=4\%$$

可见分辨率由输入数字量的位数决定，位数越多分辨率越高。所以，有时也用输入数字量的有效位数来表示分辨率，如 DAC0832 的分辨率为 8 位。

（2）转换精度：指实际输出模拟电压与理想输出模拟电压之间的最大误差，即最大静态转换误差。一般要求精度误差应小于（1/2）LSB（1/2 最低有效位的值）。产生静态转换误差的原因是多方面的，它与电路中元器件的参数精度、温度稳定性、噪声等有关。例如，基准电压 U_R的精度、运放的零点漂移、电阻网络的误差、电子开关导通压降的偏差等。这些误差都会使 D/A 转换器的精度下降。

5. 实验电路

实验电路如图 4 – 10 – 4 所示。

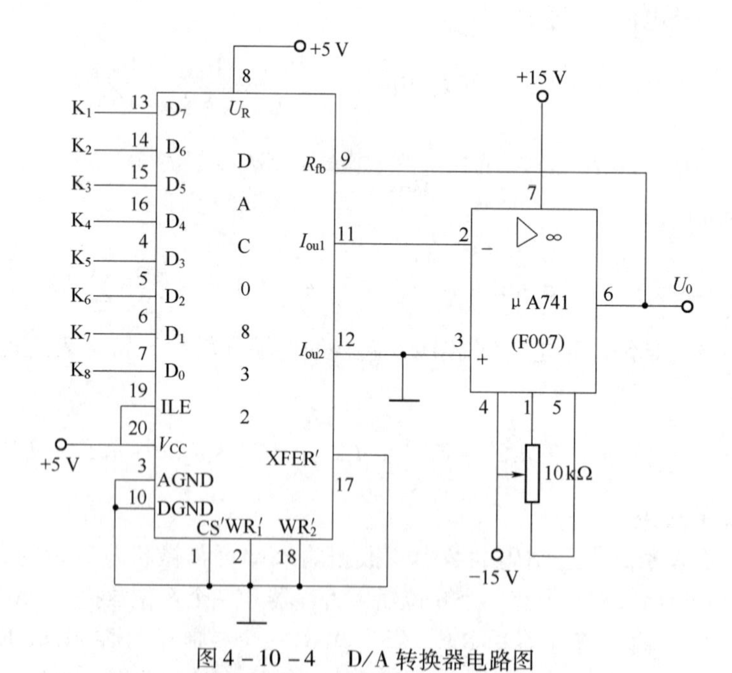

图 4 – 10 – 4　D/A 转换器电路图

实验采用直接转换法，因此 ILE = 1，CS′ = WR_1' = XFER′ = WR_2' = 0。

输出与运放连接：R_{fb}接运放输出端，I_{out1} 接运放反相输入端，I_{out2} 接运放同相输入端。电源：运放电源为 ±15 V，DAC0832 的 V_{CC}、U_R均为 +5 V。

（二）A/D 转换器 ADC0809

1. ADC0809 的结构和功能

ADC0809 是采用 CMOS 大规格集成工艺制成的 8 通道、8 位逐次逼近型 A/D 转换器。其内部包括了 8 路模拟选择器、地址锁存器与译码器、8 位逐次比较 A/D 转换器及三态输出寄存器等。图 4－10－5 所示为 ADC0809 的内部结构图，图 4－10－6 所示为其引脚功能排列。

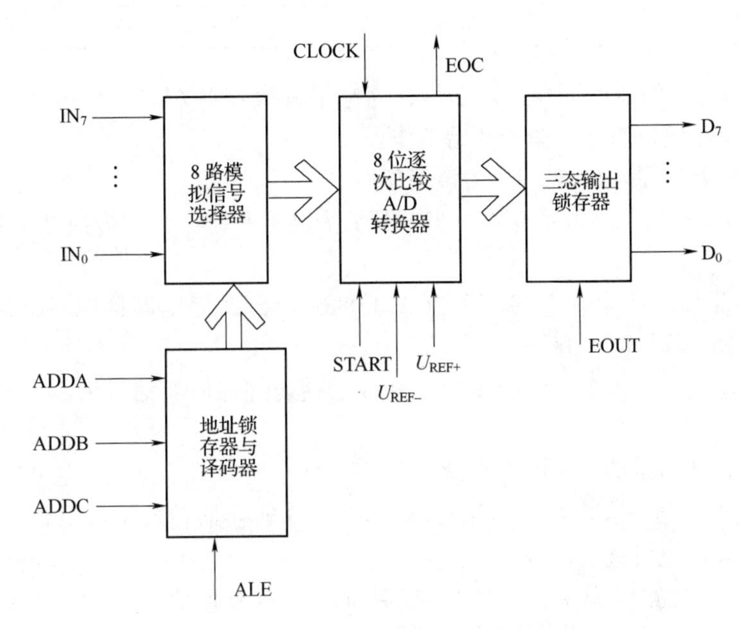

图 4－10－5　ADC0809 内部结构图

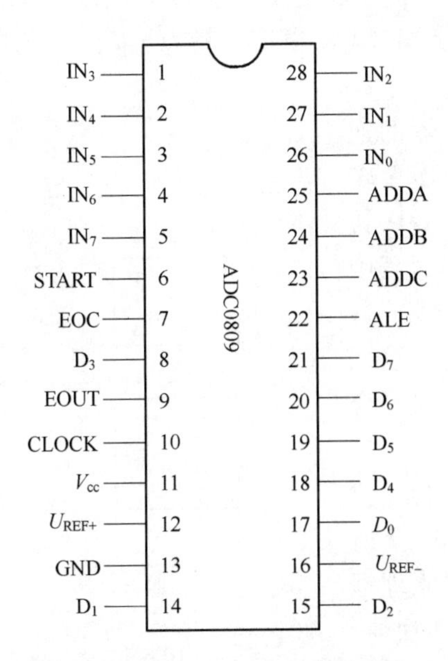

图 4－10－6　ADC0809 引脚排列

ADC0809 引脚功能说明如下：

IN_0 ~ IN_7：8 路模拟信号输入端（IN_7 为最高位）。由 8 路模拟选择其中一路进行转换。

ADDA ~ DDC：3 个地址线（C 位最高位），即 8 路模拟信号选择器的地址线，输入 3 个地址信号可组成 8 个逻辑状态，代表八个地址，以便选中相应的输入通道，如表 4 - 10 - 1 所示。

表 4 - 10 - 1　地址端及输入通道

地址端（CBA）	111	110	101	100	011	010	001	000
输入通道	IN_7	IN_6	IN_5	IN_4	IN_3	IN_2	IN_1	IN_0

ALE：3 个地址线的地址锁存允许信号，高电平有效。当 ALE 由低电平变为高电平时，将地址码锁存，8 路模拟信号选择器开始工作。

D_0 ~ D_7：8 位数字量输出端，D_7 为最高位。

EOUT：输出允许端，高电平有效。当 EOUT 为高电平时，允许转换结果从三态输出锁存器输出。

CLOCK：外部时钟脉冲输入端，作为 ADC0809 内部时序电路的时钟脉冲，典型值为 640 kHz，此时的转换时间为 100 μs。

START：启动信号输入端，START 信号的前沿使内部的所有信号清零，后沿使 A/D 转换工作开始。

EOC：A/D 转换结束端，高电平有效。在 START 信号上升沿来到后的 0 ~ 8 个时钟周期内，EOC 为低电平，当一次模拟信号采样输入经 A/D 转换器转换结束时，EOC 为高电平。该信号用来控制外部设备进行读数。

U_{REF+}、U_{REF-}：基准电源 + 、 - 输入端，决定了输入模拟信号的电压范围。通常 U_{REF+} 接 V_{CC}，U_{REF-} 接 GND。当 V_{CC} 为 +5 V 时，输入模拟量的电压范围为 0 ~ 5 V。U_{REF+}、U_{REF-} 也不一定要接在 V_{CC}、GND 间，但要满足 $0 \leqslant U_{REF-} < U_{REF+} \leqslant V_{CC}$。

V_{CC}、GND：电源电压正负端，电源电压一般为 5 V，其范围为 +5 V ~ +15 V。

2. ADC0809 的转换原理

A/D 转换器是 D/A 转换器的逆变换。A/D 变换的结构要比 D/A 转换器变换的结构复杂很多。A/D 转换器在进行模拟到数字的转换过程中都要经过采样、保持、量化和编码这四步才能完成一次转换。当然，这四个步骤在实际转换过程中往往又是合并进行的。

ADC0809 的核心部分是 8 位逐位逼近型 A/D 转换器。图 4 - 10 - 7 所示为逐位逼近型 A/D 转换器原理框图。从图中可知它是由 D/A 转换器、逐位逼近寄存器、比较器 N 和控制

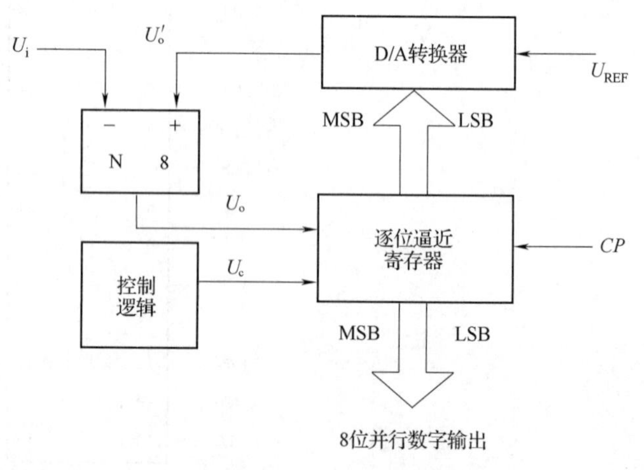

图 4 - 10 - 7　逐位逼近型 A/D 转换器原理框图

逻辑部分组成。其转换过程如下：

转换开始时，控制逻辑首先将逐位逼近寄存器清零，然后第一个 CP 脉冲将逐位逼近寄存器最高位置“1”，这组数码“10000000”送入 D/A 转换器变成相应模拟电压 U_o'，将 U_o'与输入模拟电压 U_i送入比较器的两个输入端进行比较。如果比较结果为 $U_o' > U_i$，则比较器输出 $U_o \to U_{OM} = U_{o+}$，说明预置值过大，则将 $U_o = U_{OM}$（U_{o+}）作为逻辑“1”送至寄存器将寄存器中最高位清除（即使最高位为“0”）。若比较结果为 $U_o' < U_i$，则比较器输出 $U_o = -U_{OM} = U_{o-}$，说明预置值过小，$U_o = -U_{OM}$（U_{o-}）作为逻辑“0”送至寄存器将其最高位的“1”保留。当第二个 CP 脉冲到来时再用同样的方法将寄存器的次高位置“1”，送 D/A 转换器经 D/A 转换器后得 CP_2 时的 U_o'与 U_i进行比较，视其比较结果是否清除或保留寄存器次高位的“1”。这样逐位的比较下去，一直到 CP_8 时比较到最低位（LSB）为止，比较结束后，寄存器中的状态就是对应定时采样到输入模拟信号的输出数字量。

整个 ADC0809 的转换过程如下：

8 路模拟输入接入 IN_0输入端，地址线接入 ADDA ~ ADDC 输入端，输入 000。在 ALE = “1”时将地址码锁存使模拟选择器选中 IN_0 路模拟输入。当 START 信号上升沿来到后使所有寄存器清零，EOC = 0，START 的下降沿来到后 A/D 转换开始，经过 8 个 CP 脉冲后转换结束，EOC = 1，允许 A/D 转换后结果输出。输出与输入的关系为

$$D = \frac{U_i}{U_{REF}} \times 255 \pm 1 \qquad (4-10-5)$$

当 $U_i = U_{REF}$时，$D = 11111111$，当 $U_i = 0$ 时，$D = 00000000$。

3. ADC0809 的实验电路

本次实验将 ADC0809 接成连续式，即将 START、EOC、ALE 三端接在一起，如图 4－10－8 所示。当一次转换结束时，EOC 上升为“1”，把地址锁存，选中输入 IN_0，同时 START 也上升为“1”将所有寄存器清零，转换开始，经过 8 个 CP 脉冲后，转换结束，EOC 又上升为“1”，这样连续不断重复。

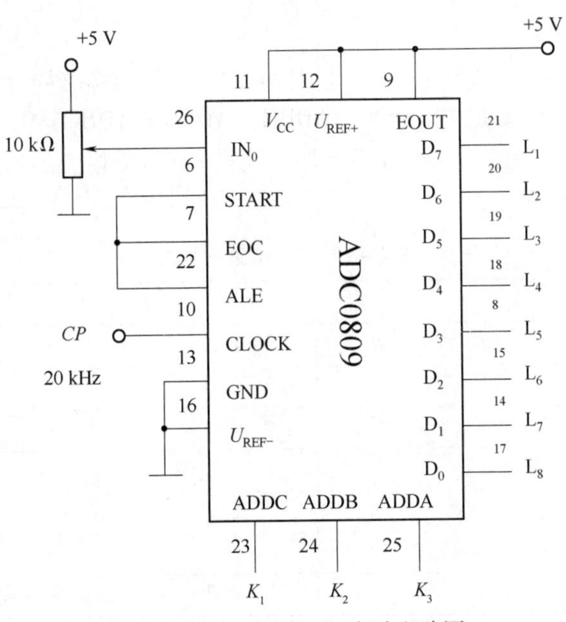

图 4－10－8　ADC0809 实验电路图

五、实验内容

（一）线下实验方式

1. DAC0832

（1）按图4－10－4连线，$D_0 \sim D_7$分别接8个开关，V_{CC}、ILE、U_R都接＋5 V电源，AGND、DGND、CS′、W'_{R1}、W'_{R2}、XFER′都接地线，运放电源接±15 V。

（2）调整零点：置$D_7 \sim D_0$全部为“0”，用数字万用表直流挡2 V/200 mV量程测量运放输出电压，调整电位器R，使输出电压U_O=0 V。

（3）从输入数字量的最低位起逐位置“1”，用数字万用表直流挡测量输出电压（注意改变量程，显示“1”时，超出量程），将数据计入表4－10－2中。

表4－10－2 结果记录表

输入数字量								输出模拟电压 U_O/V	
D_7	D_6	D_5	D_4	D_3	D_2	D_1	D_0	实测值	理论值
0	0	0	0	0	0	0	0		
0	0	0	0	0	0	0	1		
0	0	0	0	0	0	1	1		
0	0	0	0	0	1	1	1		
0	0	0	0	1	1	1	1		
0	0	0	1	1	1	1	1		
0	0	1	1	1	1	1	1		
0	1	1	1	1	1	1	1		
1	1	1	1	1	1	1	1		

2. ADC0809

按图4－10－8接线，$D_7 \sim D_0$接8个LED灯，CLOCK接连续脉冲20 kHz，V_{CC}、U_{REF+}、E_{OUT}接＋5 V电源，GND、U_{REF-}接地线，ADDC＝ADDB＝ADDC＝0，模拟信号U_i从IN_0输入，按表4－10－3要求改变U_i（用数字万用表测量），测量相应的数字输出量$D_7 \sim D_0$，并将结果填入表4－10－3中。

表4－10－3 结果记录表

输入电压 U_i/V	输出二进制数							
	D_7	D_6	D_5	D_4	D_3	D_2	D_1	D_0
1								
1.5								
2								
2.5								
3								
3.5								

续表

输入电压 U_i/V	输出二进制数							
	D_7	D_6	D_5	D_4	D_3	D_2	D_1	D_0
4								
4.5								
5								

(二）线上实验方式

1. D/A 转换实验

按图 4-10-9 连线，$D_0 \sim D_7$ 接 8 个单刀双掷开关，V_{REF+} 接信号源，$D_0 \sim D_7$ 初态为 0，依次给 $D_0 \sim D_7$ 高电平，记录电压表读数。

2. A/D 转换实验

按图 4-10-10 连线，$D_0 \sim D_7$ 接 8 个 LED 灯，VIN 接函数发生器，选择三角波，频率 50 Hz，V_{REF+} 接 +5 V 电源，EOC 接直流信号源，频率 100 Hz，幅度为 5 V，改变函数发生器振幅，观察并记录 $D_0 \sim D_7$ 状态，填入表格。

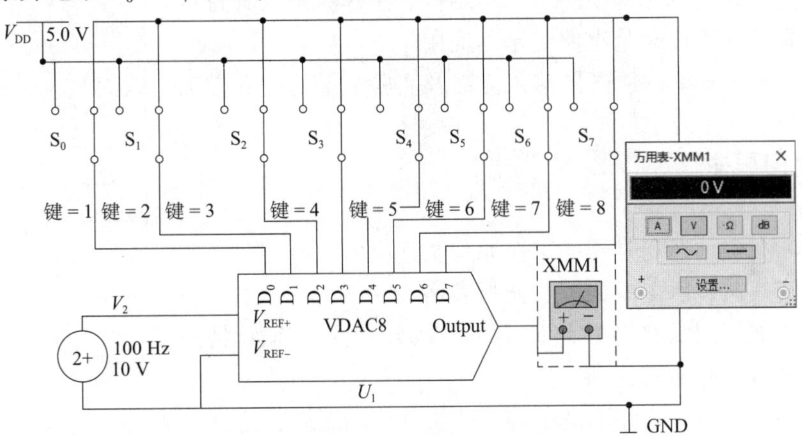

图 4-10-9　D/A 转换实验电路图

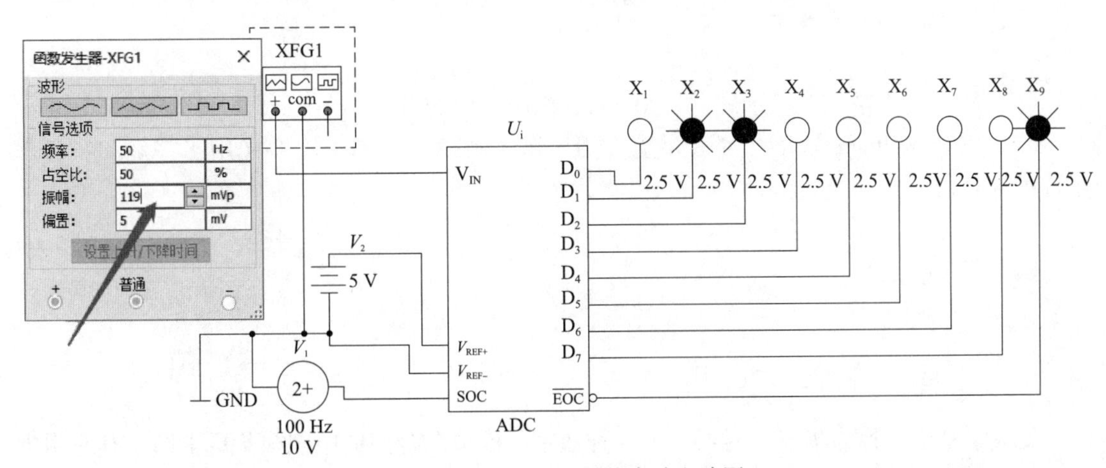

图 4-10-10　A/D 转换实验电路图

六、实验报告要求

（1）整理表 4 - 10 - 2 和表 4 - 10 - 3 中的实验记录数据。

（2）将实验数据与预习计算的各转换点的理论数据进行比较，计算各转换点的相对精度。

（3）将实验电路图截图，记录实验数据（线上）。

实验十一　脉冲波形的发生与整形

一、实验目的

（1）熟悉 555 集成时基电路的电路结构、工作原理及其特点。

（2）掌握 555 集成时基电路的基本应用。

（3）掌握 Multisim 的原理图输入方法及实验结果的仿真方法（线上）。

二、预习要求

（1）复习有关 555 定时器的工作原理及其应用。

（2）拟定实验中所需的数据、波形表格。

（3）熟悉如何用示波器测定施密特触发器的电压传输特性曲线。

（4）核定各实验的步骤和方法。

（5）熟悉 Multisim 软件原理图输入法及电路图编译、仿真方法。

三、实验设备与器件

（1）数字实验箱、双踪示波器、NE555、电阻、电容等。

（2）安装 Multisim 软件、腾讯课堂（用于课堂教学）及 QQ 软件（用于答疑和布置作业）的计算机。

四、实验原理

（一）555 电路的工作原理

集成时基电路称为集成定时器，是一种数字、模拟混合型的中规模集成电路，其应用十分广泛。它是一种能够产生时间延迟和多种脉冲信号的电路，由于内部使用了三个 5 kΩ 电阻，故取名555电路。555定时器引脚图及内部框图如图4－11－1所示。它含有两个电压比较器，一个SR锁存器，一个集电极开路的放电晶体管T_D，比较器的参考电压由三只5 kΩ的电阻构成分压器提供。它们分别使比较器A_1的同相输入端和比较器A_2的反相输入端的参考电平为（2/3）V_{CC}和（1/3）V_{CC}。A_1与A_2的输出端控制SR锁存器状态和放电晶体管开关状态。当输入信号自6引脚输入并超过参考电平（2/3）V_{CC}时，触发器复位，555的输出端3引脚输出低电平，同时放电晶体管导通；当输入信号自2引脚输入并低于（1/3）V_{CC}时，锁存器置1，555的3引脚输出高电平，同时放电晶体管截止。R_D'为复位端，当$R_D'=0$时，555输出低电平。平时R_D'端接V_{CC}。V_{OD}是控制电压端（5脚），平时为（2/3）V_{CC}作为比较器A_1的参考电平，当5引脚外接一个输入电压时，即改变了比较器的参考电平，从而实现对输出的另一种控制，在不接外加电压时，通常接0.01 μF的电容器到地，起滤波作用，以消除外来的干扰，确保参考电平的稳定。T_D为放电管，当T_D导通时，将给接于7引脚的电容提供低阻放电通路。555定时器主要是与电阻、电容构成充放电电路，并由两个比较器来检测电容上的电压，以确定输出电平的高低和放电晶体管的通断。这就很方便地构成从微秒到数十分钟的延时电路，可方便地构成单稳态触发器、多谐振荡器、施密特触发器等脉冲产生或波形变换电路。

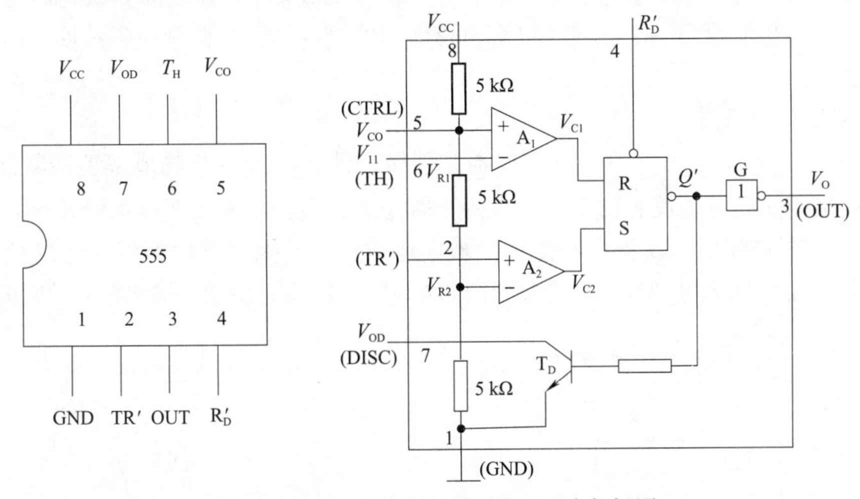

图4－11－1　555定时器引脚图及内部框图

（二）555定时器电路的典型应用

1. 构成单稳态触发器

图4－11－2为由555定时器和外接定时元件R、C构成的单稳态触发器。

触发电路稳态时555电路输入端处于电源电平，内部放电开关T导通，输出端输出低电平，当有一个外部负脉冲触发信号加到2端，并使2端点位瞬时低于（1/3）V_{CC}时，单稳态电路即开始一个暂态过程，电容C开始充电，V_C按指数规律增长。当V_C充电到（2/3）V_{CC}时，比较器A_1翻转，输出V_o从高电平返回低电平，放电晶体管T_D重新导通，电容C上的电荷很快经放电晶体管放电，暂态结束，恢复稳态，为下一个触发脉冲的到来做好准备。波形图如图4－11－3所示。

暂稳态的持续时间为T_w（即为延时时间）决定于外接元件R、C的大小。

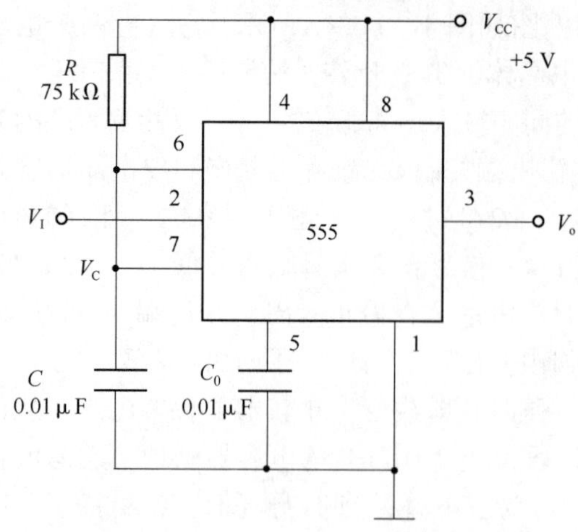

图 4-11-2 单稳态触发器

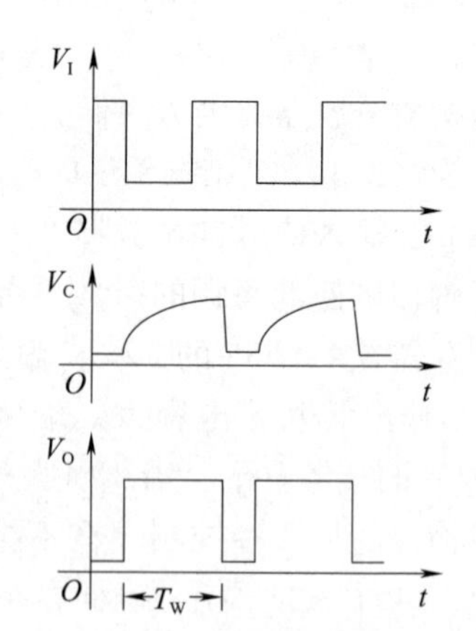

图 4-11-3 单稳态触发器波形图

$$T_w = 1.1RC \tag{4-11-1}$$

通过改变 R、C 的大小，可使延时时间在几微秒到几十分钟之间变化。当这种单稳态电路作为计时器时，可直接驱动小型继电器，并可以使用复位器（4 引脚）接地的方法中止暂态，重新计时，还需要用一个续流二极管与继电器线圈并接，以防继电器线圈反电势损坏内部功率管。

2. 构成多谐振荡器

图 4-11-4（a）所示为由 555 定时器和外接元件 R_1、R_2、C 构成多谐振荡器，引脚 2 与引脚 6 直接相连。电路没有稳态，仅有两个暂稳态，电路也不需要外加触发信号，利用电源通过 R_1、R_2 向 C 充电，以及 C 通过 R_2 向放电端放电，使电路产生振荡。电容 C 在（1/3）V_{CC} 和（2/3）V_{CC} 之间充电和放电，其波形图如 4-11-4（b）所示。输出信号的时间参数为

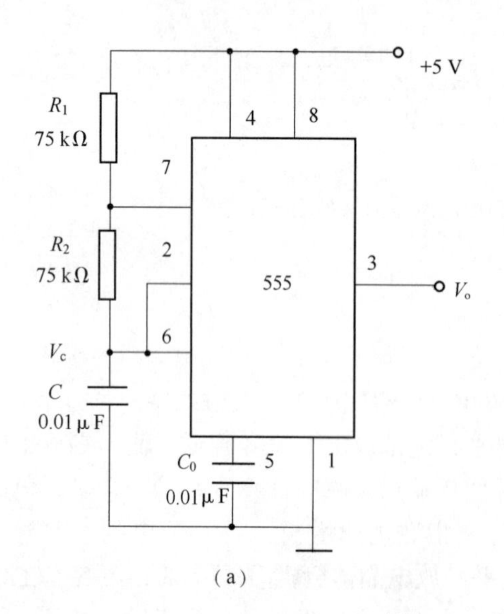

（a）

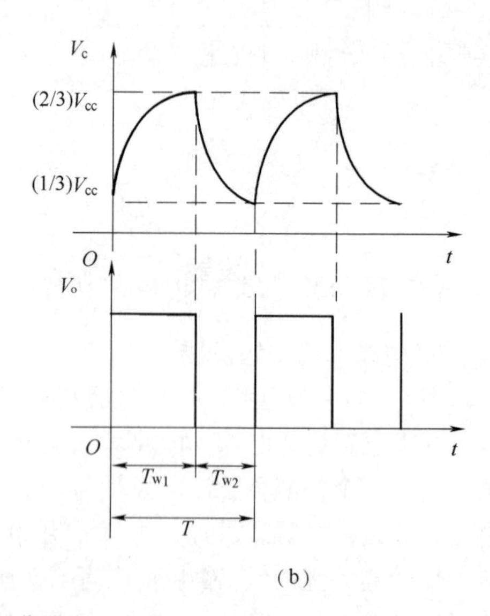

（b）

图 4-11-4 多谐振荡器

$$T = t_{w1} + t_{w2} \tag{4-11-2}$$

$$t_{w1}=0.7(R_1+R_2)C \tag{4-11-3}$$

$$t_{w2}=0.7R_2C \tag{4-11-4}$$

555 电路要求 R_1 与 R_2 均应大于或等于 1 kΩ，但 R_1+R_2 应小于或等于 3.3 MΩ。外部元件的稳定性决定了多谐振荡器的稳定性，555 定时器配以少量的元件即可获得较高精度的振荡器和具有较强的功率输出能力，因此这种形式的多谐振荡器应用很广。

3. 组成占空比可调的多谐振荡器

电路如图 4-11-5 所示，它比图 4-11-4 所示电路增加了一个电位器和两个导引二极管。D_1、D_2用来决定电容充、放电电流流经电阻的途径，充电时 D_1 导通，D_2截止；放电时 D_2导通，D_1截止。

占空比

$$q=\frac{t_{w1}}{t_{w1}+t_{w2}}\approx\frac{0.7R_AC}{0.7(R_A+R_B)C}=\frac{R_A}{R_A+R_B} \tag{4-11-5}$$

可见，若取 $R_A=R_B$电路即可输出占空比为 50% 的方波信号。

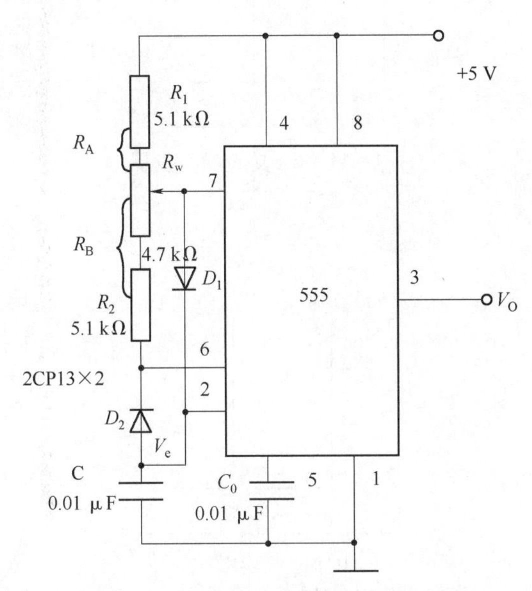

图 4-11-5　占空比可调的多谐振荡器

4. 组成斯密特触发器

电路如图 4-11-6 所示，电路的电压传输特性曲线如图 4-11-7 所示。

回差电压

$$\Delta V=\frac{2}{3}V_{CC}-\frac{1}{3}V_{CC}=\frac{1}{3}V_{CC} \tag{4-11-6}$$

五、实验内容

（一）线下实验方式

1. 单稳态触发器

如图 4-11-2 连线，取 $R=75$ kΩ，$C=0.01$ μF，输出接发光二极管，输入信号接连续脉冲（1 kHz)。用示波器观察 V_i、V_C、V_O波形。用示波器测量幅度和暂态时间（电压和时间的微调要处于校准位置）并画出 V_i、V_C、V_o波形。

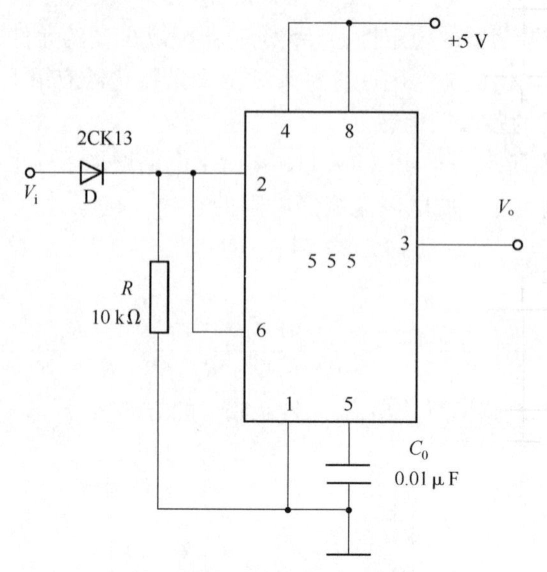

图 4－11－6　施密特触发器

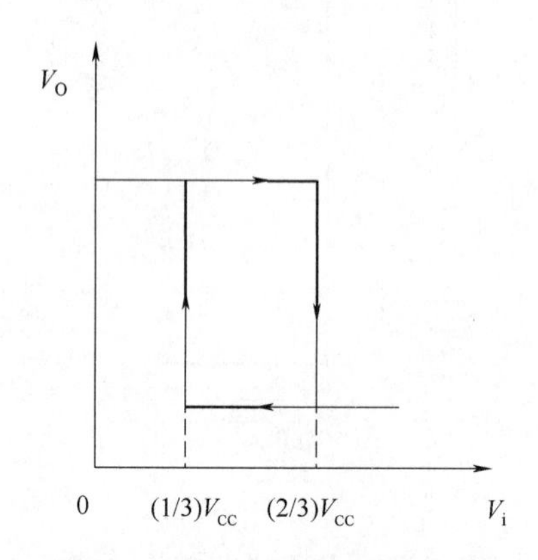

图 4－11－7　电压传输特性曲线

2. 多谐振荡器

按图 4－11－4（a）连线，用示波器观测 V_C与 V_O的波形，画出波形并测出 T_{w1}和 T_{w2}，计算频率。

3. 施密特触发器

按图 4－11－6 连线，输入信号由音频信号源提供，预先调好 V_i 的频率为 1 kHz，接通电源，逐渐加大 V_i 的幅度，观测输出波形，测绘电压传输特性曲线，算出回差电压 ΔU。

4. 制作触摸式开关定时器

利用 555 定时器电路设计制作一个触摸式开关定时器，每当用手触摸一次，电路即输出一个正脉冲宽度为 10 s 的信号。试搭出电路并测试电路功能。

5. 模拟声响电路

按图 4－11－8 连线，组成两个多谐振荡器，调节定时元件，使 Ⅰ 输出较低频率，Ⅱ

为高频振荡器，连好线，接通电源，试听音响效果。调换外接阻容元件，再试听音响效果。

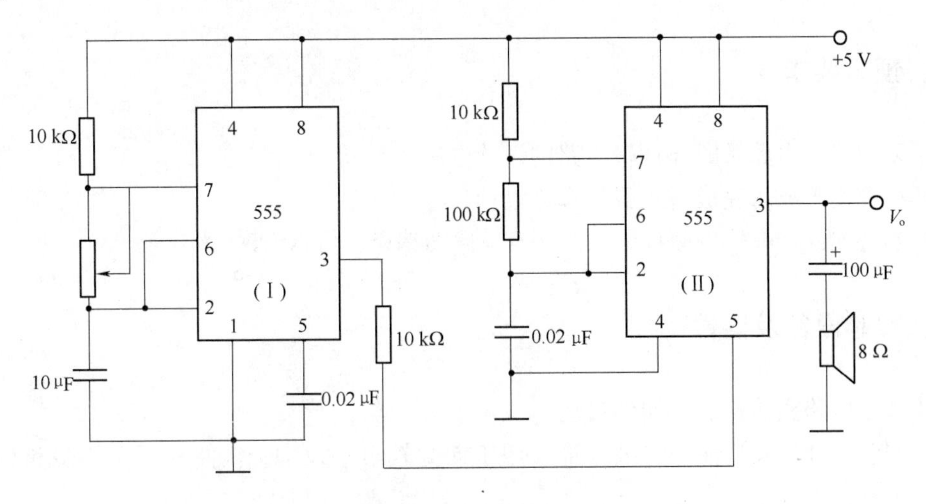

图 4-11-8 模拟声响电路

（二）线上实验方式

（1）利用 Multisim 软件的原理图输入法输入图 4-11-2（具体方法见第六章相关章节）选 CLOCK 1 kHz 接入 CP，把 V_I及 V_C、V_O接入示波器，在示波器面板中观察 V_I及 V_C、V_O的波形，并截图提交实验结果，读出 T_w。

（2）利用 Multisim 软件的原理图输入法输入图 4-11-4（a），把 V_C和 V_O接入示波器，在示波器面板中观察 V_C和 V_O的波形，并截图提交实验结果，读出 T_{w1}、T_{w2}。

（3）对比实验结果和理论计算值，分析误差产生的原因。

六、实验报告要求

（1）画出详细的实验线路图，通过示波器画出完整的波形图。

（2）分析、总结实验结果。

（3）将电路图及仿真结果截图（线上）。

实验十二 数电综合实验——数字钟

一、实验目的

（1）掌握组合电路及时序逻辑电路的设计方法。

（2）熟悉组合电路及时序逻辑电路的连接，并掌握电路故障的排除方法。

（3）掌握 Multisim 的原理图输入方法及实验结果的仿真方法（线上）。

二、预习要求

（1）复习组合电路及时序逻辑电路的设计方法。

（2）按照实验要求完成各项目的理论设计。

（3）熟悉 Multisim 软件原理图输入法及电路图编译、仿真方法。

三、实验设备及器件

（1）数字电路实验箱、元器件自选。

（2）安装 Multisim 软件、腾讯课堂（用于课堂教学）及 QQ 软件（用于答疑和布置作业）的计算机。

四、实验原理

（一）总体框图

根据给定的逻辑功能要求设计总体框图，如图 4－12－1 所示。

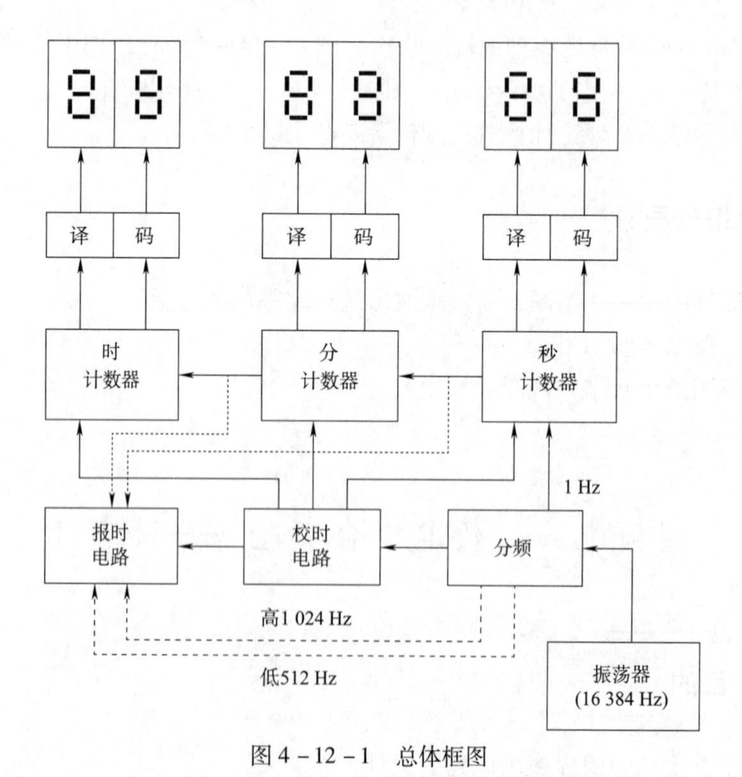

图 4－12－1　总体框图

（二）具体模块设计

1. 计数器部分

（1）六十进制计数器设计电路图，如图 4－12－2 所示。

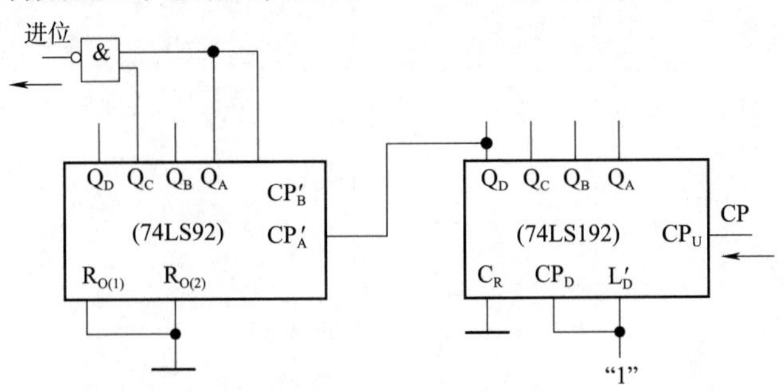

图 4－12－2　六十进制计数器

（2）二十四进制计数器设计电路图，如图 4－12－3 所示。

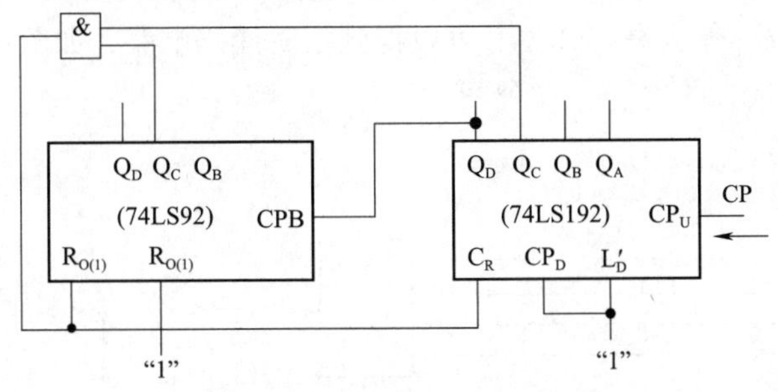

图 4－12－3　二十四进制计数器

2. 校时电路

用 CC4017 来产生校时脉冲控制信号，时序波形如图 4－12－4 所示。

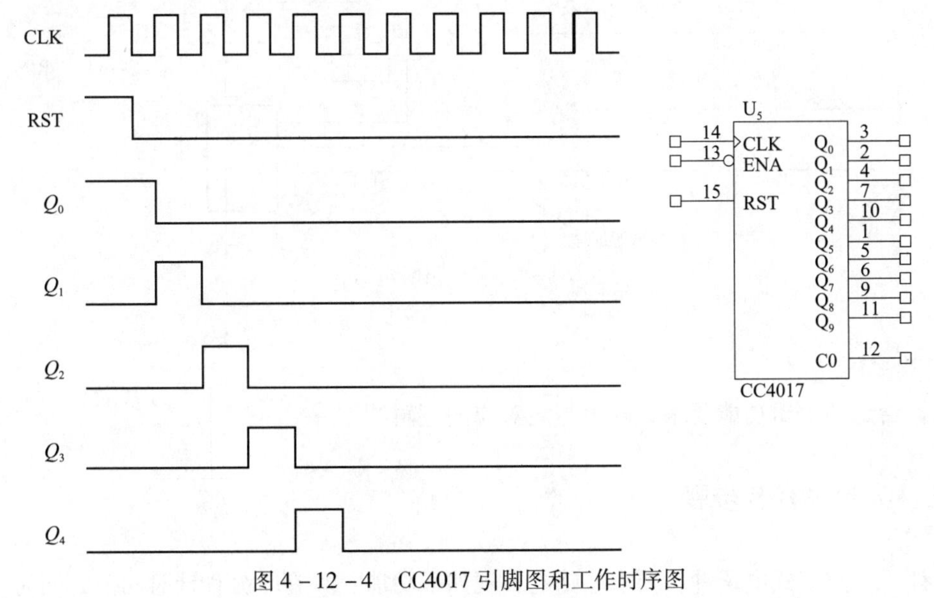

图 4－12－4　CC4017 引脚图和工作时序图

利用 Q_4 产生复位信号，接到 RST 上，构成四个循环脉冲，分别用作校时（JS）、校分（JF）、校秒（JM）控制信号。具体的方法是用于控制计数器的计数脉冲，如图 4－12－5 所示。

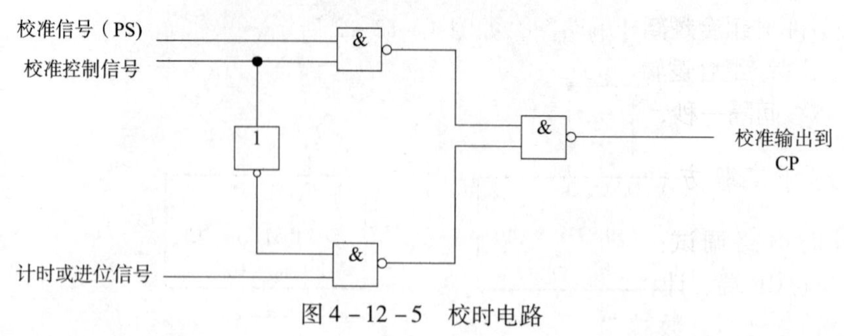

图 4－12－5　校时电路

3. 报时电路

因为是整点报时，按要求应在 59′50″开始到正点的最后 10 秒内，凡偶数秒不响，而奇数秒响，且 59′59″响高音。所以，把 59′50″的译码输出作为报时开关；把秒的最低位 Q_{1A} 作为低音开关；把秒的 Q_{1D} 作为高音开关。可以得到报时译码电路，如图 4－12－6 所示。

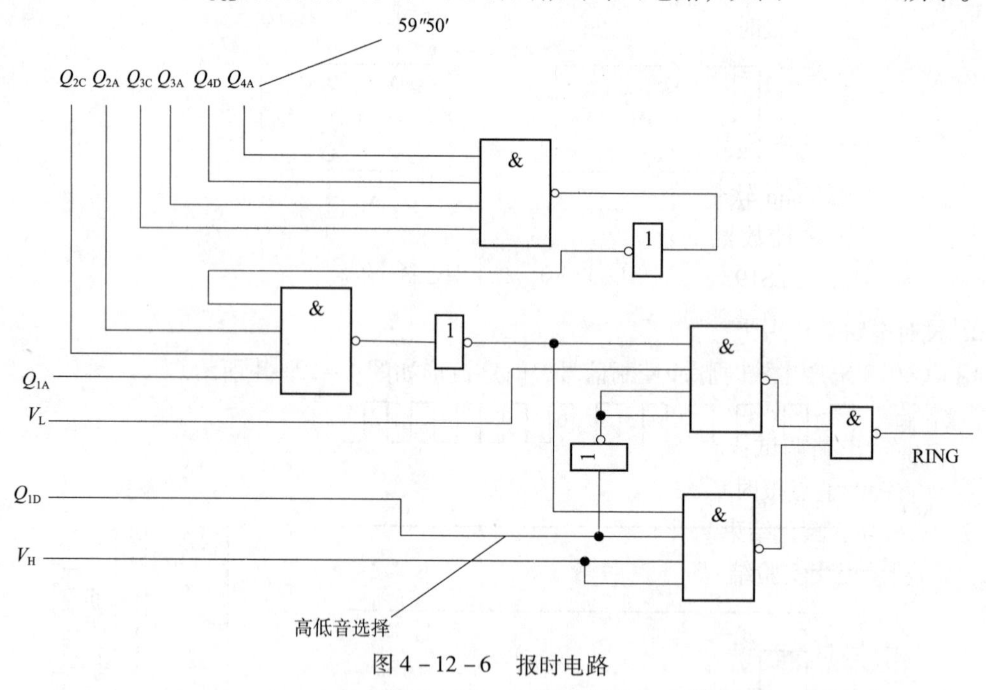

图 4－12－6　报时电路

（三）逻辑图

根据给定的逻辑功能要求，画出与之对应的逻辑图。

五、实验内容及步骤

设计一个数字式电子钟，要求电路能实现如下功能：具有时分秒计时功能，同时可以进行时间的调整、定点报时等。设计要求：

（1）设计一个时分秒计数器，具有译码显示功能，其中时为二十四进制，分秒为六十进制；

（2）设计一个组合逻辑电路，使其实现时分秒校准功能。

（3）设计一个组合逻辑电路，使其实现整点报时功能，要求报时声响四低一高，报时声响持续一秒，间隔一秒，最后一响结束为整点。

（一）线下实验方式

（1）计时电路调试：首先按设计的逻辑图接线，将1 Hz连续脉冲接计秒计数器71LS192（1）的CP端、计秒计数器71LS192（1）和71LS92（2）、计分计数器71LS192（3）和71LS92（4），计时计数器71LS192（5）和71LS92（6）输出端接到数码管，记录数码管在时钟作用下的输出状态，验证其是否能达到技术指标。

（2）校时电路调试：将单次脉冲接入校时电路CC4017的CLK端，观察校时、校分、校秒状态，验证其是否能达到技术指标。

（3）报时电路调试：利用校时电路的分秒部分将系统调整到59′50″，RING接到蜂鸣器，观察系统的整点报时功能，验证其能否达到报时技术指标，即第51、53、55、57秒低音响，第59秒高音响，结束为整点。

（二）线上实验方式

（1）利用Multisim软件的原理图输入法逻辑图（具体方法见第六章相关章节），选CLOCK 1 Hz接入秒计数器74LS192（1）的CP端、计秒计数器71LS192（1）和71LS92（2）、计分计数器71LS192（3）和71LS92（4），计时计数器71LS192（5）和71LS92（6）输出端接到数码管，记录数码管在时钟作用下的输出状态，验证其是否能达到技术指标。

（2）校时电路调试：将单次脉冲（参考实验五）接入校时电路CC4017的CLK端，观察校时、校分、校秒状态，验证其是否能达到技术指标。

（3）报时电路调试：利用校时电路的分秒部分将系统调整到59′50″，RING接到蜂鸣器，观察系统的整点报时功能，验证其能否达到报时技术指标，第51、53、55、57秒低音响，第59秒高音响，结束为整点。

（4）截图提交实验结果。

六、实验报告要求

（1）写出各实验任务的设计步骤，画出设计原理图。

（2）记录每个项目的测试结果，并分析能否达到设计要求。

（3）写出实验步骤及调试过程，说明调试中所出现的故障及排除方法。

（4）将电路图及仿真结果截图（线上）。

第五章　Xilinx 和 Altera 使用方法举例

第一节　基于 Xilinx 的电梯控制器实验

一、实验平台简介

Basys3 板卡实物图如图 5－1－1 所示，对应的板卡功能描述如表 5－1－1 所示。

图 5－1－1　Basys3 板卡实物图

表 5－1－1　板卡功能描述

序号	描　述	序号	描　述
1	电源指示灯	9	FPGA 配置复位按键
2	Pmod 连接口	10	编程模式跳线柱
3	专用模拟信号 Pmod 连接口	11	USB 连接口
4	4 位 7 段数码管	12	VGA 连接口
5	16 个按键开关	13	UART/JTAG 共用 USB 接口
6	16 个 LED	14	外部电源接口
7	5 个按键开关	15	电源开关
8	FPGA 编程指示灯	16	电源选择跳线柱

二、实验内容

利用 Basys3 开发板上资源设计一个 5 层楼的电梯控制器系统，并能在开发板上模拟电梯运行状态。具体要求如下：

（1）利用开发板的 5 个按键作为电梯控制器的呼叫按键，分别是 BTNU、BTNL、BTNC、BTNR 和 BTND。

（2）利用数码管显示电梯运行时电梯所在的楼层。

（3）使用 LED0、LED1、LED2、LED3、LED4 五个 LED 指示灯分别显示楼层 1 ~5 叫梯状态。

（4）设计电梯控制器控制电梯每秒运行一层。

三、实验方法及原理

电梯控制器系统控制流程图。如图 5 –1 –2 所示。

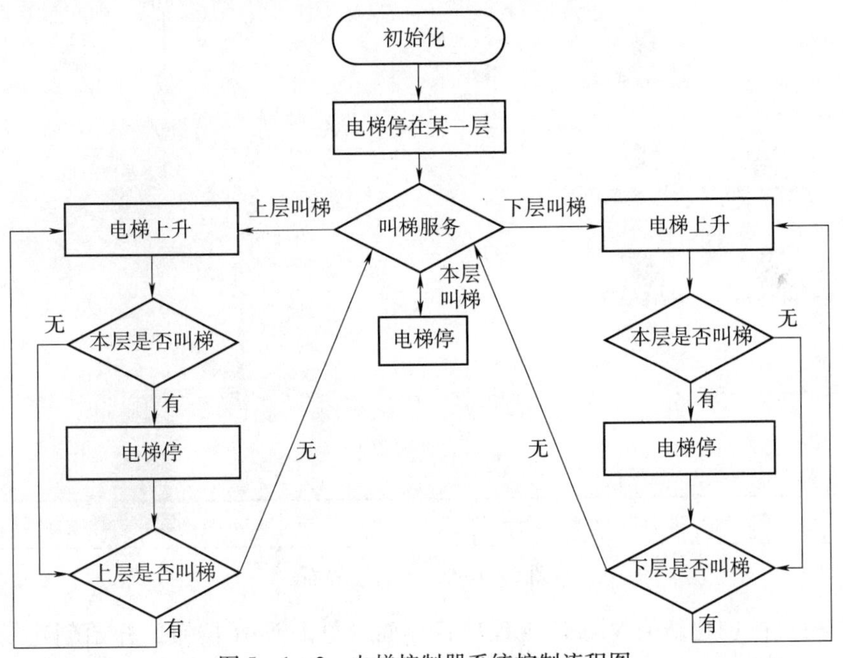

图 5 –1 –2　电梯控制器系统控制流程图

（一）系统输入/输出变量

对于一个系统，首先要有一个时钟输入，设为 clk；按键输入，设为 btn；数码管显示输出，设为 seg；叫梯楼层状态灯输出，设为 nfloor。

（二）系统设计方法

本实验使用板上 5 个按键按钮模拟电梯的叫梯按键，1 层按键为 BTNU，2 层按键为 BT-

NL，3层按键为BTNC，4层按键为BTNR，5层按键为BTND。所以，定义一个5位按键寄存器btn_pre_re，同时考虑到防抖，在对按键寄存器进行赋值时要注意时间延时。

对于电梯按键，当没有叫梯时，按键相应的LED指示灯应处于熄灭状态；当有叫梯时，按键相应的LED指示灯应处于点亮状态；当在某一层已经叫梯，但是由于某种原因发现所叫梯不是自己想要的梯层时，能够取消此层的叫梯状态。

四、实验步骤

（一）创建新的工程项目

（1）打开Vivado设计开发软件，主界面如图5-1-3所示，选择Create New Project选项。

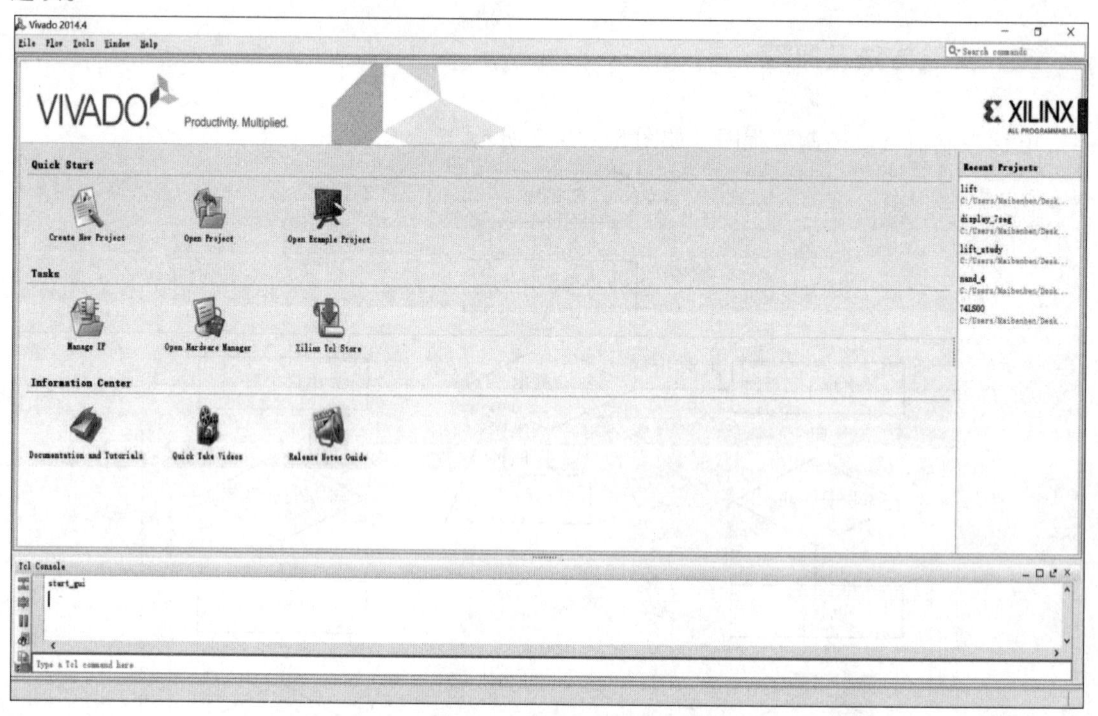

图5-1-3 软件主界面

（2）在打开的创建新的Vivado工程项目界面，单击Next按钮，开始创建新工程，如图5-1-4所示。

（3）在新建工程项目命名界面中修改工程名称和存放路径，如图5-1-5所示。注意不能出现中文字样。这里将工程名称修改为Elevator_controller，并设置好工程存放路径。同时选中Create project subdirectory复选框。这样，整个工程文件都将存放在所创建的Elevator_controller子目录中，单击Next按钮。

（4）在选择工程项目类型界面中提供了可选的工程项目类型，如图5-1-6所示。本实验选择RTL Project，由于该工程项目无须创建源文件，所以选中Do not specify sources at this time（不指定添加源文件）复选框，单击Next按钮。

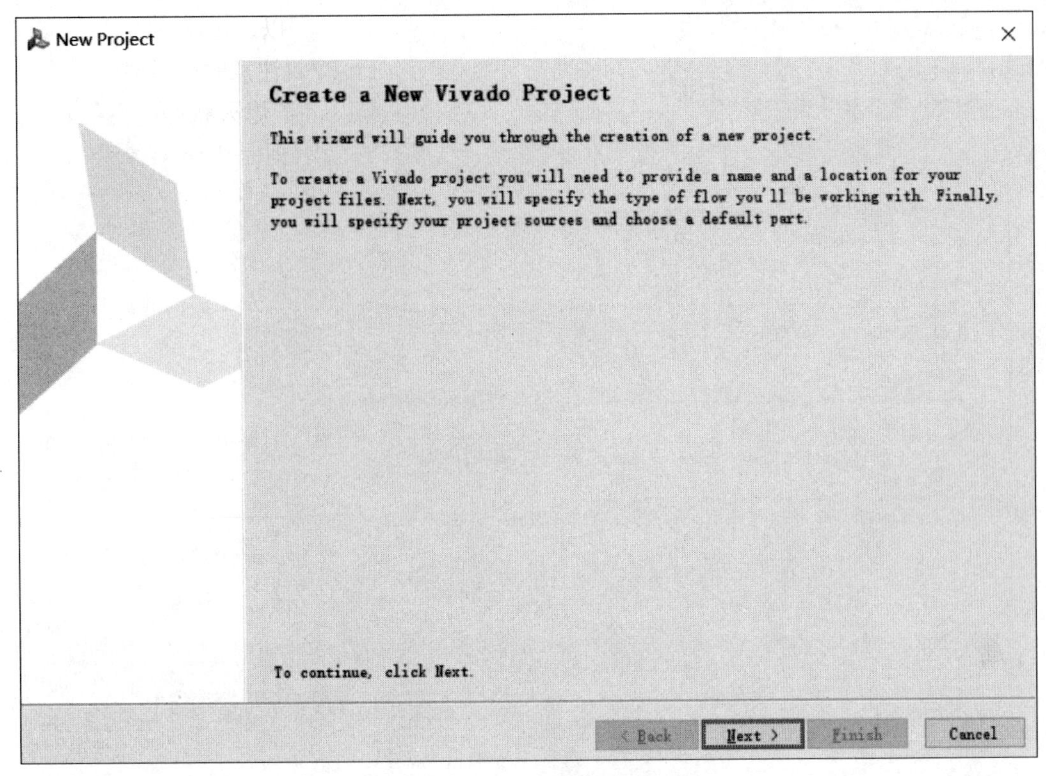

图 5－1－4　工程项目的界面

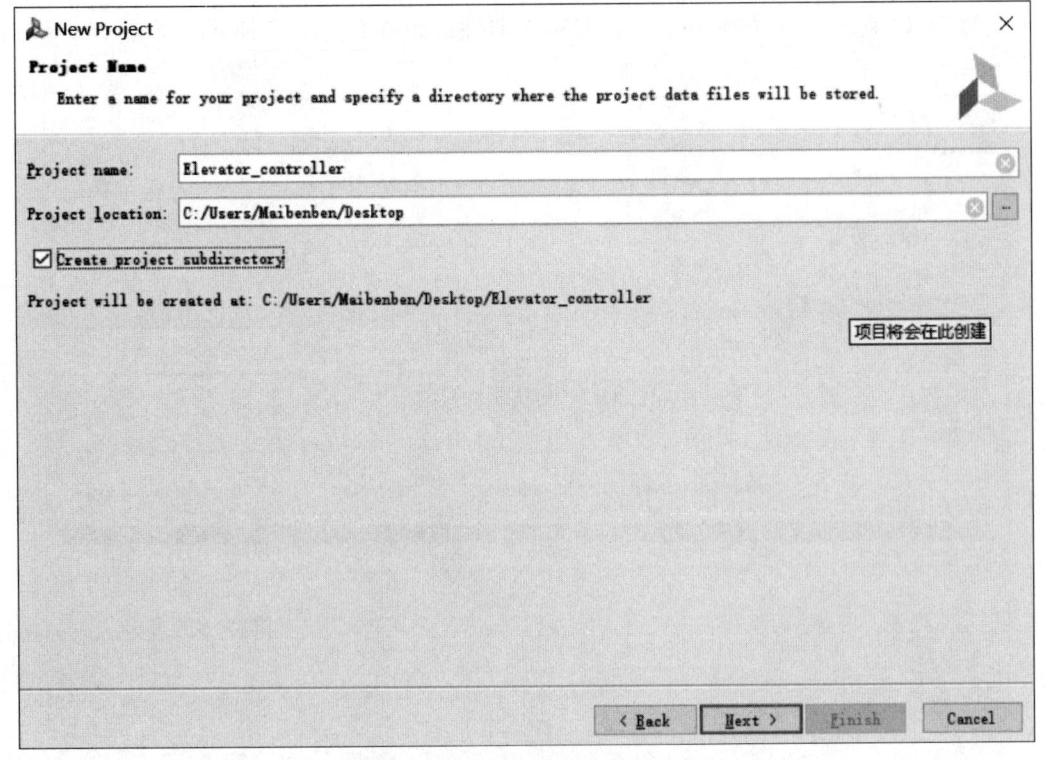

图 5－1－5　新建工程项目命名界面

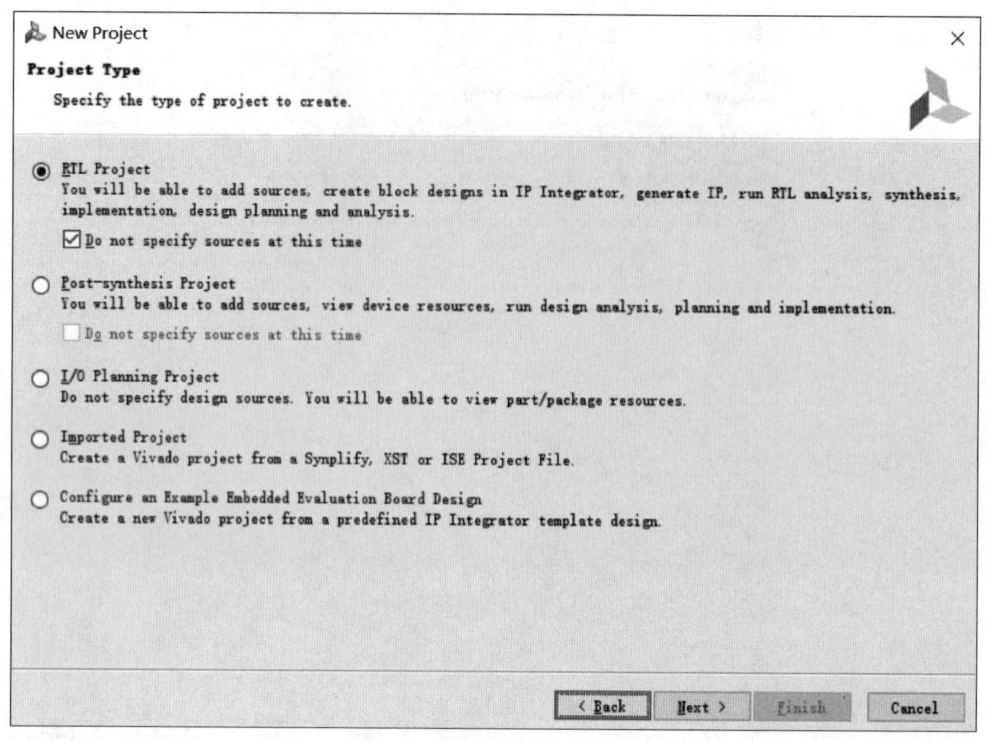

图 5－1－6　选择工程项目类型界面

（5）在器件板卡选型界面的 Search 搜索栏中输入 xc7a35tepg236，搜索本次实验所使用板卡上的 FPGA 芯片，并选择 xc7a35tepg236-1 器件，如图 5－1－7 所示。单击 Next 按钮，进入下一步。

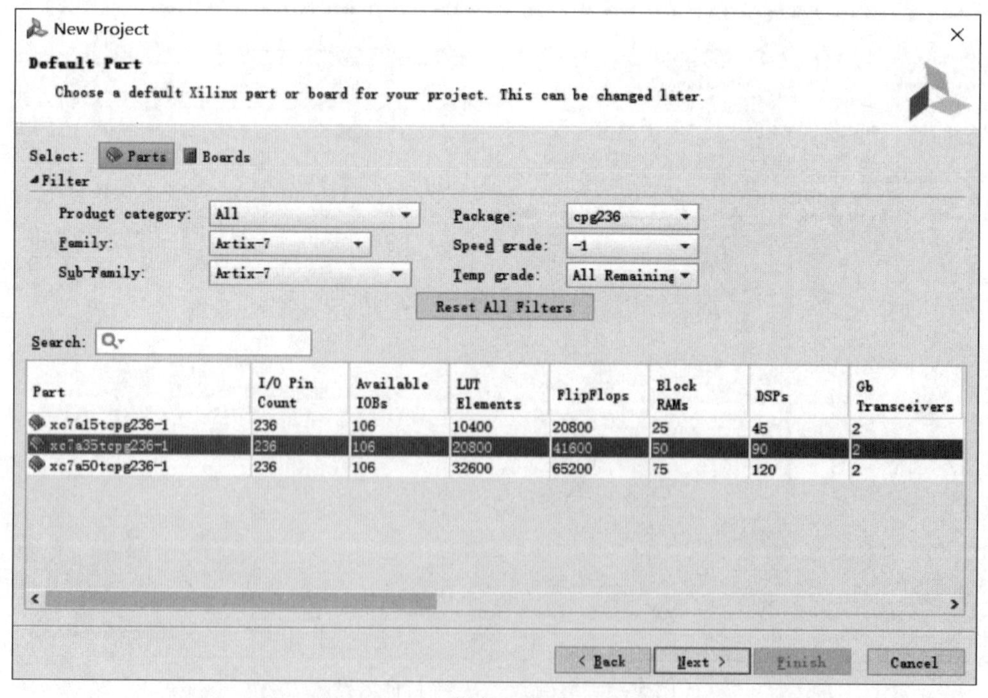

图 5－1－7　器件板卡选型界面图

（6）在新的工程总结对话框中检查工程创建是否有误，如图 5－1－8 所示。如果正确，则单击 Finish 按钮，完成新工程的创建。

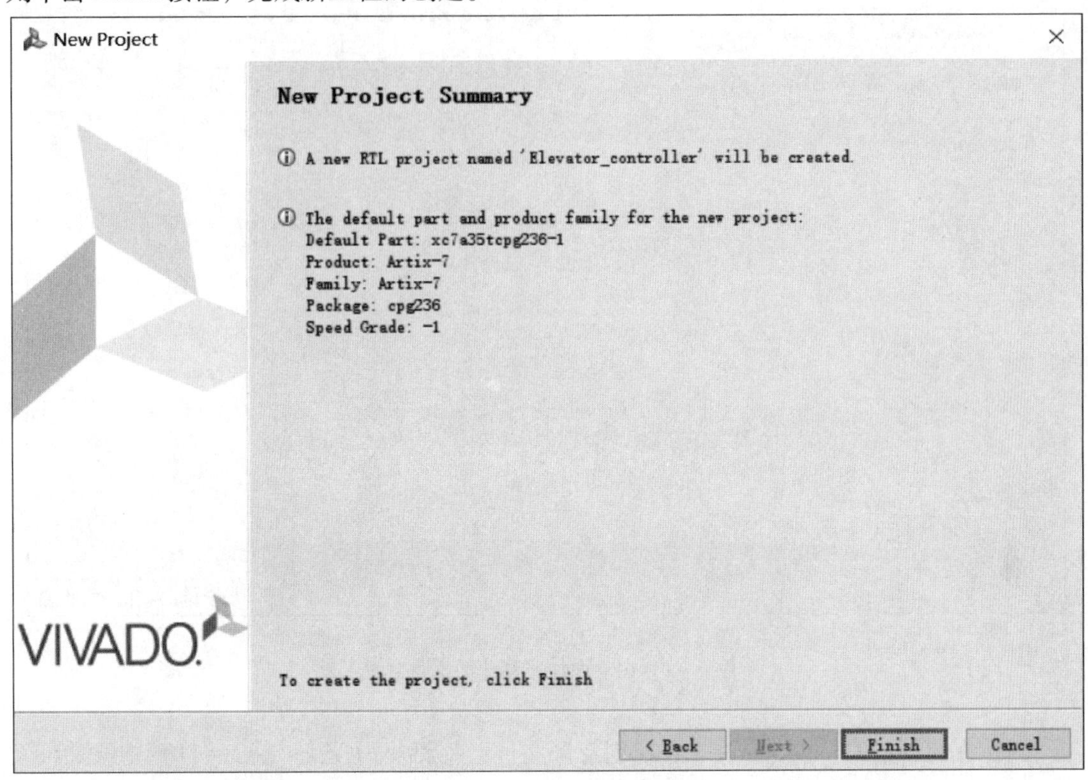

图 5－1－8　工程总结对话框

（二）编写源文件

（1）Sources（源文件）窗口如图 5－1－9 所示，在该窗口，右击 Design Sources 选项，在弹出的快捷菜单中选择 Add Sources 命令，打开 Add Sources（添加源文件）界面，选择 Add or Create Design Sources 选项，添加或创建设计源文件。

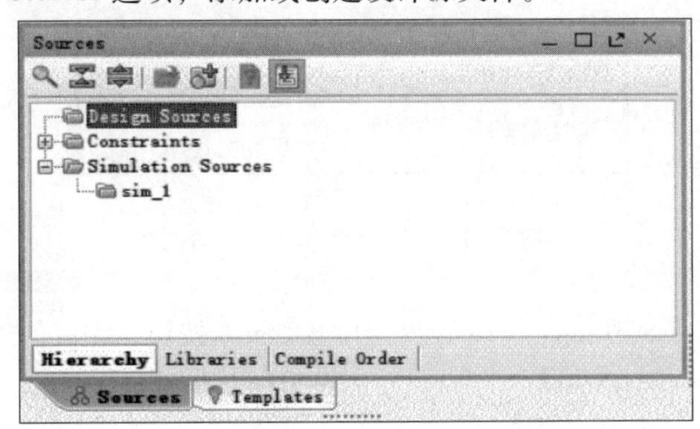

图 5－1－9　源文件窗口图

（2）在 Add or Create Design Sources 界面单击 Create File 按钮，创建源文件，如图 5－1－10 所示。

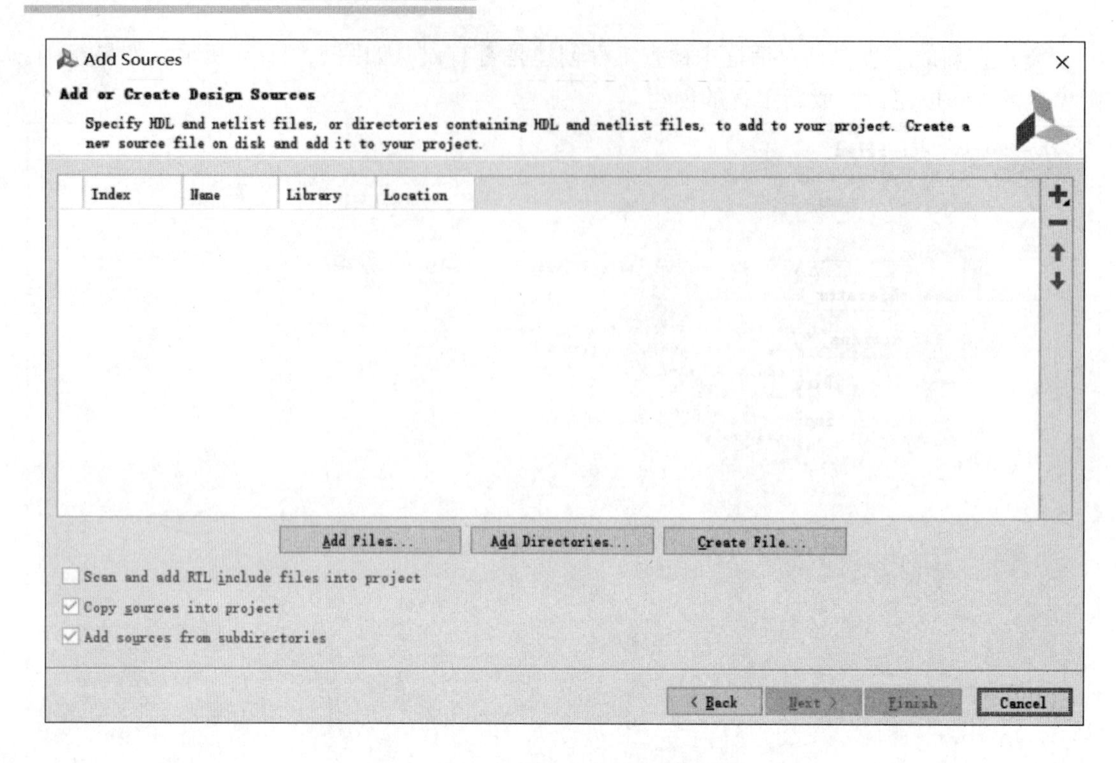

图 5－1－10　添加或创建源文件界面

（3）在打开的 Create Source File（创建源文件）对话框（见图 5－1－11）中，文件类型选择 Verilog，修改文件名称为 Elevator_controller，文件位置保持默认设置为 Local to Project。单击 OK 按钮，回到 Add or Create Design Sources 界面。

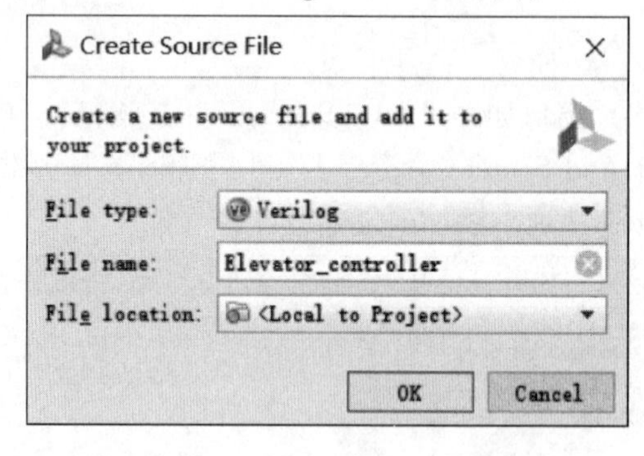

图 5－1－11　创建源文件对话框

（4）在 Add or Create Design Sources 界面单击 Finish 按钮，完成创建源文件。

（5）在打开的 Define Module（模块定义）窗口（见图 5－1－12）中单击 OK 按钮，进入下一步。

（6）在 Sources（源文件）窗口中 Deign Sources 选项的下方出现了源文件 Elevator_controller（Elevator_controller. v）选项。双击该源文件，弹出程序编写界面，如图 5－1－13 所示。

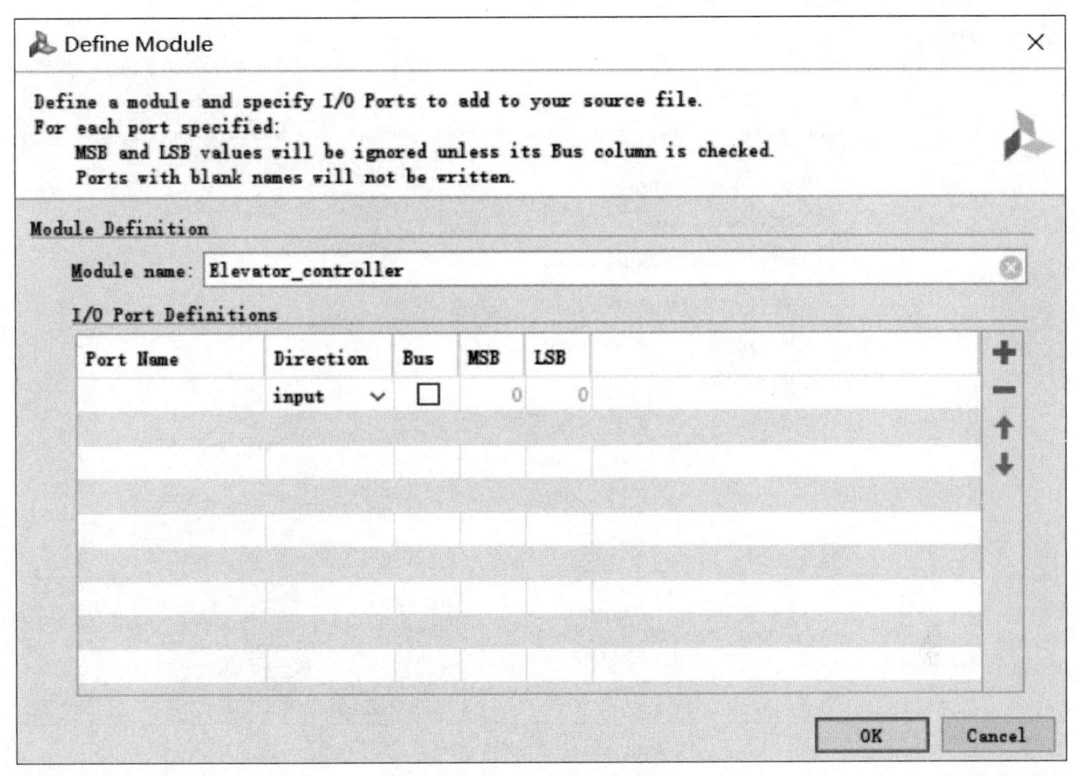

图 5－1－12 模块定义窗口图

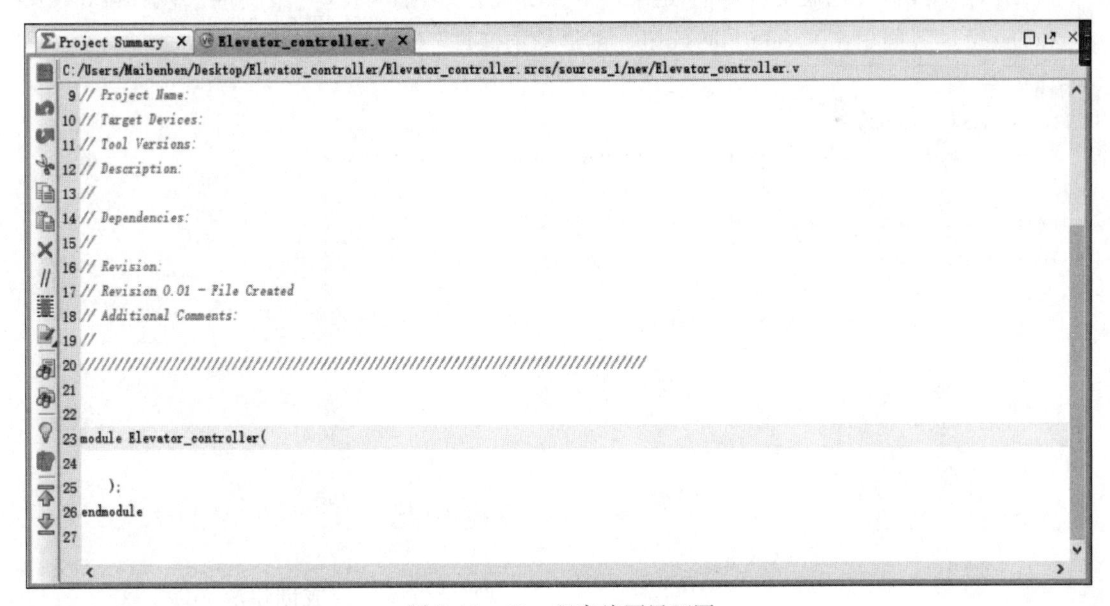

图 5－1－13 程序编写界面图

（三）添加引脚约束文件

（1）单击 Project Manager 目录下的 Add Sourees 选项，选择添加约束文件，如图 5－1－14 所示。单击 Next 按钮，进入下一步。

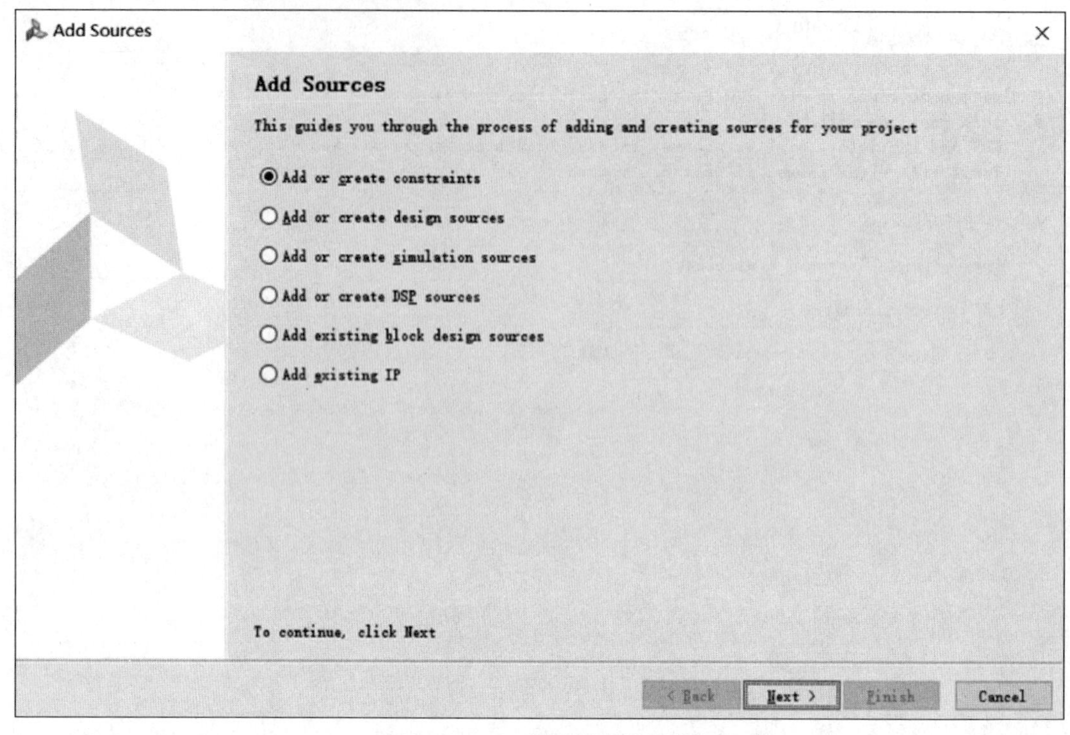

图 5－1－14　添加源文件界面

（2）添加或创建约束文件界面如图 5－5－15 所示。用户创建约束文件，在 Add or Create Constraints 界面单击 Create File 按钮，创建约束文件。

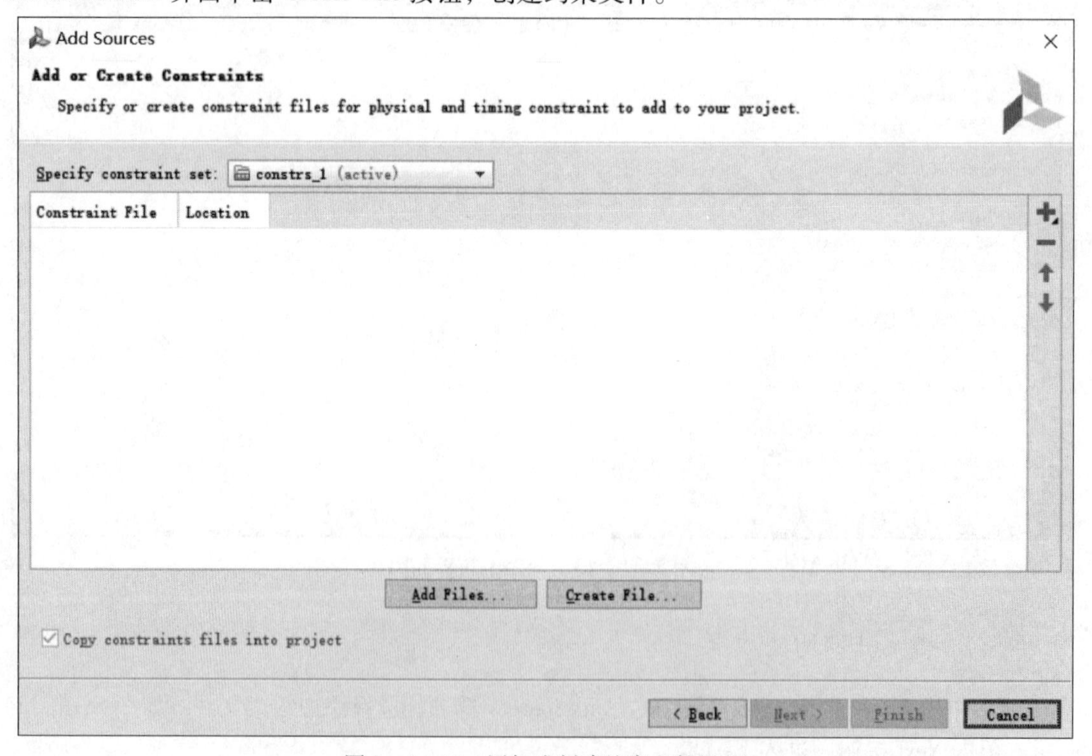

图 5－1－15　添加或创建约束文件界面

（3）在打开的 Create Constraints File（创建约束文件）对话框，（见图 5 - 1 - 16）中，文件类型选择 XDC，修改文件名称为 Elevator_ controller，文件位置保持默认设置为 Local to Project。单击 OK 按钮回到 Add or Create Constraints 界面。单击 Finish 按钮，退出 Add or Create Constraints 界面。

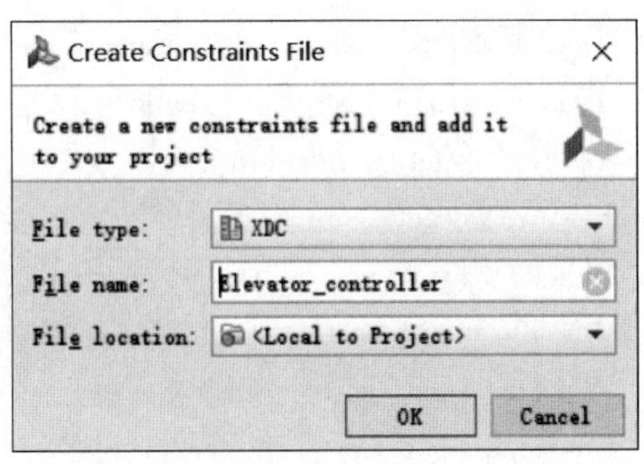

图 5 - 1 - 16　创建约束文件对话框

（4）在 Sources 源文件窗口中 Constraints 选项的下方，出现了源文件 Elevator_ controller. xdc 选项。双击该源文件，打开程序编写界面，如图 5 - 1 - 17 所示。

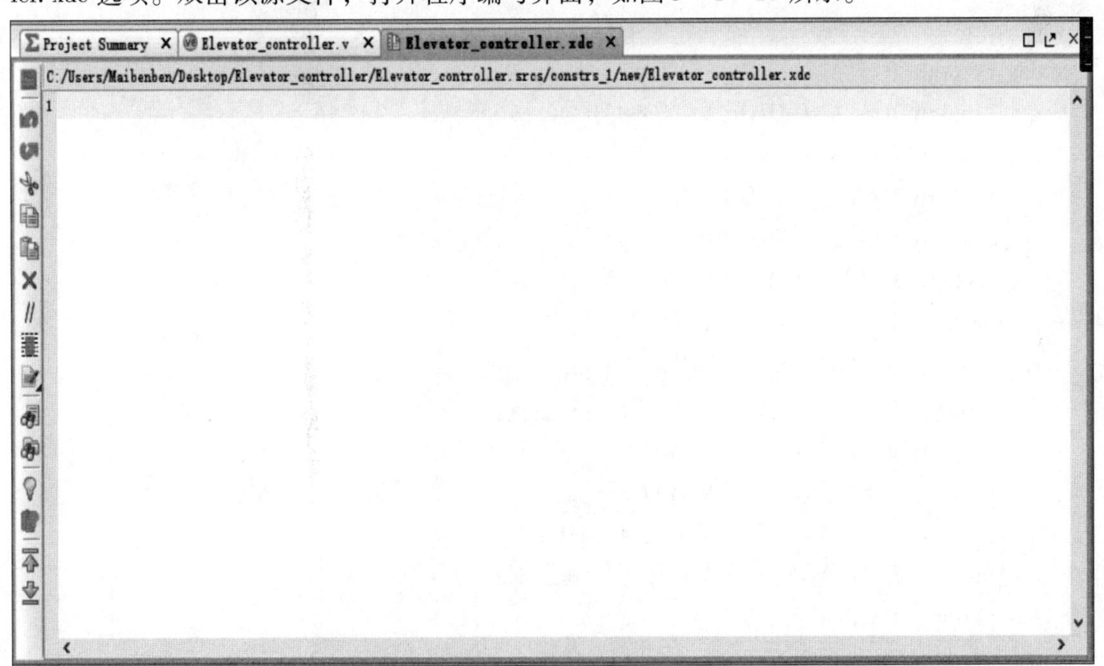

图 5 - 1 - 17　引脚约束程序编写界面

（5）在编写界面输入引脚约束文件，具体内容如下：

set_ property PACKAGE_ PIN W5 [get_ ports clk]

set_ property IOSTANDARD LVCMOS33 [get_ ports clk]

set_ property IOSTANDARD LVCMOS33 [get_ ports {btn [4]}]

set_ property IOSTANDARD LVCMOS33 [get_ ports {btn [3]}]

set_ property IOSTANDARD LVCMOS33 [get_ ports {btn [2]}]

set_ property IOSTANDARD LVCMOS33 [get_ ports {btn [1]}]

```
set_property IOSTANDARD LVCMOS33 [get_ports {btn[0]}]
set_property IOSTANDARD LVCMOS33 [get_ports {nfloor[4]}]
set_property IOSTANDARD LVCMOS33 [get_ports {nfloor[3]}]
set_property IOSTANDARD LVCMOS33 [get_ports {nfloor[2]}]
set_property IOSTANDARD LVCMOS33 [get_ports {nfloor[1]}]
set_property IOSTANDARD LVCMOS33 [get_ports {nfloor[0]}]
set_property PACKAGE_PIN T18 [get_ports {btn[0]}]
set_property PACKAGE_PIN W19 [get_ports {btn[1]}]
set_property PACKAGE_PIN U18 [get_ports {btn[2]}]
set_property PACKAGE_PIN T17 [get_ports {btn[3]}]
set_property PACKAGE_PIN U17 [get_ports {btn[4]}]
set_property PACKAGE_PIN U16 [get_ports {nfloor[0]}]
set_property PACKAGE_PIN E19 [get_ports {nfloor[1]}]
set_property PACKAGE_PIN U19 [get_ports {nfloor[2]}]
set_property PACKAGE_PIN V19 [get_ports {nfloor[3]}]
set_property PACKAGE_PIN W18 [get_ports {nfloor[4]}]
set_property IOSTANDARD LVCMOS33 [get_ports {seg[10]}]
set_property IOSTANDARD LVCMOS33 [get_ports {seg[9]}]
set_property IOSTANDARD LVCMOS33 [get_ports {seg[8]}]
set_property IOSTANDARD LVCMOS33 [get_ports {seg[7]}]
set_property IOSTANDARD LVCMOS33 [get_ports {seg[6]}]
set_property IOSTANDARD LVCMOS33 [get_ports {seg[5]}]
set_property IOSTANDARD LVCMOS33 [get_ports {seg[4]}]
set_property IOSTANDARD LVCMOS33 [get_ports {seg[3]}]
set_property IOSTANDARD LVCMOS33 [get_ports {seg[2]}]
set_property IOSTANDARD LVCMOS33 [get_ports {seg[1]}]
set_property IOSTANDARD LVCMOS33 [get_ports {seg[0]}]
set_property PACKAGE_PIN W4 [get_ports {seg[10]}]
set_property PACKAGE_PIN V4 [get_ports {seg[9]}]
set_property PACKAGE_PIN U4 [get_ports {seg[8]}]
set_property PACKAGE_PIN U2 [get_ports {seg[7]}]
set_property PACKAGE_PIN W7 [get_ports {seg[6]}]
set_property PACKAGE_PIN W6 [get_ports {seg[5]}]
set_property PACKAGE_PIN U8 [get_ports {seg[4]}]
set_property PACKAGE_PIN V8 [get_ports {seg[3]}]
set_property PACKAGE_PIN U5 [get_ports {seg[2]}]
set_property PACKAGE_PIN V5 [get_ports {seg[1]}]
set_property PACKAGE_PIN U7 [get_ports {seg[0]}]
set_property PACKAGE_PIN L1 [get_ports lift_open]
```

set_ property IOSTANDARD LVCMOS33 [get_ ports lift_ open]

(四) 综合设计

(1) 在流程处理窗口下找到 Synthesis 选项并展开。在展开项中，选择 Run Synthesis 选项，开始对项目执行设计综合，如图 5 - 1 - 18 所示。

(2) 设计综合完成后，会打开如图 5 - 1 - 19 所示的 Synthesis Completed（综合完成）对话框，该对话框有三个选项：

- Run Implementation：运行实现过程。
- Open Synthesized Design：打开综合后的设计。
- View Reports：查看报告。

(3) 设计实现完成后，会打开如图 5 - 1 - 20 所示的 Implementation Completed 对话框。该对话框有三个选项：

图 5 - 1 - 18 流程处理窗口

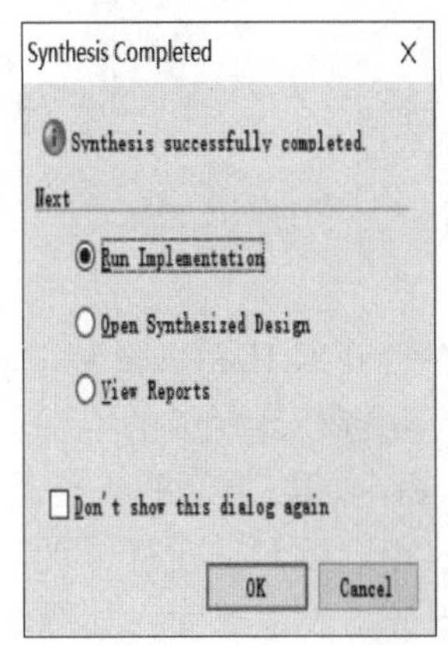

图 5 - 1 - 19 综合完成对话框

- Open Implemented Design：打开实现后的设计。
- Generate Bitstream：生成比特流文件。
- OView Reports：查看报告。

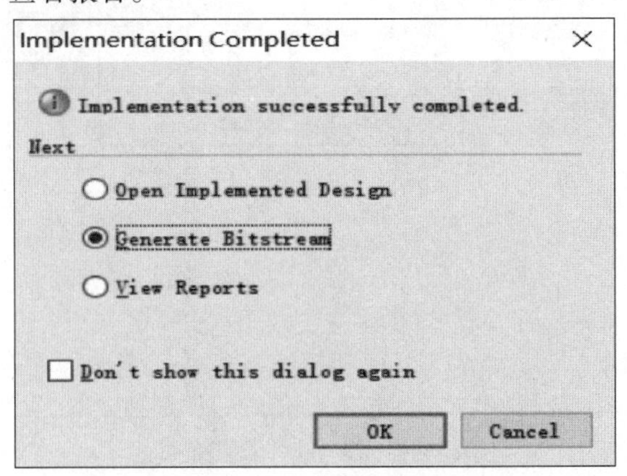

图 5 - 1 - 20 实现完成对话框

选择第二项 Generate Bitstream，单击 OK 按钮直接进入生成比特流文件过程。

（五）下载比特流文件到 FPGA

（1）当生成用于编程 FPGA 的比特流文件后，打开比特流文件生成完毕对话框，如图 5－1－21 所示。用户可以选中 Open Hardware Manager 单选按钮，单击 OK 按钮打开硬件管理器。或者在 Vivado 左侧的流程管理窗口下方找到 Program Debug 选项并展开，在展开项中，选择 Hardware Manager 选项。

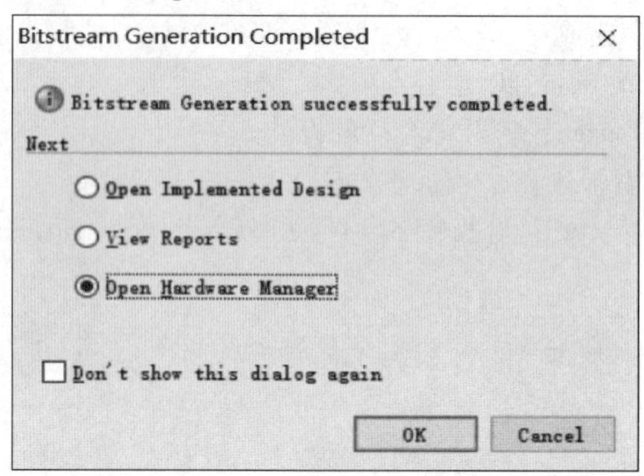

图 5－1－21 比特流文件生成完毕对话框

（2）在打开的 Hardware Manager-unconnected 界面（见图 5－1－22）中，将板卡与计算机相连，并打开开发板的电源开关。单击 Open target 选项，出现浮动菜单，选择 Open New Target 命令。如果之前连接过板卡，可以选择 Recent Targets 选项，在其列表中选择最近使用过的相应板卡。在打开的新硬件目标界面中（见图 5－1－23），单击 Next 按钮，进入硬件服务器设置界面，如图 5－1－24 所示。选择 Local server，单击 Next 按钮，打开服务器。

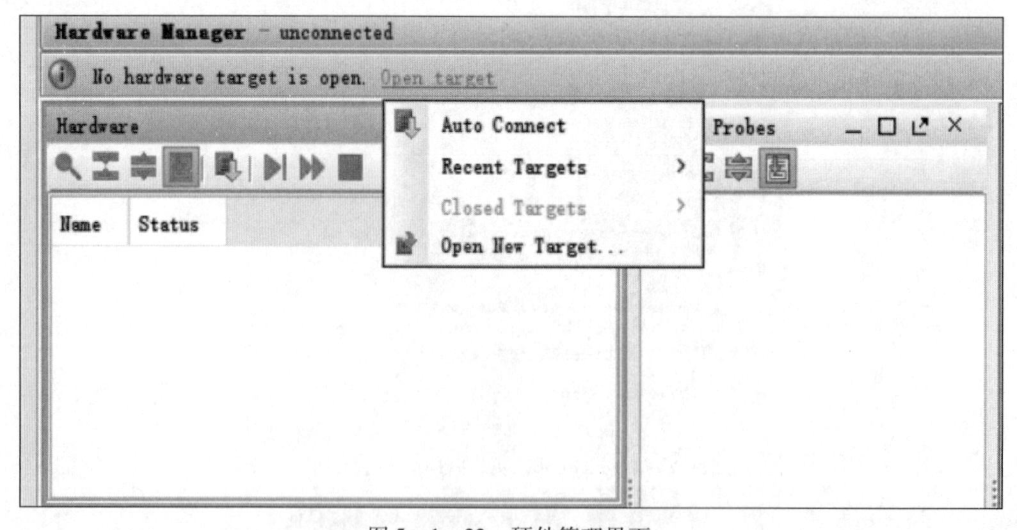

图 5－1－22 硬件管理界面

（3）在打开的目标硬件对话框（见图 5－1－25）中单击 Next 按钮，打开 Open Hardware Target Summary 对话框，给出目标硬件的总结信息。单击 Finish 按钮，完成新目标硬件的添加。

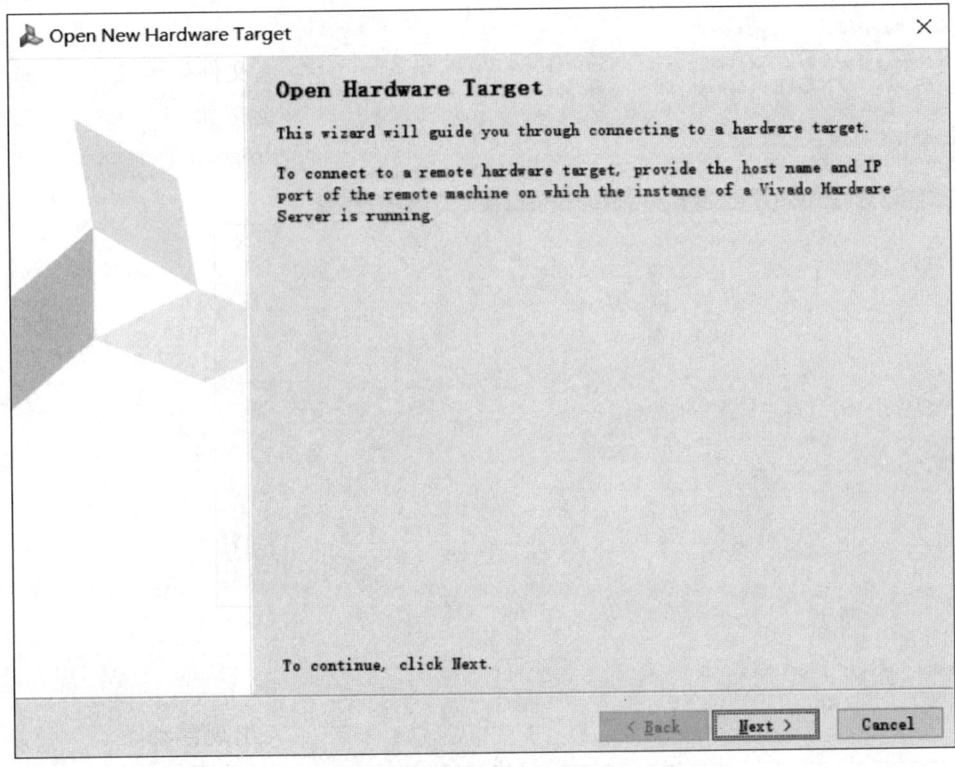

图 5－1－23　硬件目标界面

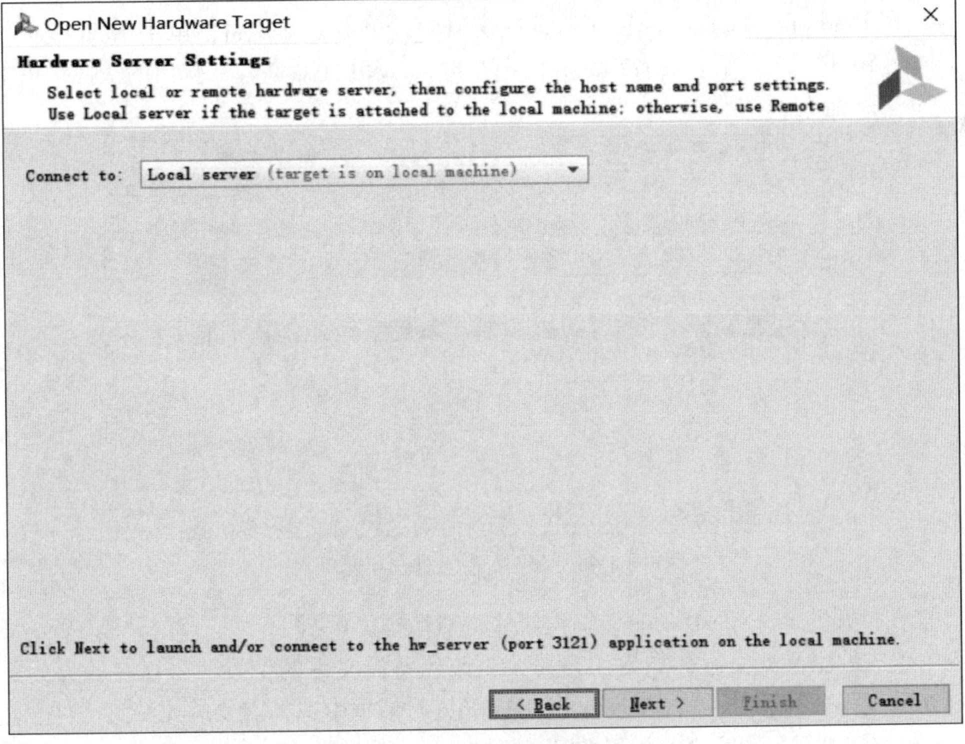

图 5－1－24　硬件服务器设置界面

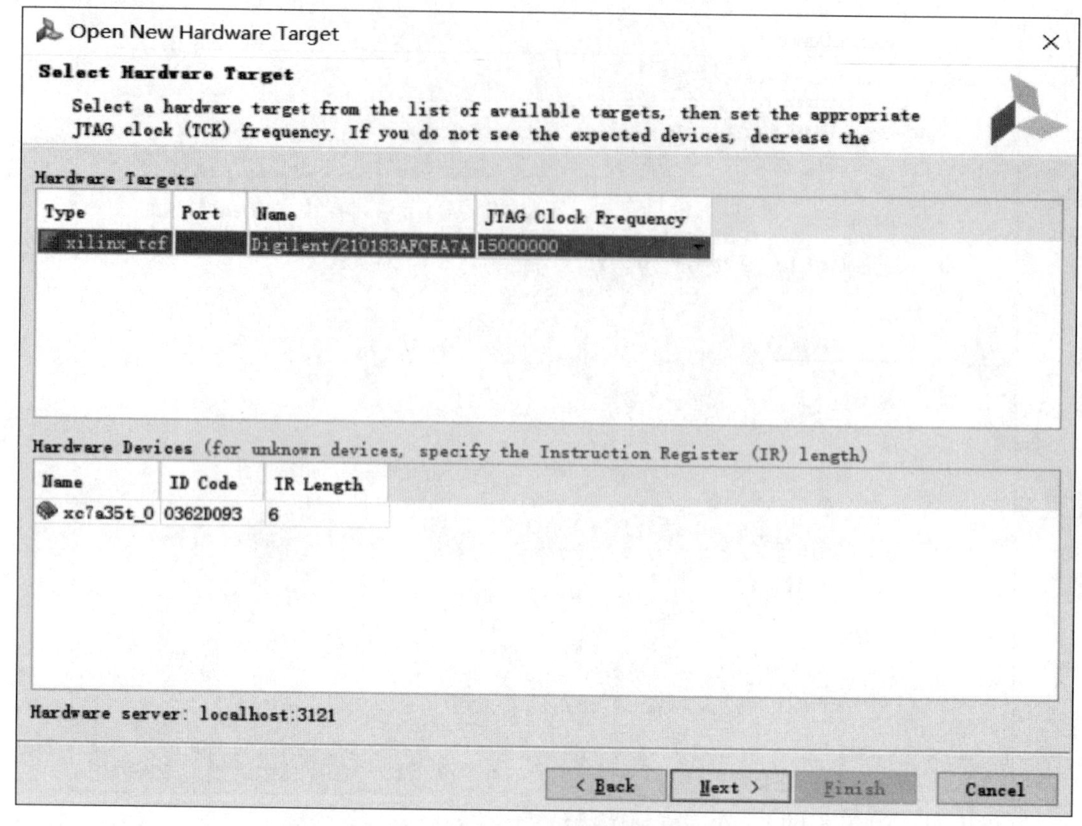

图 5－1－25　目标硬件对话框

（4）在 Hardware Manager 配置器件选项窗口中，单击上方提示语句中的 Program device 选项，如图 5－1－26 所示。或者在该界面中右击 xc7a35t 元器件，在弹出的快捷菜单中选择 Program device 命令。

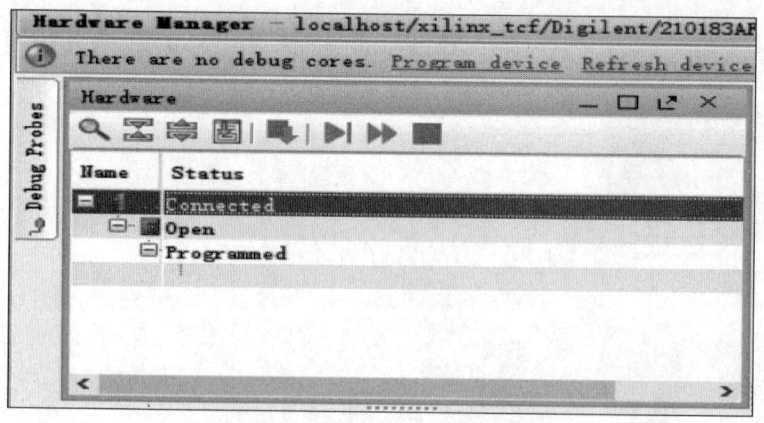

图 5－1－26　配置器件选项窗口

（5）在打开的 Program Device（编程器件）对话框。（见图 5－1－27）中，Vivado 自动关联刚刚生成的比特流文件，如果用户需要更改比特流文件的位置，可以在该界面下单击 Bitstream file 右侧的浏览按钮，在打开的 Open File 对话框中选择需要的比特流文件。然后单击 Program 按钮进行下载，进行板级验证。

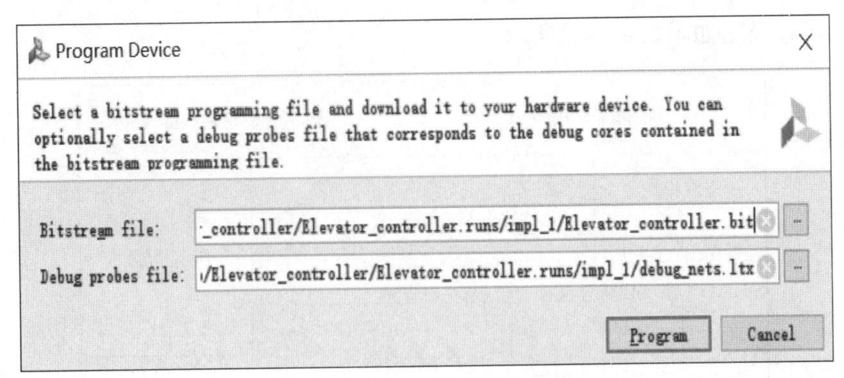

图 5－1－27　编程器件对话框

第二节　基于 Altera 的万年历实验

一、实验平台简介

FPGA 实验平台使用 Cyclone EP2C5Q208C8 芯片作为主控，它拥有 4 608 个 LEs（片上 RAM 共计 119 808 bit），13 个 18 × 18 硬件乘法器、2 个高性能 PLL 以及多达 142 个用户自定义 I/O。该实验平台提供了数码管、LED 点阵、LCD 液晶、温度模块、时钟模块和存储器模块等，不管从性能上，还是从系统灵活性上都能够满足教学要求。实验平台实物图如图 5－2－1 所示。

图 5－2－1　实验平台实物图

实验平台布局图如图 5－2－2 所示。

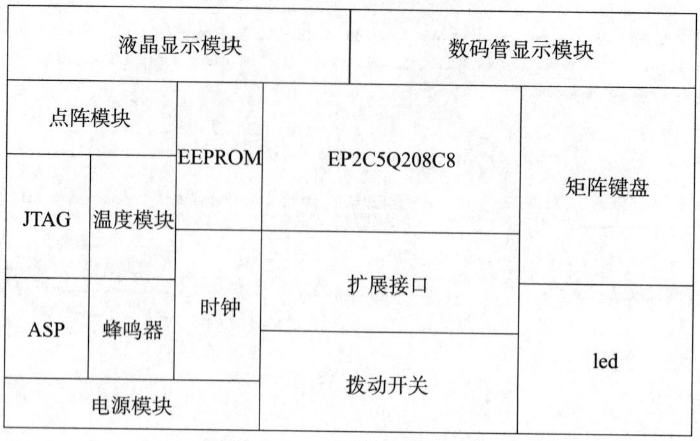

液晶显示模块
数码管显示模块
点阵模块
EEPROM
EP2C5Q208C8
矩阵键盘
JTAG
温度模块
扩展接口
时钟
ASP
蜂鸣器
led
拨动开关
电源模块

图 5－2－2　实验平台布局图

二、实验内容

本实验利用 Altera 公司的 FPGA 实现了 LCD 显示年、月、日、星期、小时、分钟和秒的功能，并且可通过按键对显示的数据进行调整。该实验将闹钟的优先级设置为高，当闹钟和整点时间发生冲突时，闹钟先亮。当到达闹钟或者整点时间时，闹钟前两个 LED 灯亮，整点后两个 LED 灯亮。

三、实验方法及原理

万年历系统框图如图 5－2－3 所示。

按键
输入
时钟
信号
液晶
显示
FPGA主
控芯片
复位
按键
时钟状
态指示

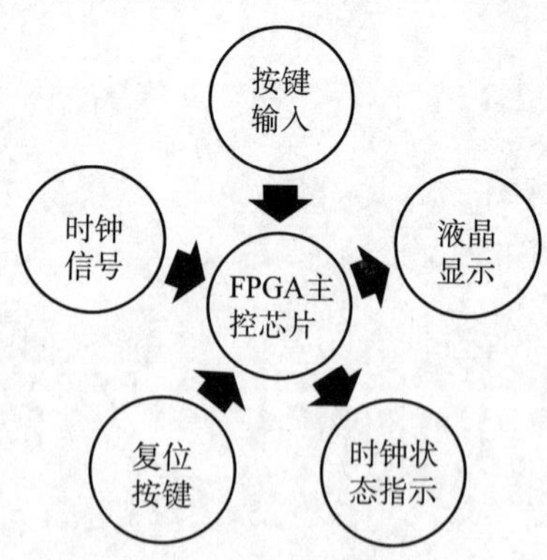

图 5－2－3　万年历系统框图

（一）系统输入/输出变量

本系统输入/输出变量如表 5－2－1 所示。

表 5-2-1　系统输入/输出变量

输入变量	输出变量
• 系统时钟：clk； • 系统复位按键：rst； • 按键输入：key1 ~ key3	• 液晶 8 位双向数据：data [0~7]； • 液晶使能端：en； • 液晶寄存器选择：rs； • 液晶读/写信号：rw； • 万年历状态指示灯：Led [0~3]

（二）系统设计

本实验的显示部分使用开发板上的 LCD1602 液晶，液晶上分别显示年、月、日、星期、小时、分钟和秒，通过 key1 ~ key3 按键对系统的时间和闹钟进行设置，4 个 LED 灯显示万年历的状态。

四、实验步骤

（一）创建新的工程项目

双击 Quartus II 图标，打开如图 5-2-4 所示的软件主界面。

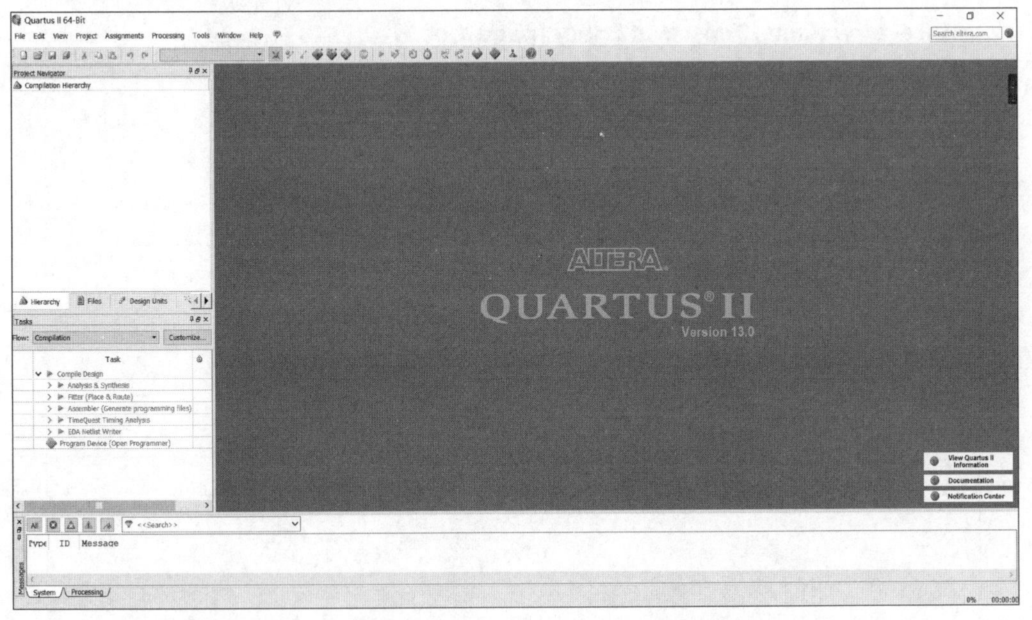

图 5-2-4　Quartus Ⅱ管理器

使用 New Project Wizard，可以为工程指定工作目录、分配工程名称以及指定最高层设计实体的名称。还可以指定要在工程中使用的设计文件、其他源文件、用户库和 EDA 工具，以及目标器件系列和器件（也可以让 Quartus II 软件自动选择器件）。

建立工程的步骤如下：

（1）选择 File→New Project Wizard 命令，如图 5-2-5 所示。

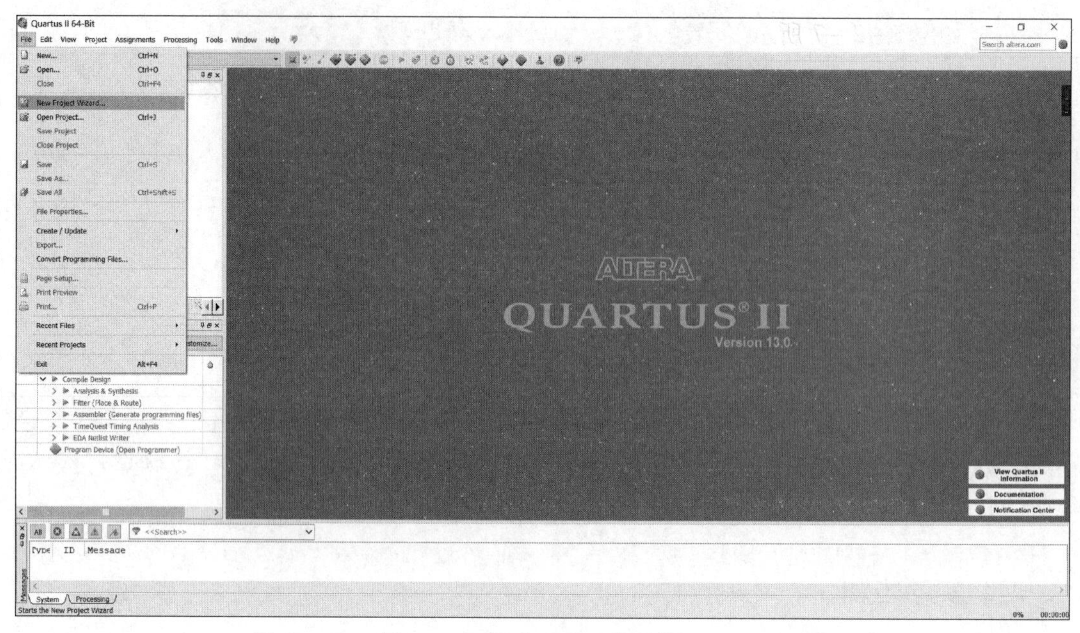

图 5-2-5　建立项目的屏幕图

（2）输入工作目录和项目名称，单击 Finish 按钮，如图 5-2-6 所示。

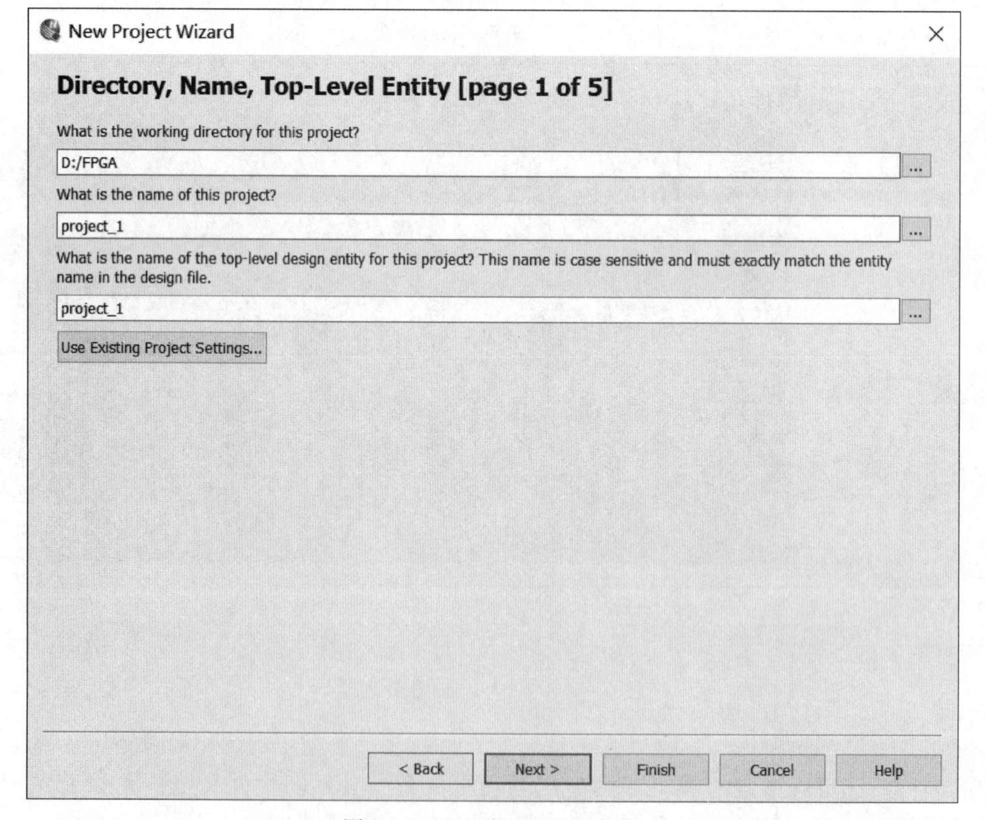

图 5-2-6　项目目录和名称

（3）加入已有的设计文件到项目，可以直接单击 Next 按钮，设计文件可以在设计过程中加入，如图 5 –2 –7 所示。

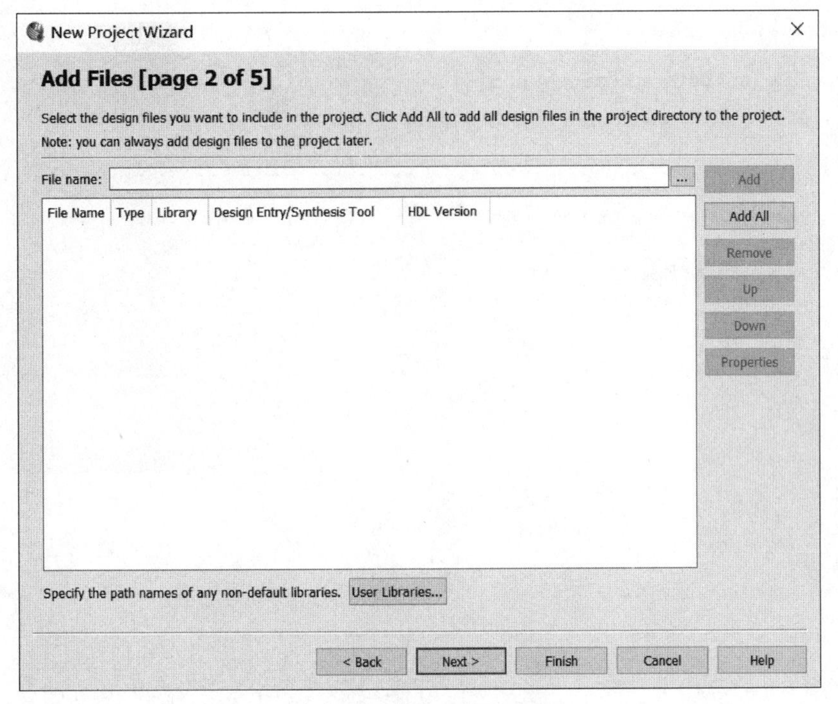

图 5 –2 –7　加入设计文件

（4）选择设计器件：选择仿真器和综合器类型（默认 None 为选择 Quartus Ⅱ自带的），选择目标芯片（开发板上的芯片类型），如图 5 –2 –8 所示。

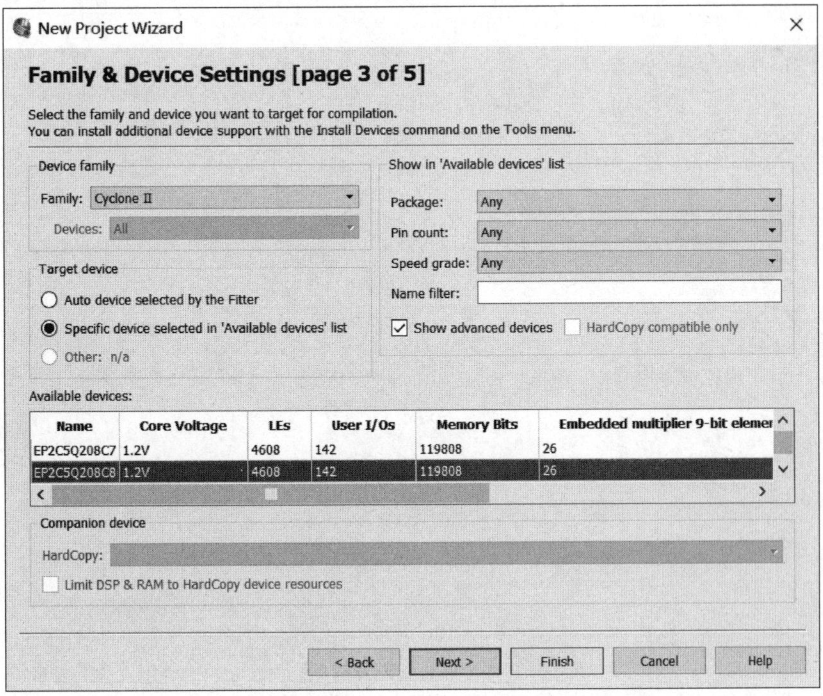

图 5 –2 –8　选择器件

（5）选择第三方 EDA 综合、仿真和时序分析工具如图 5－2－9 所示。

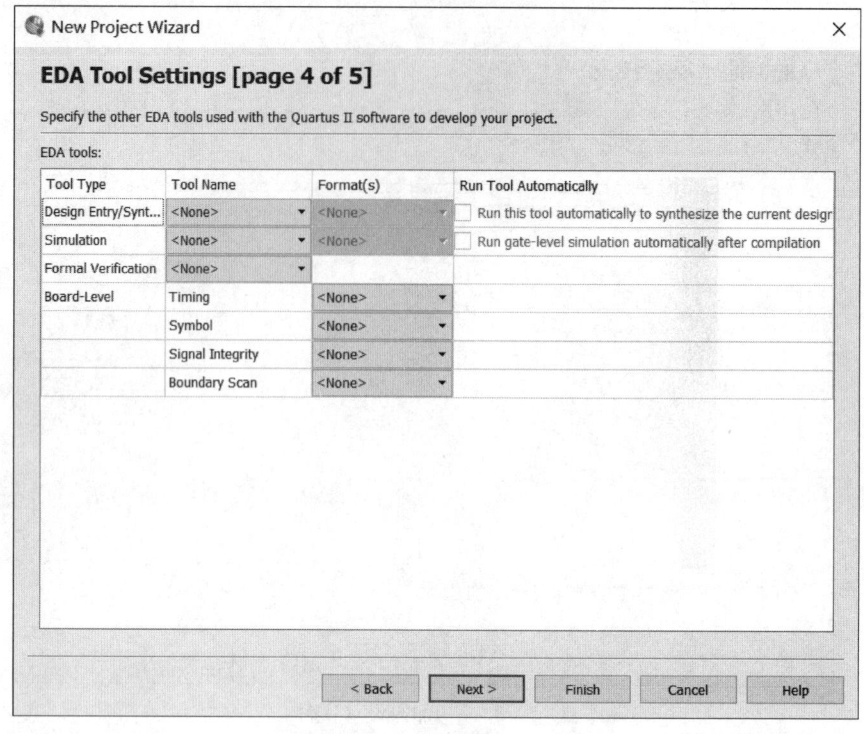

图 5－2－9 选择 EDA 工具

（6）显示项目概要，单击 Finish 按钮建立项目完成，如图 5－2－10 所示。

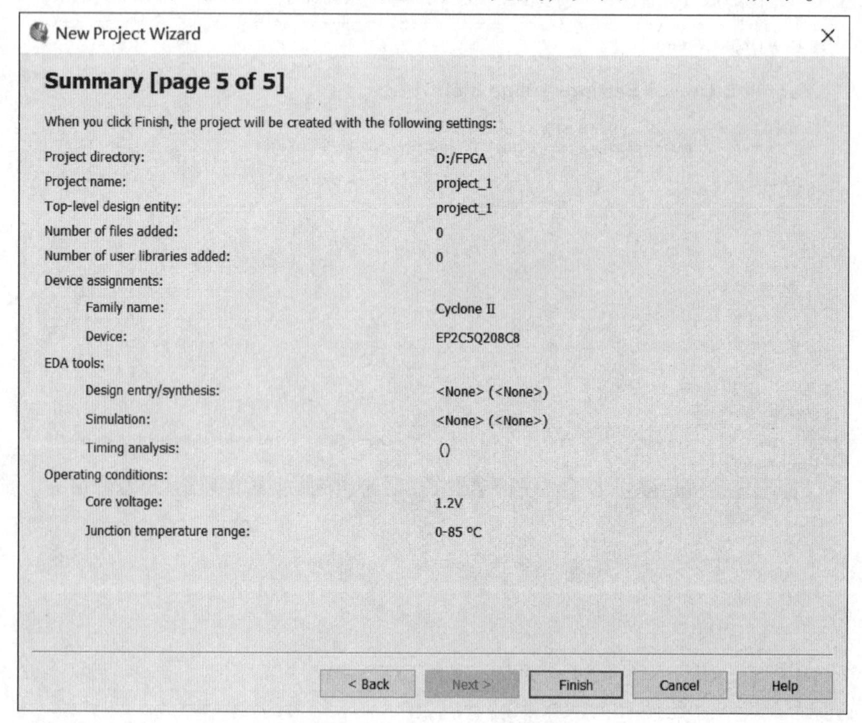

图 5－2－10 项目概要

（二）编写源文件

（1）在软件主窗口选择 File→New 命令，选择 Verilog HDL File 选项，如图 5 - 2 - 11 所示。

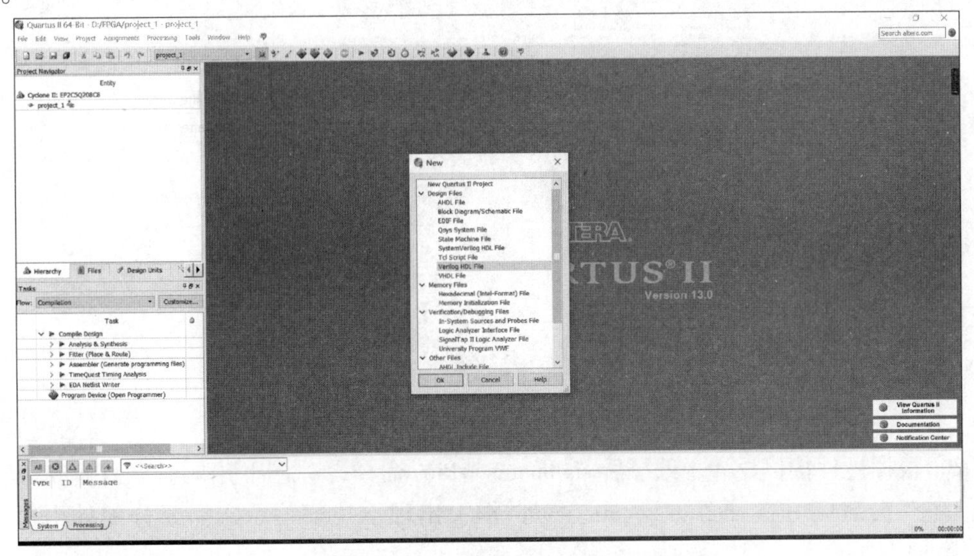

图 5 - 2 - 11　新建 Verilog HDL 文件

（2）单击 OK 按钮进入空白的文本编辑区，进行文本编辑，如图 5 - 2 - 12 所示。

图 5 - 2 - 12　文本编辑区

（三）文件编译及引脚分配

（1）启动全程编译。选择 Processing/Start Compilation 单击编译器快捷方式按钮 ▶，自动完成分析、排错、综合、适配、汇编及时序分析的全过程。编译过程中，错误信息通过下方的信息栏指示（红色字体）。双击此信息，可以定位到错误所在处，改正后在此进行编译直至排除所有错误。编译成功后，会弹出编译报告，显示相关编译信息，如图 5 - 2 - 13

所示。

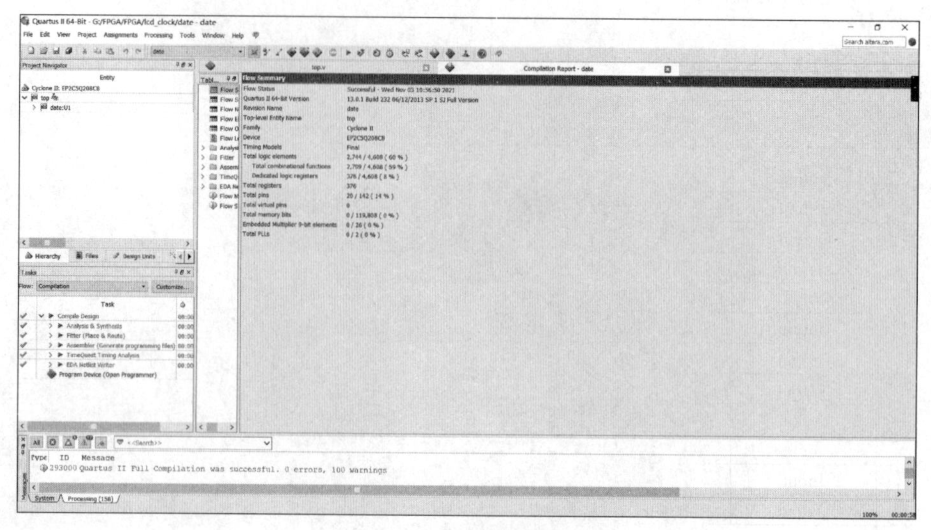

图 5－2－13　编译完成界面

（2）根据硬件接口设计，选择 Assignments→Pins 命令，对芯片引脚进行分配。

（3）双击对应引脚后面的 Location 空白框，出现下拉菜单后选择要分配的引脚，如图 5－2－14 所示。

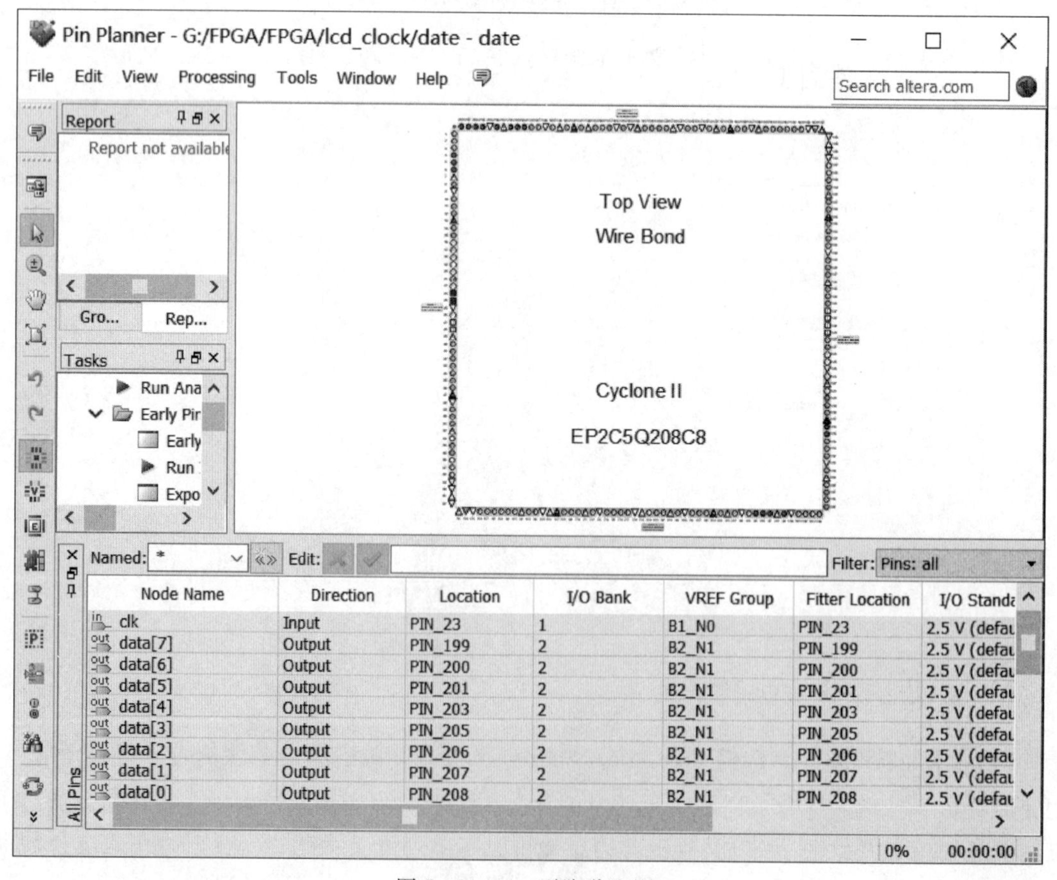

图 5－2－14　引脚分配图

（4）具体的引脚分配表如表 5－2－2 所示。

表 5－2－2　引脚分配表

Node Name	Direction	Location	I/O Bank	VREF Group	I/O Standard	Reserved
clk	Input	PIN_23	1	B1_NO		
data［7］	Output	PIN_199	2	B2_N1		
data［6］	Output	PIN_200	2	B2_N1		
data［5］	Output	PIN_201	2	B2_N1		
data［4］	Output	PIN_203	2	B2_N1		
data［3］	Output	PIN_205	2	B2_N1		
data［2］	Output	PIN_206	2	B2_N1		
data［1］	Output	PIN_207	2	B2_N1		
data［0］	Output	PIN_208	2	B2_N1		
en	Output	PIN_4	1	B1_NO		
key1	Input	PIN_117	3	B3_N1		
key2	Input	PIN_116	3	B3_N1		
key3	Input	PIN_115	3	B3_N1		
led［3］	Output	PIN_99	4	B4_NO		
led［2］	Output	PIN_97	4	B4_NO		
led［1］	Output	PIN_96	4	B4_NO		
led［0］	Output	PIN_95	4	B4_NO		
rs	Output	PIN_6	1	B1_NO		
rst	Input	PIN_24	1	B1_NO		
rw	Output	PIN_5	1	B1_NO		

（四）下载文件到 FPGA

（1）对目标板下载，单击按钮，屏幕显示如图 5－2－15 所示。

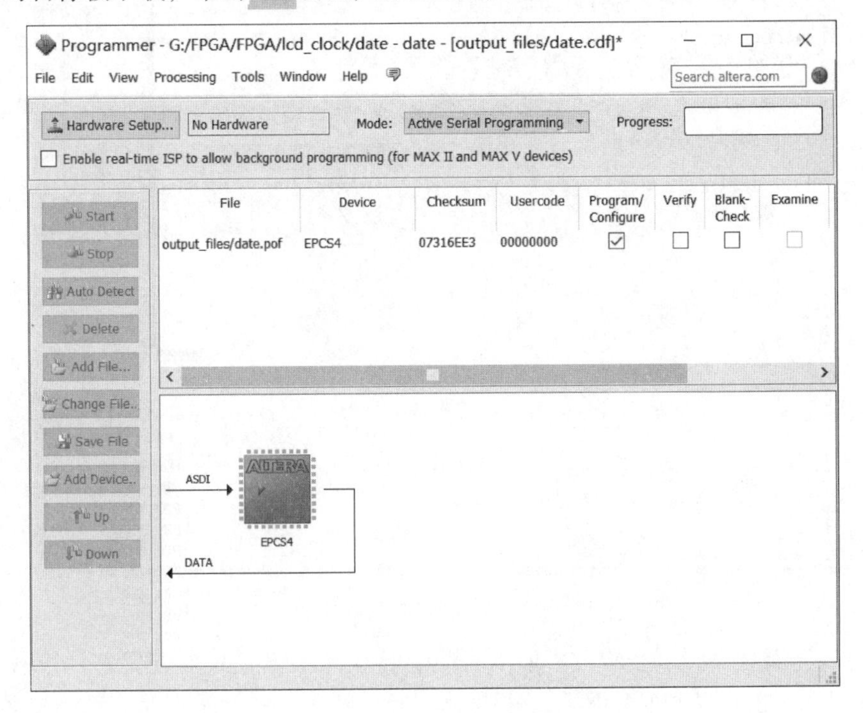

图 5－2－15　适配下载界面

（2）选择 Hardware Setup，如图 5 –2 –16 所示。

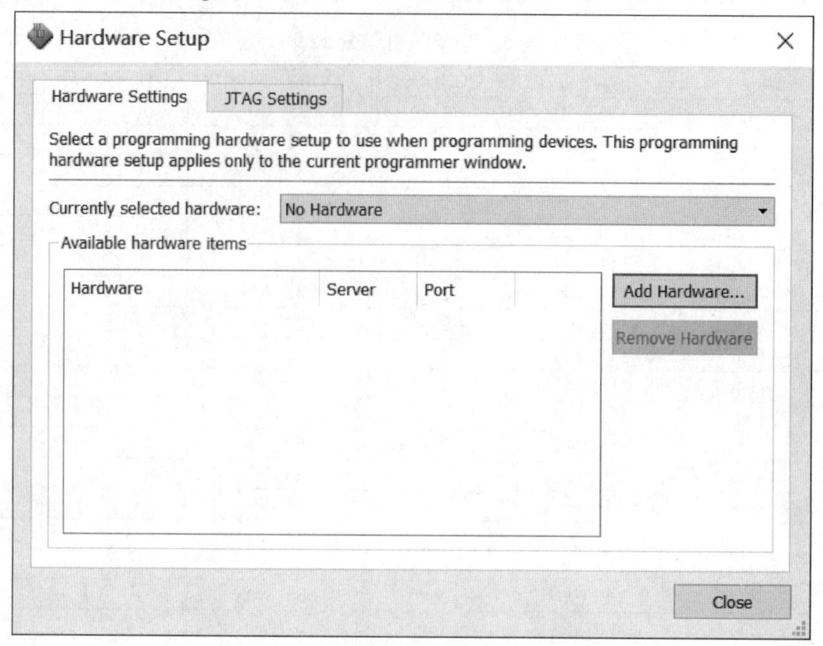

图 5 –2 –16　下载硬件设置图

（3）在图 5 –2 –16 中选择添加硬件 USB-Blaster，如图 5 –2 –17 所示。

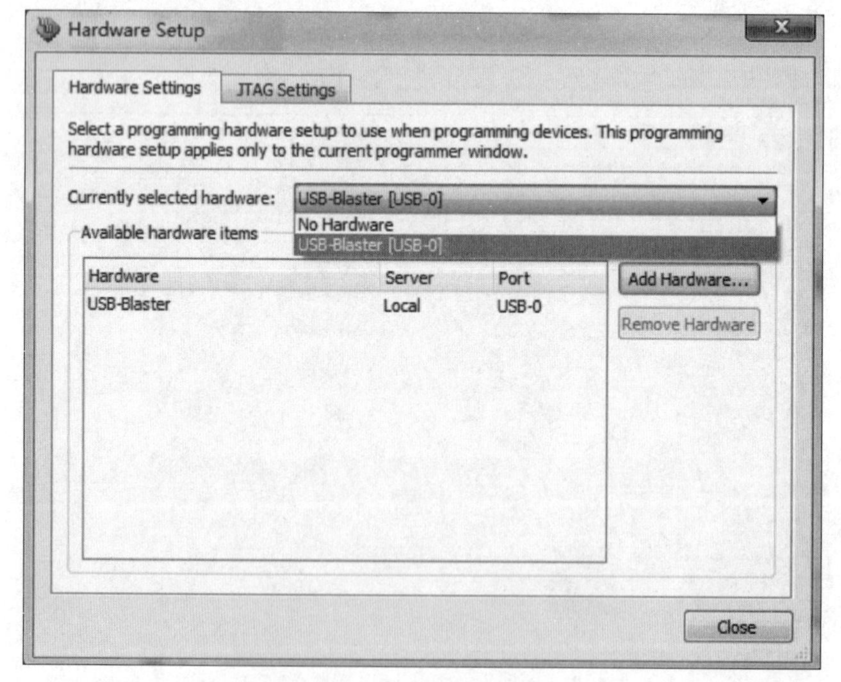

图 5 –2 –17　添加下载硬件图

（4）选择下载模式，本实验板可采用两种配置方式，AS 模式对配置芯片下载，可以掉电保持，而 JTGA 模式对 FPGA 下载，掉电后 FPGA 信息丢失，每次上电都需要重新配置，如图 5－2－18 所示。

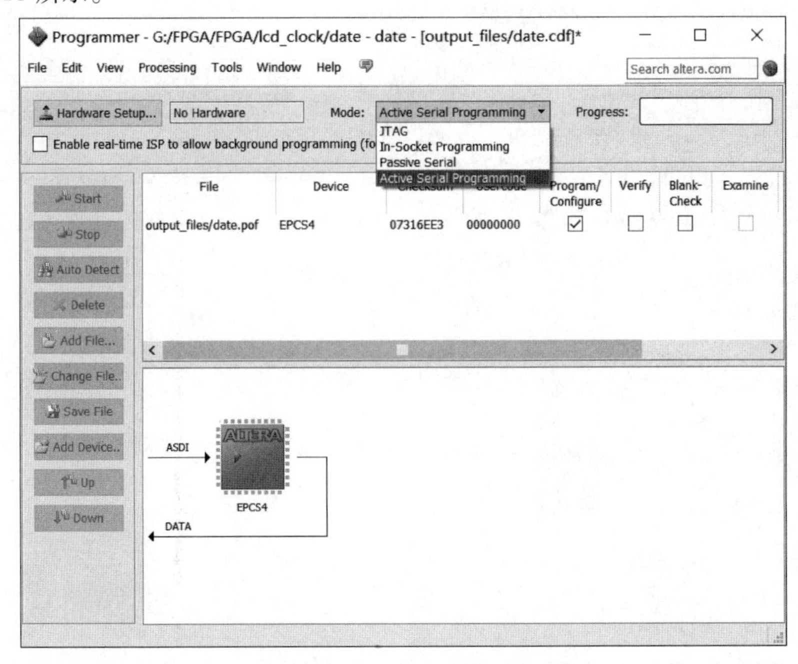

图 5－2－18　选择下载模式图

（5）选择下载文件和器件，JTAG 模式使用拓展名为 sof 的文件，AS 模式使用拓展名为 pof 的文件。下载模式图分别如图 5－2－19、图 5－2－20 所示。使用 AS 模式时，还要设置 Assignments 菜单下 Device，如图 5－2－21 所示。单击图 5－2－21 中的 Device and Pin Options，打开如图 5－2－22 所示对话框，选择使用的配置芯片。

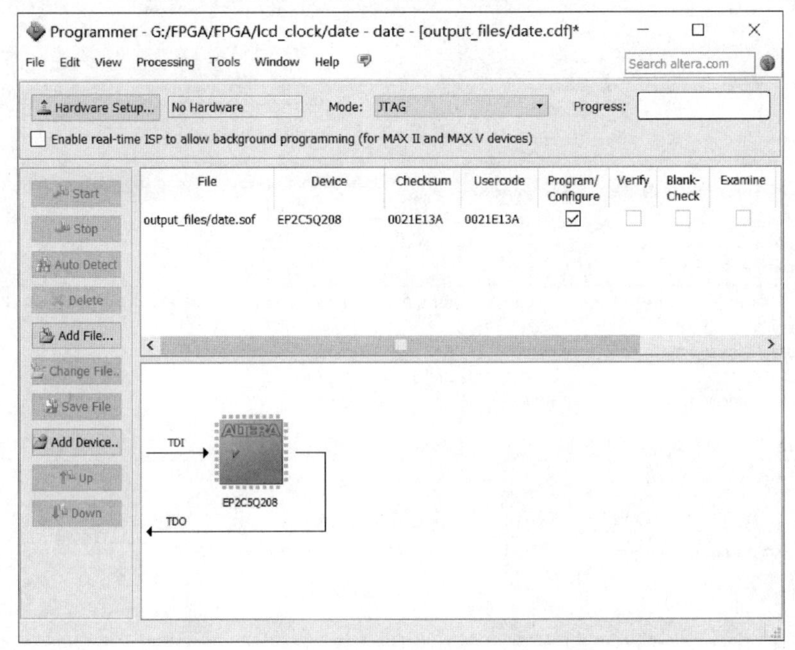

图 5－2－19　JTAG 下载模式图

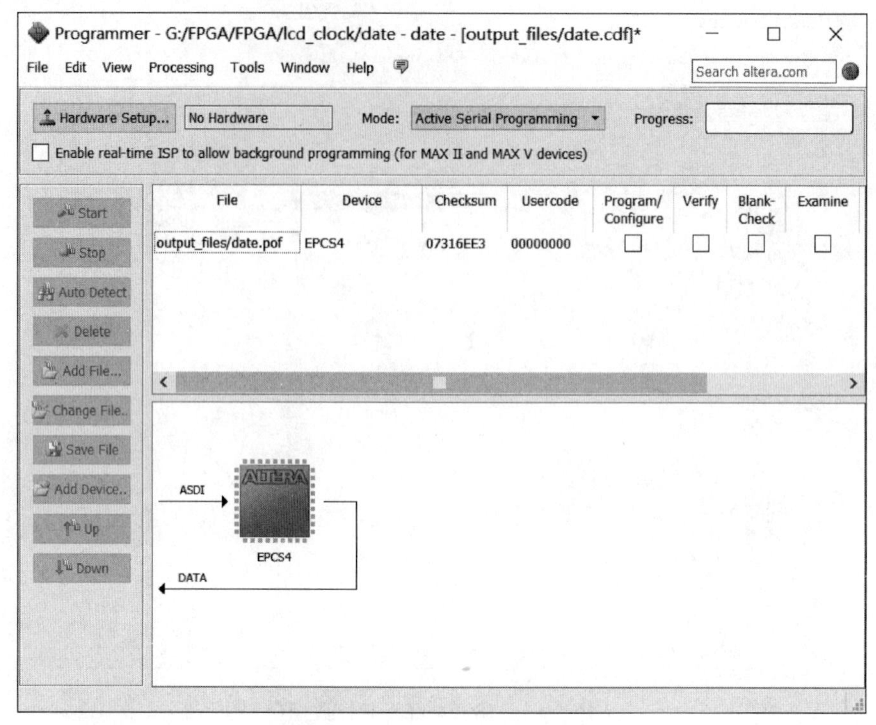

图 5－2－20　AS 下载模式图

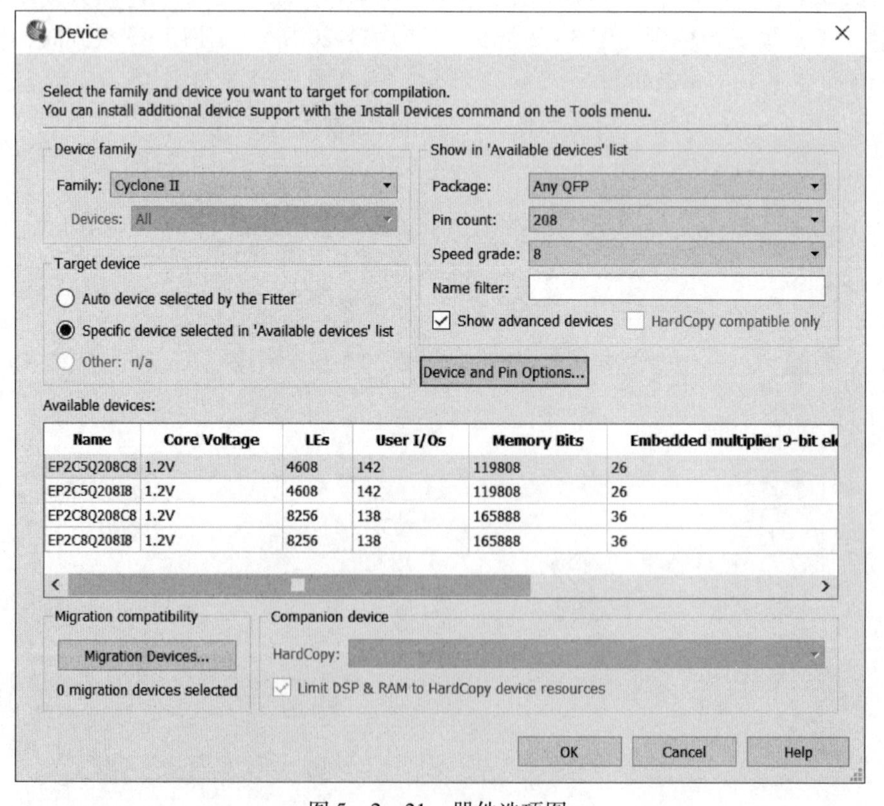

图 5－2－21　器件选项图

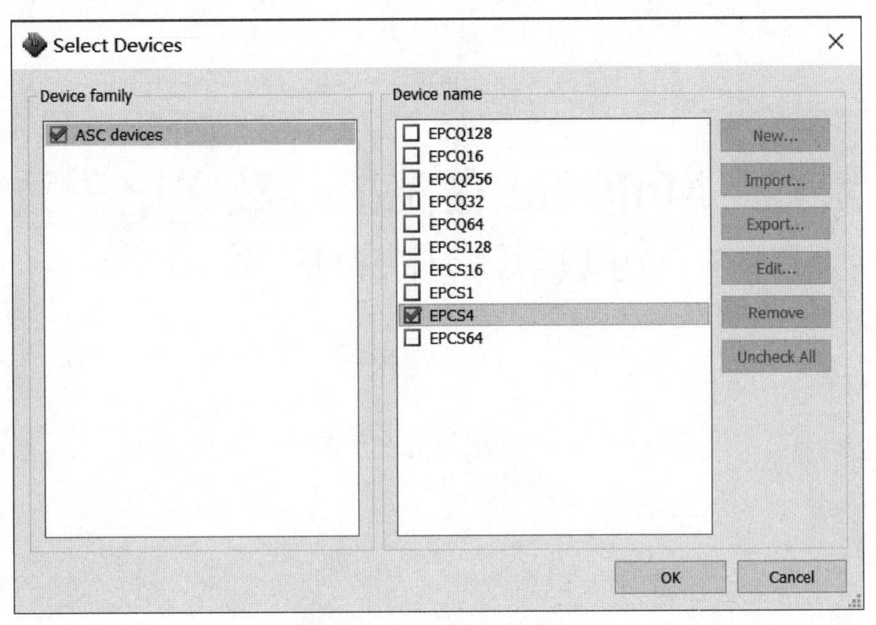

图 5-2-22　配置芯片选择图

（6）单击 Start 按钮，开始下载。

第六章　Multisim在模拟与数字电子技术仿真实验中的应用

第一节　Multisim功能与特点

一、常用仿真软件比较

电子电路仿真技术，通常意义上而言，主要是通过对电子器件以及电路模块，用数学模型的方式表达出来，而后再通过精确的数值分析，最终精确地把握电路的实际工作状态。电子电路仿真软件具有海量而齐全的电子元器件库和先进的虚拟仪器、仪表，十分方便仿真与测试；仿真电路的连接简单、快捷、智能化，不需要焊接，使用仪器调试不用担心损坏；大幅减少了设计时间及成本；可进行多种准确而复杂的电路分析等特点。因此，电路仿真软件技术的应用大大推动了电子技术应用开发进程。也是当今相关专业工作者及学习者必须掌握的技术之一。随着电子电路仿真技术的不断发展，许多公司推出了各种功能先进、性能强劲的仿真软件。目前主要有以下几款主流仿真软件：

1. Altium Designer

Altium Designer继承了Protel 99SE、Protel DXP的功能和优点，全面集成了FPGA设计功能和SOPC设计实现功能，主要用于原理图设计、电路仿真、PCB绘制编辑等。Altium Designer的缺点是对复杂板的设计不及Cadence。

2. Tina

Tina的界面简单直观，元器件不算多，但是分类很好，而且TI公司的元器件最齐全。在比赛时经常用到TI公司的元器件，当在Multisim找不到对应的器件时，就会用到Tina来仿真。

Tina的缺点是功能相对较少，对TI公司之外的元器件支持较少。

3. Proteus

Proteus作为一款集电路仿真、PCB设计、单片机仿真于一体的软件，它的动态仿真是基于帧和动画的，因而提供了很好的实时显示视觉效果。Proteus支持单片机汇编语言的编辑、编译、源码级仿真，内带8051、AVR、PIC的汇编编译器，也可以与第三方集成编译环境（如IAR、Keil和Hitech）结合，进行高级语言的源码级仿真和调试。缺点是对电路的数据计算方面不足。

4. Cadence

Cadence 收购并整合了 Pspice 的功能，涵盖了电子设计的整个流程，包括系统级设计，功能验证，IC 综合及布局布线，模拟、混合信号及射频 IC 设计，全定制集成电路设计，IC 物理验证，PCB 设计和硬件仿真建模等。Cadence 是对复杂 EDA 设计的首选。

Cadence 的缺点是操作较为复杂，比较适合复杂板的开发。

5. Matlab 仿真工具包 Simulink

Simulink 是 Matlab 软件包中最重要的功能模块之一，是交互式、模块化的建模和仿真的动态分析系统。在电力电子领域，通常利用 Simulink 建立电力电子装置的简化模型组成系统进行控制器的设计和仿真。其数据处理十分有效、精细，运行速度较快，但是其主要是对理想模型的仿真。

6. Multisim

在模电、数电的复杂电路虚拟仿真方面，Multisim 是首屈一指的。它有形象化的极其真实的虚拟仪器，无论界面的外观还是内在的功能，都达到了最高水平。它有专业的界面和分类，强大而复杂的功能，对数据的计算方面极其准确，特别是模拟电路方面。同时，Multisim 不仅支持 MCU，还支持汇编语言和 C 语言为单片机注入程序，并有与之配套的制版软件 NI Ultiboard 10，可以从电路设计到制板一条龙服务。

二、Multisim 的发展

Electronics Workbench（EWB）即“虚拟电子工作台”，是 1995 年加拿大图像交互技术公司（Interactive Image Technologies，IIT）推出的用于电路仿真与设计的 EDA（电子设计自动化）软件。1999 年，Interactive Image Technologies 公司与 Ultimate Technology 合并，公司取名为 Electronics Workbench，并将 Electronics Workbench 改名为 Multisim，推出 Multisim2001 版，2004 年升级到 Multisim 8。它在功能和操作方法上既继承了前者优点，又在功能和操作方法上有了较大改进，极大地扩充了元器件数据库．增强了仿真电路的实用性。增加了功率表、失真仪、光谱分析仪、网络分析仪等测试仪表，扩充电路的调试功能并支持 vHDL 和 Verilog 语言的电路仿真和设计。

2005 年，Electronics Workbench 公司被美国 National Instrument（NI）公司收购，发布 Multisim 9。与以前版本有着本质的区别。不仅继承了 Mvmw 8 图形开发环境和强大的交互测量的功能，拥有大容量的元器件库、多种常用的虚拟仪器仪表，还与虚拟仪器软件结合，极大地提高了模拟测试能力。2007 年，NI Multisim 10 面世，软件名称前冠名了 NI。2010 年，推出了 NI Multisim 11，包含了 Multisim 和 Ultiboard 两部分。为了适用不同的应用场合，NI 又相继推出了 Multisim 12、13、14、15、17 等版本，而且在不断地更新升级中。Multisim 12 帮助用户将复杂的图像内容，更加直观的模式呈现出来，在思路更加清晰的电路原理之上，对仿真操作有了全新的定义，设计也有了别致的技术和原理，打造了完善的操作流程；Multisim 13 是一款可以形成不同形式线路图电路板设计软件，通过该系统用户可以模拟多种电子线路结果，此版本在功能上相比于其他版本新增了更多细小功能；Multisim 14 为用户提供专业的仿真工具，在假设的所有环境下，都可以通这款软件进行投放演示出来，能得到十分详细的信息分析；Multisim 15 在数据分析上进行了更全面的功能优化，可对于整体数据分类检测使用，通过软件的使用可快速检测出所需要文件内容，解决了之前零部件无法分网检测的难题；multisim 17 可以立即创建具有完整组件库的电路图，并利用工业标准 spice 模拟器模仿电路行为，借助专业的高级 spice 分析和虚拟仪器，能在设计流程中及早对电路设计进行验证。

三、Multisim 的功能与特点

Multisim 意为“万能仿真”，可以对电路中的元器件设置故障，如开路、短路和不同程度的漏电等，并针对不同故障给出电路的各种状态，从而加深对电路原理的理解。在进行仿真的同时，它还可以存储测试点的所有数据、测试仪器的工作状态、显示波形和具体数据，列出所有被仿真电路的元器件清单等。Multisim 有多种输入/输出接口，与 SPICE 软件兼容，可相互转换。产生的电路文件可以直接输出至常见的 Protel、Tango、Orcad 等印制电路板排版软件。可以进行模拟电路、数字电路和混合电路的仿真，特别适合高校电类课程的教学和实验应用。使用 MultiSim 可以使学生更好、更快地掌握电子线路的原理与概念，预先熟悉常用电子仪器的使用方法，提高分析问题解决问题甚至开发创新的能力。对于电路设计者来说，MultiSim 是一种优秀的 EDA 工具，简单易用，可以节约资金，大大缩短设计开发周期。

Multisim 是以 Windows 为基础的板级仿真工具，适用于电子线路的仿真及线路板的设计，该工具在一个程序包中汇总了原理图或框图输入、Spice 仿真、HDL 设计输入和仿真、可编程逻辑综合及其他设计能力，是一套完整的系统设计工具。其强大功能包含：

（1）元器件编辑、选取、放置；电路图编辑、绘制。

（2）电路工作状况测试；电路特性分析。

（3）电路图报表输出打印；档案转入/转出；PCB 文件转换功能。

（4）结合 SPICE、VHDL、Verilog 共同仿真；高阶 RF 设计功能。

（5）虚拟仪器测试及分析功能。

（6）电路的自动设计。

（7）真实的 3D 效果电路。

这里就目前使用较多的 Multisim 14 进行介绍。

四、Multisim 14.0 新特性

（1）主动分析模式。全新的主动分析模式可让用户更快速地获得仿真结果和运行分析。

（2）电压、电流和功率探针。全新的电压、电路、功率和数字探针，使仿真结果可视化增强。

（3）了解基于 Digilent FPGA 板卡支持的数字逻辑。使用 Multisim 探索原始 VHDL 格式的逻辑数字原理图，以便在各种 FPGA 数字教学平台上运行。

（4）基于 Multisim 和 MPLAB 的微控制器教学。全新的 MPLAB 教学应用程序集成了 Multisim 14，可用于实现微控制器和外设仿真。

（5）借助 Ultiboard 完成高年级设计项目。Ultiboard 学生版新增了 Gerber 和 PCB 制造文件导出函数，以帮助学生完成毕业设计项目。

（6）用于 iPad 的 Multisim Touch。借助全新的 iPad 版 Multisim，随时随地进行电路仿真。

（7）来自领先制造商的 6 000 多种新组件。借助领先半导体制造商的新版和升级版仿真模型，扩展模拟和混合模式应用。

（8）先进的电源设计。借助来自 NXP 和美国国际整流器公司开发的全新 MOSFET 和 IGBT，搭建先进的电源电路。

（9）基于 Multisim 和 MPLAB 的微控制器设计。借助 Multisim 与 MPLAB 之间的新协同仿真功能，使用数字逻辑搭建完整的模拟电路系统和微控制器。

第二节　Multisim14 的基本使用方法

一、界面介绍

Multisim14 的主界面主要包括标题栏、菜单栏、工具栏、项目管理器、工作区域、电子表格视图（信息窗口）及状态栏七大部分菜单栏，如图 6－2－1 所示。

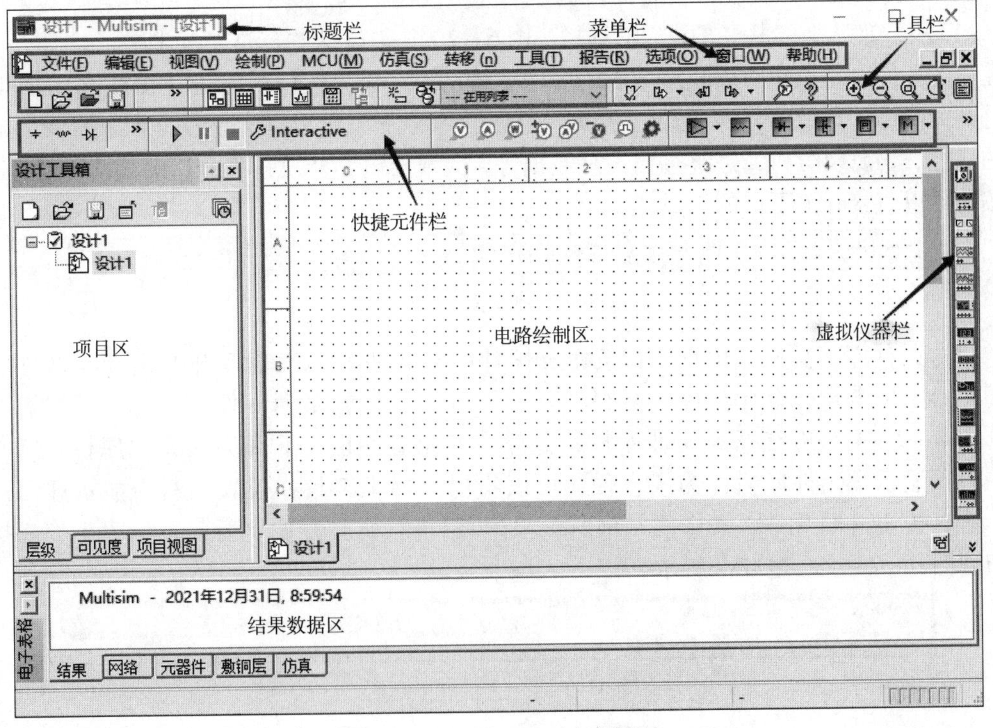

图 6－2－1　Mutisim 14 主界面

1. 标题栏

显示当前打开软件的名称及当前文件的路径、名称。

2. 菜单栏

菜单栏提供了各类命令，如图 6 – 2 – 2 所示。其使用方法等同于 Windows 其他应用软件。

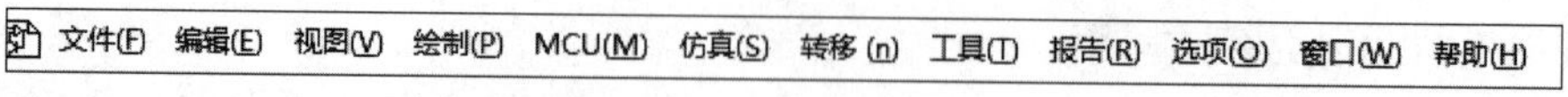

文件(F) 编辑(E) 视图(V) 绘制(P) MCU(M) 仿真(S) 转移(n) 工具(T) 报告(R) 选项(O) 窗口(W) 帮助(H)

图 6 – 2 – 2　菜单栏

这里介绍一下简单电路常用命令的含义：

（1）绘制（Place）：绘制电路图时，根据设计需要，向电路设计区放置元器件、节点、总线、说明文字、标题、模块电路、多图电路等。

（2）仿真（Simulate）：启动仿真功能（Run）、放置各种虚拟仪器（Intruments）、选择仿真项目（Analyses）、设置仿真参数（Seting）等。

（3）工具（Tools）：数据库操作、标准电路生成、元器件重命名和替换、电路检测工具以及一些编辑器工具等。

（4）转移（Transfer）：主要用于将仿真通过的电路转换为 PCB 所需的文件。

（5）生成报表（Report）：生成与电路相关的各种报表，如主要的元器件清单，可以将其存为文本文件。

3. 工具栏

Multisim 收集了一些比较常用功能，将它们图标化以方便用户操作使用。主要包括“标准”工具栏、“主”工具栏、元件库工具栏和虚拟仪器栏等。

（1）“标准”工具栏、“主”工具栏：图 6 – 2 – 3 左边是“标准”工具栏，主要是一些快捷命令按钮，与菜单命令相对应。需要注意的是第三个蓝色打开按钮（红框内），可以直接打开 Multisim 自带的样例电路，初学者可以学习一下。右边是“主”工具栏，可进行电路的建立、仿真及分析，最终输出设计数据等，完成对电路从设计到分析的全部工作，其中的按钮可以直接开关下层的工具栏。

--- In-Use List ---

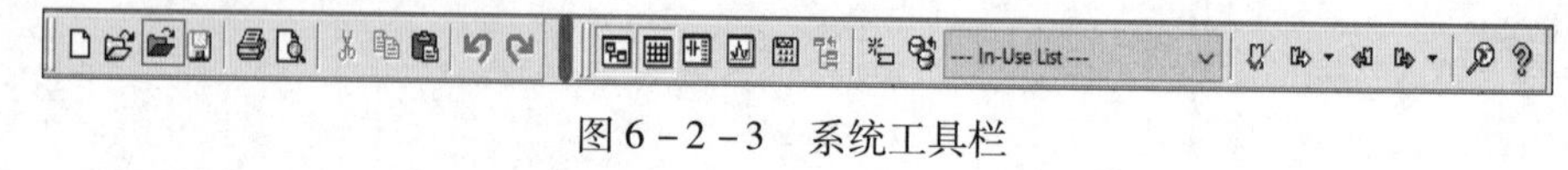

图 6 – 2 – 3　系统工具栏

（2）元件库工具栏、仿真运行按钮及探针：元器件工具栏是打开并选择元器件库的快捷工具。单击某一个元件库工具栏图标，即可打开相应系列元件库，可以根据需要选择。图 6 – 2 – 4 左边红框为元件库栏，上部为实元器件栏，下部为虚元件库栏。基本界面一般不显示虚元件库栏，为了方便，可以将鼠标置于工具栏位置，右击显示虚元件图标。仿真按钮（图 6 – 2 – 4 中间红框所示）：可以进行仿真开始、暂停及结束工作。探针按钮如图 6 – 2 – 4 右边红框所示。

Interactive

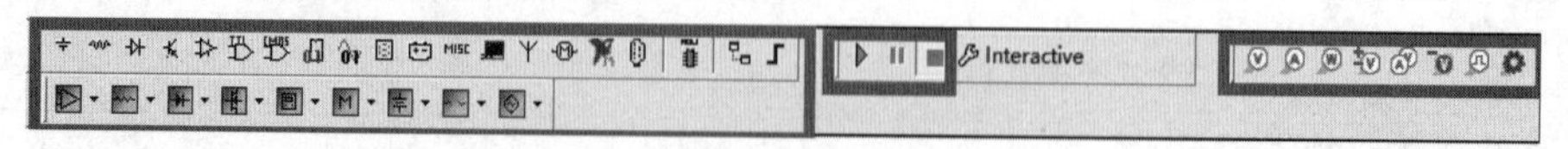

图 6 – 2 – 4　元件库工具栏

（3）虚拟仪器栏：图 6 – 2 – 5 虚拟仪器栏提供了 21 种仪器，以供各种情况下使用。

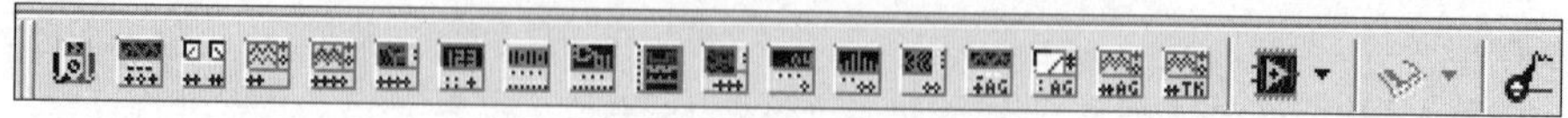

图 6 – 2 – 5　虚拟仪器栏

4. 项目管理区（Design Toolbox）

包括三项内容：

（1）电路组成结构区（Hierarchy）：显示当前电路组成结构情况，比如可以观察子电路、公用电路、三维面包板等层次结构。

（2）显示状态区（Visibility）：选择当前电路的显示状态，可以根据需要显示与否。

（3）电路工程结构区（ProjectView）：显示当前电路工程的构成情况，对于一个有较多模块或子电路组成的电路，需要建立一个电路工程项目，把所有有关的文件分类放于其内，非常便于管理。

5. 电路设计区

供用户设计原理图绘制、搭建和编辑电路用。

6. 数据表观察区（SpreadsheetView）

数据表观察区，也称为“信息窗口”，在该窗口中可实时显示文件运行阶段消息。包括 4 个选项：

（1）运行结果框（Results）：显示电路语法检测结果等。

（2）电路节点框（Nets）：观察电路节点情况。单击某节点，对应该节点所连接的线路会被选中。据此，可以查看或编辑该线路。

（3）元器件框（Components）：观察电路所使用的元器件情况。

（4）PCB 层（PCB Layers）：观察电路 PCB 的情况。

7. 状态栏

在进行各种操作时状态栏都会实时显示一些相关的信息，以便在设计过程中及时查看。

在上述图形界面中，除了标题栏和菜单栏之外，其余的各部分可以根据需要进行打开与关闭。

二、Multisim 14 简单电路仿真的流程与步骤

对于一个新用户，尤其是高校的学生，首先要掌握 Multisim 软件电路仿真的基本使用方法。一般简单电路设计流程如图 6－2－6 所示。

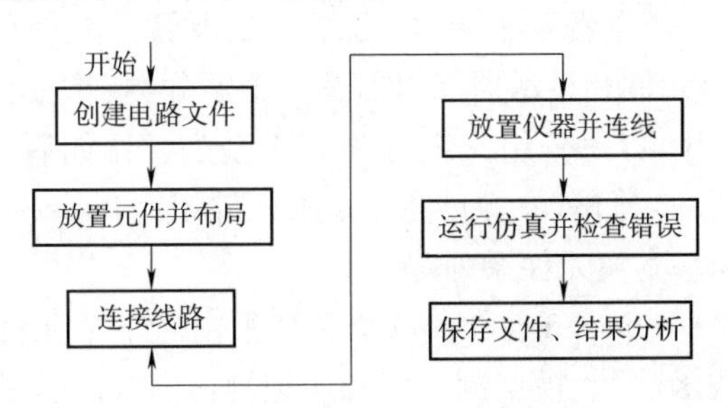

图 6－2－6　电路图设计流程图

（一）熟悉 Multisim 14 设计环境和元器件库

对于设计环境，前面已做了介绍，这里主要对元器件库进行介绍。单击 Multisim 主界面

快捷元器件工具栏中的任意图标，或使用菜单或右击选择 Place/component 命令打开元件库，如图 6 - 2 - 7 所示。

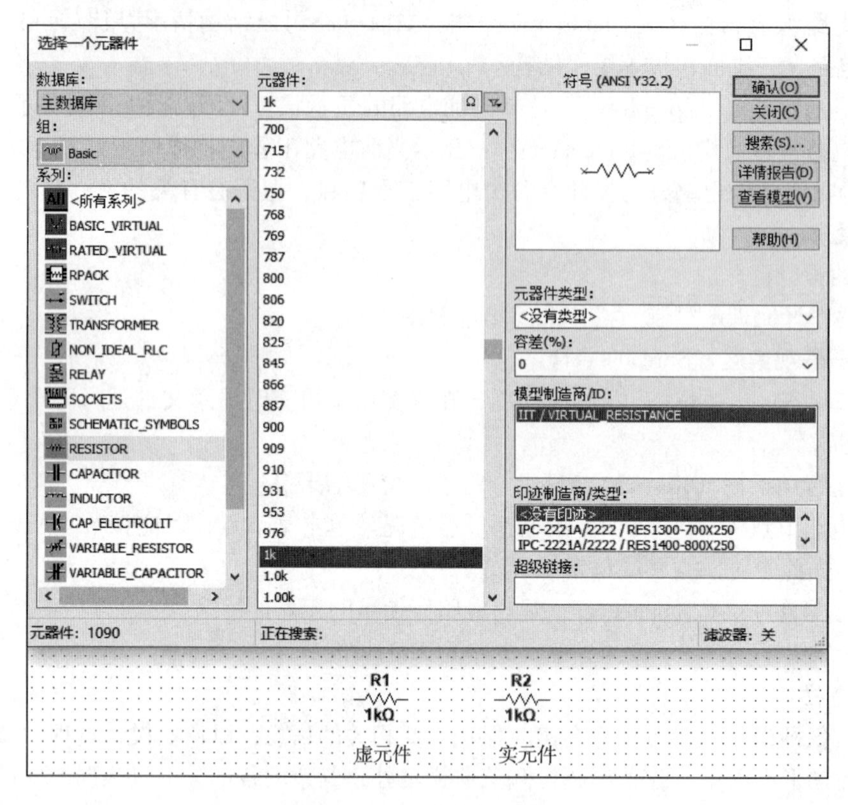

图 6 - 2 - 7　元件库对话框

元件库由主元件库、企业库和用户库组成。主元件库是指 Multisim 自带的包括常用的众多元器件，不允许用户修改；企业库是指个人或团体创建的元器件，也能被其他用户使用；用户库是指用来保存由用户修改、导入或创建的元器件，仅能供用户自己使用。下面就主元件库结构及使用进行介绍。图 6 - 2 - 8 所示为主元件库的分类层次结构：

第一层　组（Group）：电源类、基本元件、二极管、晶体管、运放、TTL、CMOS、MCU 集成电路、数模混合元件和显示器等组以及一个不分类别的元件组。

第二层　系列（Family）：每一组又细分为若干系列，比如源类组（Sources），分为交直流电源、信号源等系列，它们都是实元件；基本元件组（Basices），包括基本虚拟元件系列、额定虚拟元件系列和基本实元件系列等。

第三层　目标元器件（Compernent）：每个系列下由若干个元件组成，每个元件都有其模型符号、模型类型（或函数）、模型制造商和印记制造商等。但是，虚拟元件是没有印记的，而且实元件系列中如果选择元件为没有印记，就变成了虚元件。

熟悉了软件界面和元件库后，通过单击主界面工具栏图标，调入一个 MultiSim 软件自带的设计文件范例，从范例中可以学习元件的调用、命名、布局；电路连线（单线和总线）的规范使用方法；标题的添加和注释方法等。从而使自己的电路图更具有专业规范性和可读性，如图 6 - 2 - 9 所示。

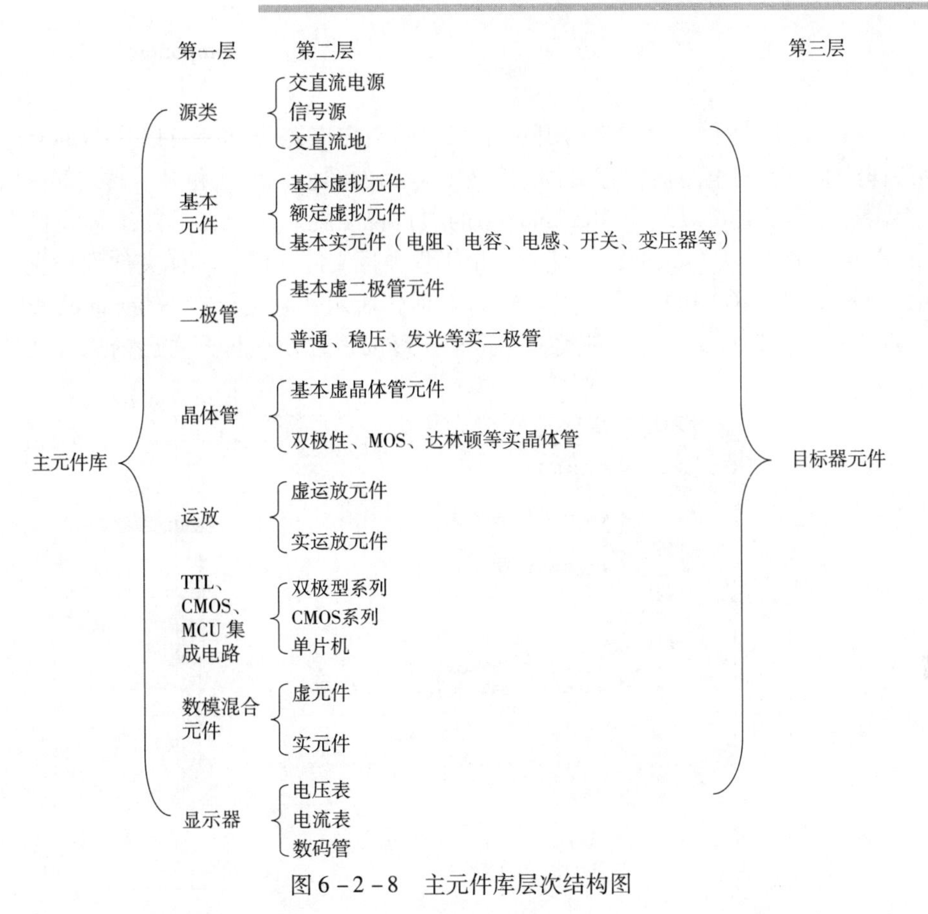

图 6－2－8　主元件库层次结构图

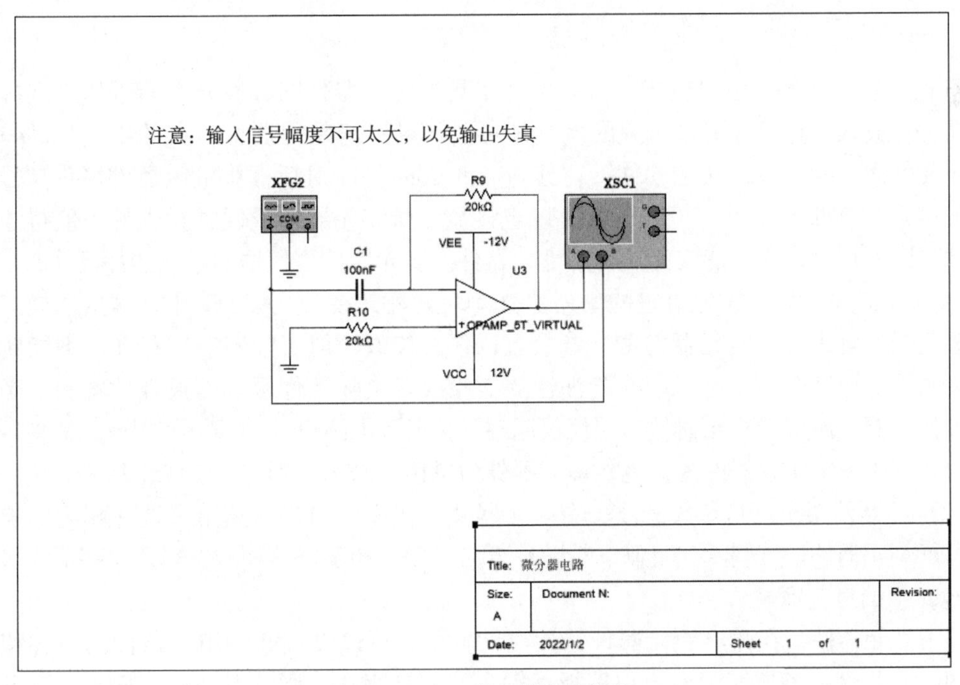

图 6－2－9　微分器设计电路

（二）创建电路文件

运行 Multisim 14 软件，会自动打开一个默认的空白电路界面，可以像 Windows 其他应用软件一样绘制或编辑电路后保存文件。当然，电路的颜色、尺寸和显示模式都可以订制。

这里需要强调的是可以使用 Multisim 14 的项目视图栏，建立自己的工程项目文件。即利用 File 菜单下的 New/ Project 命令建立一个工程项目文件，调入其他文件到相应的显示文件夹中，如图 6－2－10 中的“设计工具箱”对话框所示。它主要有 Schematic、PCB、Simlation、Document 和 Report 五种文件类型。这样，可以很方便地打开自己的工程文件 Project 来集中管理。

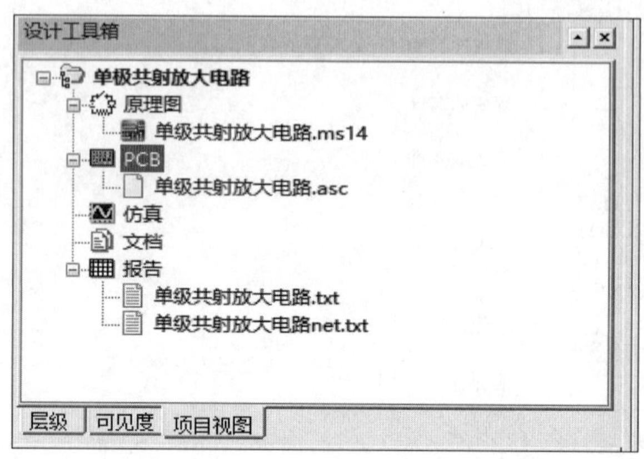

图 6－2－10　项目视图栏

（三）放置元器件、布局和连线

（1）放置元器件。一般直接单击元器件工具栏中元器件图标打开元器件库，选择需要的元器件，放入电路设计窗口希望的位置即可。如果不清楚元器件所在的组（Group），可以使用元件库中的 Search 按钮功能，在其 Search Compnent 对话框中输入器件名称型号甚至名称的第一个字母等（如 7 400），就可以直接显示所需元器件或同类元器件。值得注意的是，选择元器件时，要分清实元器件和虚元器件。实元器件是根据实际元器件设计的，可以生成 PCB 元器件，其参数为给定的系列值（不可随意改变），实际设计时尽量选择实元器件。虚元器件是相对于实元器件的，参数可以任意修改，但实际不一定存在，不能转换成 PCB 元器件，原理图中。对于一些验证性的实验或者实际条件限制的设计性实验，必须用实元器件，而不能用虚拟元器件。但仅仅原理分析或者电路设计初期，使用虚元器件则更加方便。在电路图中实元器件为蓝色，虚元器件为黑色，以示区别。

（2）元器件操作及其参数修改。右击元器件，在弹出的快捷菜单中选择相应的操作命令，即可对元器件进行删除、复制、粘贴、方向、颜色和字体等项的编辑。这些命令等同于菜单 Edit 中的对应项。

双击某元器件，在弹出的元器件特性对话框中，可以设置或编辑元器件的各种特性参数，如电位器 R_P，双击，设置电位器滑动触点控制键为 A。调试电路时，直接按键盘上的【A】键，则 R_P 值增加，按【Shift＋A】组合键，R_P 值减小。元器件不同，选项下对应不同的参数。虚拟元器件可编辑参数较多，对实元器件而言，应避免对元器件的模型参数进行编辑修改。

（3）器件布局、连线和存盘。元器件选择好以后，需要遵从一般规则合理布局，将它们分别排列在原理图中恰当的位置：信号自左向右，元器件排列整齐、平衡、美观、易于阅读并预留空间给连线。把需要的所有的元器件按照规划布局好后，进行连线。连线有自动连线和手动连线之分。自动连线方法是用鼠标左键依次单击需要连接的两个端点，软件会自动完成连线，它选择引脚间最好的路径，可以避免连线与元器件重叠。手工连线要求用户自己控制连线路径，鼠标左键在连线途中需要经过的地方放下后再继续到达终点。软件还可以从连线的中间点开始连线。其方法是单击菜单 Place/Juction，然后在连线上添加节点，之后再进行连线。在实际中常常是自动连线与手动连线结合起来使用。如果连线错误可以修改，方法是把鼠标箭头指向需要修改连线所在的节点处，当鼠标由箭头变为叉的箭头时，按住鼠标左键移动到正确的位置放下即可；连线、节点颜色命名等都可以修改，而且必要时可以用 Bus 总线形式连线，在此不再赘述。连线完成，检查无误后，存盘结束。

（四）添加虚拟仿真仪器

Multisim 14 提供一个具有 21 种虚拟仪器的仪器工具栏，包括 NI Multisim 14 的仪器库存储有数字多用表、函数信号发生器、示波器、频率特性测试仪、字信号发生器、逻辑分析仪、逻辑转换仪、功率表、失真度分析仪、网络分析仪和光谱分析仪等，默认位于原理图工作区的右边一列。使用时可以用鼠标从工具栏上拖动至原理图适当位置单击放置。仪器放置好后如同元器件一样进行连线。双击仪器图标可打开仪器的控制面板，在该面板中可以设置仪器的参数，如图 6 – 2 – 11 所示。这些虚拟仪器仪表的参数设置、使用方法等与真实仪器基本一致，可以根据需要选取使用。下面介绍模数电实验常用的六种仪器：

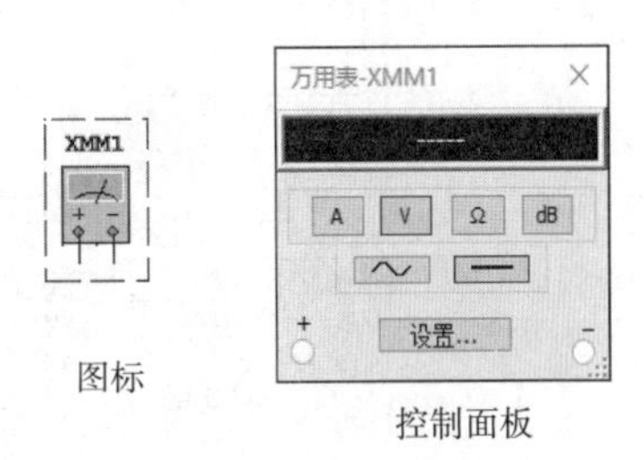

图 6 – 2 – 11　万用表图标及控制面板

（1）万用表。万用表是一种可用来测量交直流电压、交直流电流及电阻等的多用表。使用时注意直流、交流选用和电压、电流、电阻物理量的选用，一般控制面板上的“设置”按钮不需要操作。

（2）示波器。示波器是最常用的测量波形传输特性曲线等的虚拟仪器。与实际示波器类似，以双通道示波器为例，图中右上为示波器的图标，可以连线到电路中。通道 A 或 B 左端为信号线，右端接地。注意地线可以不连，这时默认连接电路的地。图 6 – 2 – 12 下面是示波器控制面板，主要由波形显示区，时基、通道 A、通道 B 及触发等部分组成。

单击面板下方的白色框（如刻度），会出现上下箭头，单击箭头即可设置其参数，如时基的刻度，通道的刻度、波形上下的位移等；单机最下面的按钮，可以进行显示方式、输入耦合方式、触发方式的设置，与实际示波器基本一致，在此不再赘述。

（3）逻辑分析仪。逻辑分析仪用于对数字逻辑信号的高速采集和时序分析，可以同步记录和显示 16 路数字信号，图 6 – 2 – 13 仅显示了 6 路信号波形。左侧控制面板，右侧为图标。控制面板由显示区、显示设置及游标、时钟和触发等部分组成。显示区显示被测信号及触发信号波形。背景颜色默认为黑色，可通过“反向”按钮改变为白色；波形采集显示可通过“停止”按钮暂停；开通“重置”按钮重新开始显示。游标 T1、T2 可以显示时刻和数值。“时钟”区可设置每格显示的时钟数；单击“设置”按钮可对时钟做进一步的设置，如图 6－2－14 所示，包括时钟源、频率及采样设置。使用时一般时钟源设置为“内部”时钟，频率经常选择与信号源时钟源频率一致；采样设置一般为默认。触发区的“设置”为默认即可。另外，外部（C）、限定字（Q）和（T）一般不用。

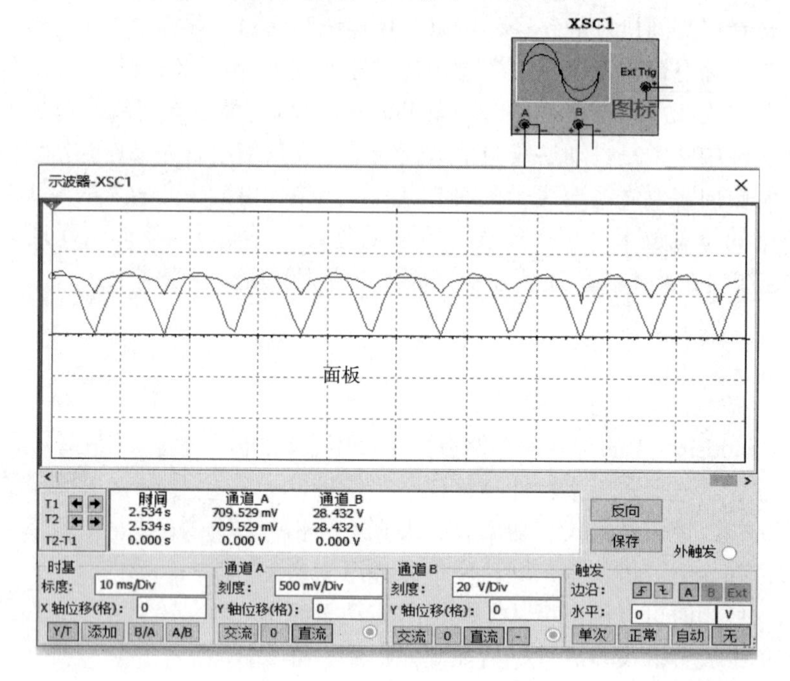

图 6－2－12　逻辑分析仪图

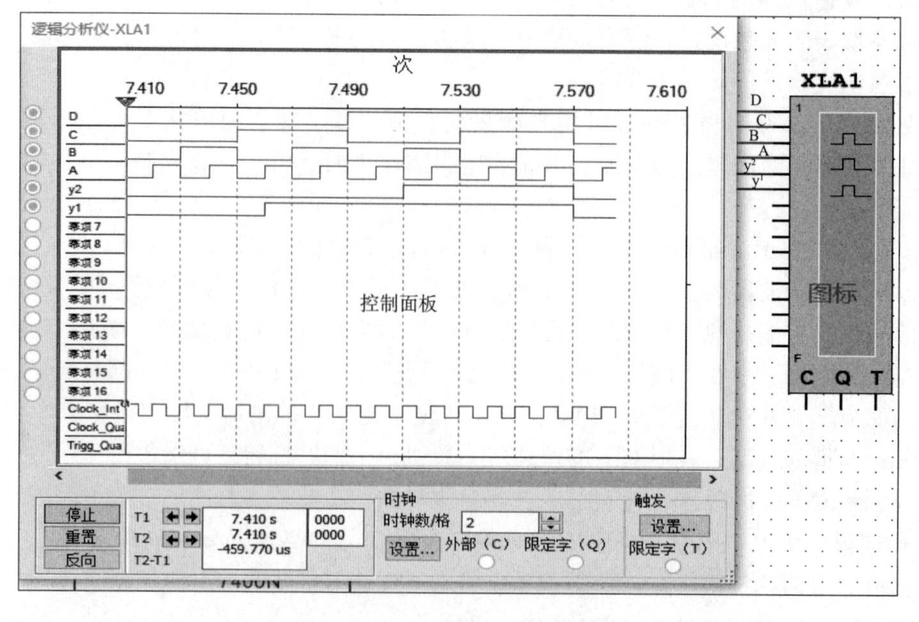

图 6－2－13　逻辑分析仪分析图

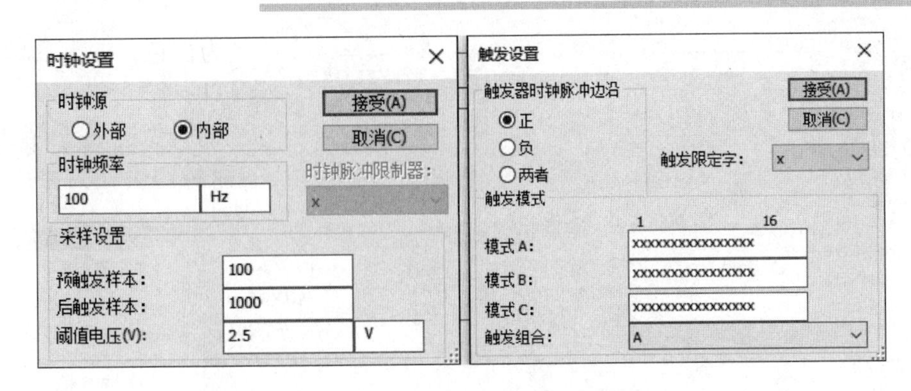

图 6－2－14　逻辑分析仪设置图

（4）测量探针。在整个电路仿真过程中，测量探针可以用来对电路的某个点的电位或某条支路的电流以及频率等特性进行动态测试，直接显示交直流量、频率值，使用灵活方便。

（5）函数发生器。函数发生器是可提供正弦波、三角波、方波三种不同波形信号的电压信号源。共有三个输出端，电源“＋”、“－”和“普通”。面板设置简单清晰，如图 6－2－15 函数发生器图所示，在此不再赘述。

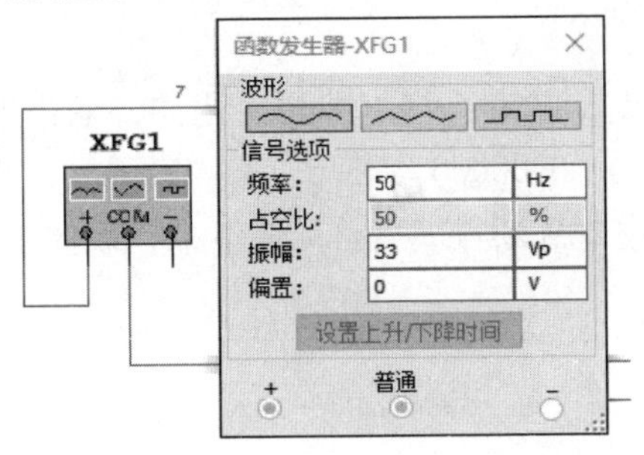

图 6－2－15　函数发生器图

（6）字发生器。字发生器是能够产生 32 路（位）同步逻辑信号的一个多路逻辑信号源，如图 6－2－16 所示。其中左下图为图标，它包含有 32 路字接线端子及应答接线端子（R）和外触发接线端子（T）。接线时注意字接线端子的高低位（最高位 31，最低位 0），一般由低位到高位顺序。简单电路 R、T 可以悬空不接。

右图为控制面板，是信号发生器的参数设置部分，面板由控件、触发、频率、显示和字显示编辑区（右框）部分组成。“控件”用来设置字符编辑显示区输出方式：有循环、单帧、单步和重新设置 4 种模式，静态测试选择“单步”，动态测试选择“循环”。“触发”简单电路选择默认的“内部”出发。“频率”设置在静态测试选择 100 Hz 以下，动态测试选择 1 kHz 以上为宜。“显示”有十六进制、十进制、二进制、ASCII 码四种格式供选择。

字信号输入操作方法：将光标指针移至字信号编辑区的某一位，单击后，由键盘输入字信号，光标自左至右，自上至下移位，可连续地输入字信号。如果输入的字是有规律的，可以单击“设置”按钮，点开即可选择字符变化规律。如选择“上数计数器”则“字显示编辑区”显示连续递增数。另外，可以根据需要设置起点、终点、断点等。方法是将鼠标放

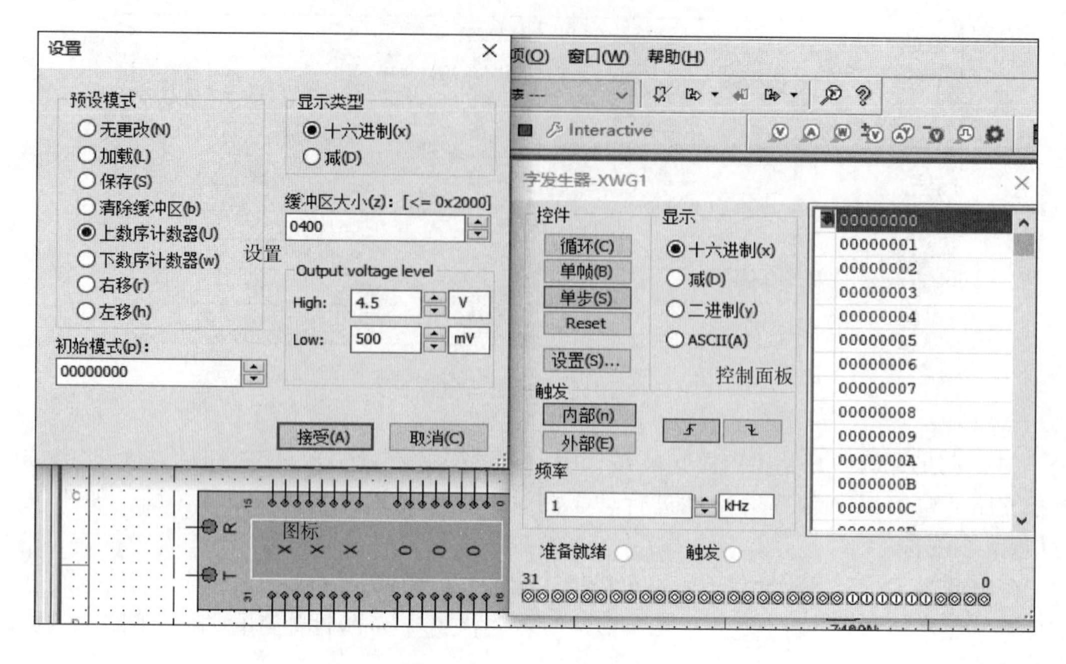

图 6-2-16　字发生器图

于某个位置，右击，选择起点、断点、终点即可。比如，输出四个信号（相邻信号为倍频关系），0~15 个字，设置起点 00000000 如图 6-2-17 所示，终点为 0000000F。如果设置了断点，则在循环执行过程中碰到断点就会自动停下来，以便于检查。如果要继续，只需单击仿真启动键即可。

（五）开始仿真

电路绘制好后，开始仿真，打开菜单 Simulate/Run 或者单击快捷按钮（Run/Stop），软件自动检查线路。如果没有错误，则可以打开并观察虚拟仪器并分析结果等。如果有错，Multisim 自动中断运行。可以根据提示或数据表观察区检查修改电路，修改结束后重新仿真，直到通过为止。

（六）电路注释

电路仿真通过之后，根据需要，选择 Place/ Title Block 或 Place/ Text 或 Place/Comment 等命令，来添加标题栏和文本等来注释电路。

第三节　Multisim 在实验中的应用举例

前面简单介绍了 Multisim 的基本使用方法，下面介绍 Multisim 在模电、数电实验的应用举例。

一、单极共射放大电路

（一）原理图输入

打开晶体管库选择合适的器件；打开基本元器件 BASIC 库分别选择相应的电阻、电容、电位器等；打开电源库，选择 PORWER_ SOURCES 系列的直流电源 Vcc、GROUND，SIGNAL_ VOTAGE_ SOURCES 系列的激励信号源 AC_ VOLTAGE。为了调试方便，增加一个电位器来调节信号幅度，增加一个开关，来增加或取消负载，如图 6 - 3 - 1 所示。

（二）添加虚拟仪器并设置参数

1. 添加示波器

选择主窗口右侧虚拟仪器栏（与菜单 Simulate/Instruments 命令等同效果）的双踪示波器（Oscilloscope），放置于输出端。之后连线，连线时注意示波器的接线端子含义以及连接线的颜色设置：A 与输出端连接，B 连接输入端，T 悬空（一般使用内触发即悬空），G 为接地端可以悬空（悬空即默认为电路地），连线结果如图 6 - 3 - 1 所示。为了区分信号波形，经常设置不同连线颜色，双击连线可以设置颜色和命名，本例输出连线为红色，输入连线为蓝色。

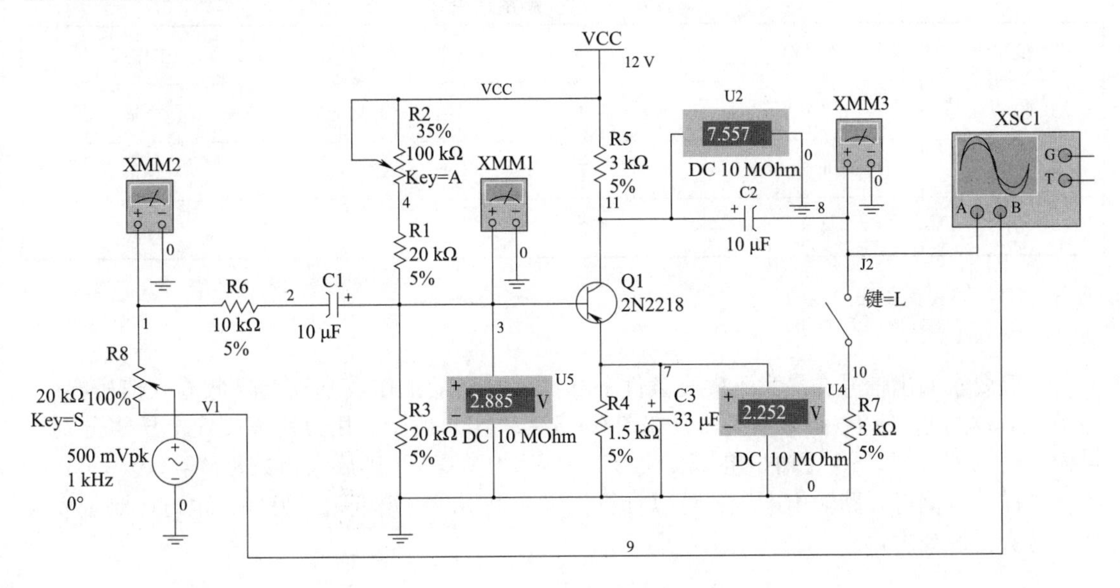

图 6 - 3 - 1　放大电路图

为了完整、清晰、易观察显示波形，可以根据信号特性及仿真要求设置示波器。如图 6 - 3 - 2 时基区：时基标度，根据被测信号频率 1 kHz，可设为 500 μs/Div（单击时基框设置）；通道 A 区：因接输出信号 U_o，刻度是 2 V/Div；通道 B 区，因接输入信号 U_i，刻度是500 mV/Div；另外，耦合方式选择“交流”，触发选择“自动”，背景颜色设置白色。

2. 添加电压表

添加虚拟仪器库里的万用表，也可以添加元器件库▣里的直流电压表，如图6－3－1所示。万用表功能强，直流表比较直观。这里万用表仅测交流量。

（三）调整工作点

为了增大动态范围，负载线中点被视为合适的工作点，输出波形的失真特征是双向对称失真。据此，软件运行后，打开示波器，调节电位器R8使其最大，调节R2（电位器触点约30%位置）使示波器波形正半周顶部和负半周底部共同失真且对称（平顶宽度相等），如图6－3－2（a），这就是合适的工作点，放大器工作在放大区。反之，就是不合适的。工作点偏低（电位器触点约90%位置），出现顶部失真现象即截止失真，晶体管工作于截止区，如图6－3－2（b）所示；工作点偏高（电位器触点约10%位置），出现底部失真现象即饱和失真，晶体管工作于饱和区，如图6－3－2（c）所示；图6－3－2（d）是最终调好的最大不失真波形。

（四）测量工作点

直接读取直流电压表（也可以万用表）在不同状态下的数值即可，测量结果列于表6－3－1中，U_B、U_c，U_E分别是晶体管的b、c、e三个极电位。

表6－3－1 测量结果

电位器值	U_B/V	U_c/V	U_E/V	工作点
30%	3.0	7.2	2.3	合适
90%	1.8	9.7	1.1	偏低
10%	4.8	4.2	4.1	偏高

（五）动态参数测量

一般要求输出信号在最大不失真条件下测试。在合适工作点基础上降低输入信号幅度，即增大R8数值，使U_o波形不失真，如图6－3－2（d）所示。用万用表交流电压挡分别测量输入电压U_i为35 mV、输出电压交流有效值U_o为1.6 V，则放大倍数是$A = 1.6/0.035 = 46$。同样，若测得开路输出电压，可以计算出输入电阻和输出电阻。另外，也可以测量放大器的带宽，此处省略。

二、串联晶体管型直流稳压电源

（一）创立电路图

方法基本同单极共射，如图6－3－3所示。

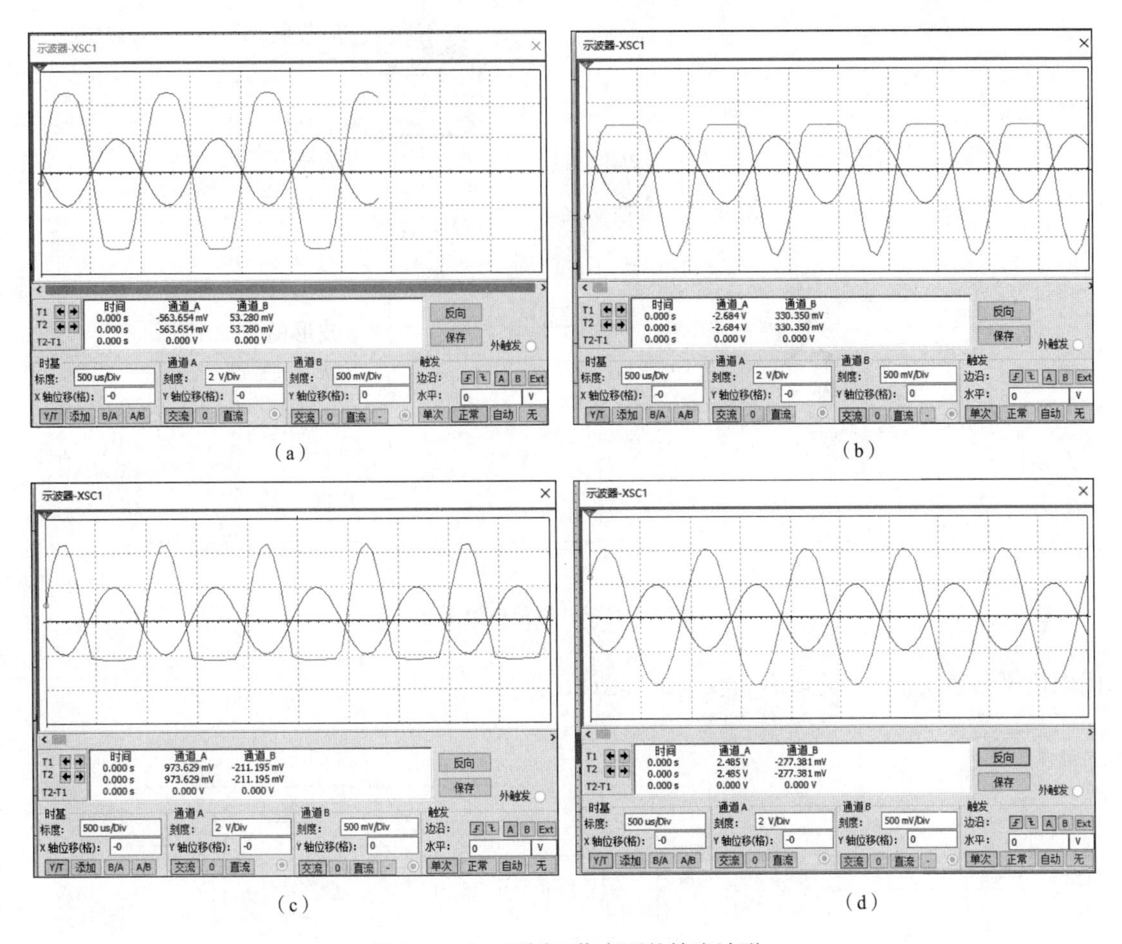

图 6－3－2　不同工作点下的输出波形

（二）添加仪器仪表

可以使用通用仪器仪表，如万用表、直流表头示波器等。本例使用探针来测试：单击快捷图标栏的 电压、电流探针，放置于连接线目标位置。注意，如果放置有偏差，比如悬空，则视框为灰色，运行时没有数据显示，如图 6－3－3 所示。测量电路参数很方便，不需要连线，不会改变电路结构。图中显示所测点或支路电压或电流的瞬时值 V、峰峰值 $V_{p\text{-}p}$、有效值 V_{rms}、直流分量 V_{DC} 以及频率值 V_{freq}。

（三）参数测量

可以通过示波器同时检测输入/输出波形，分析波形变换过程以及文波情况。其他指标测量请参考第三章实验十的内容。

三、组合逻辑设计电路

本例选择了第四章实验二的“五、实验内容（3）”。因输入输出信号较多，所以选择使

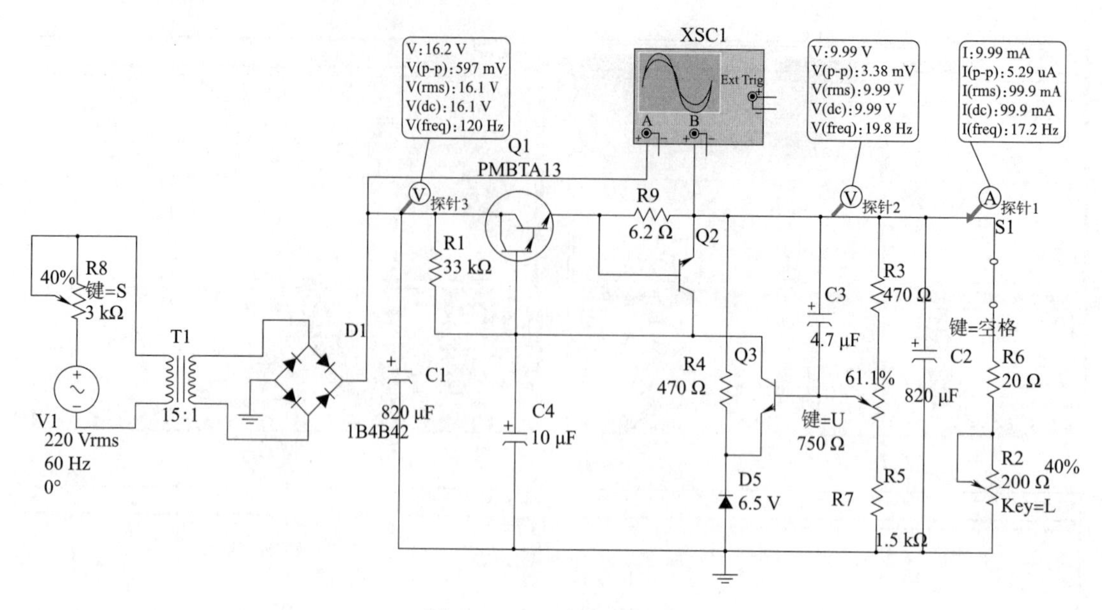

图 6－3－3　直流电源图

用虚拟仪器字发生器和逻辑分析仪，原理图如图 6－3－4 所示。

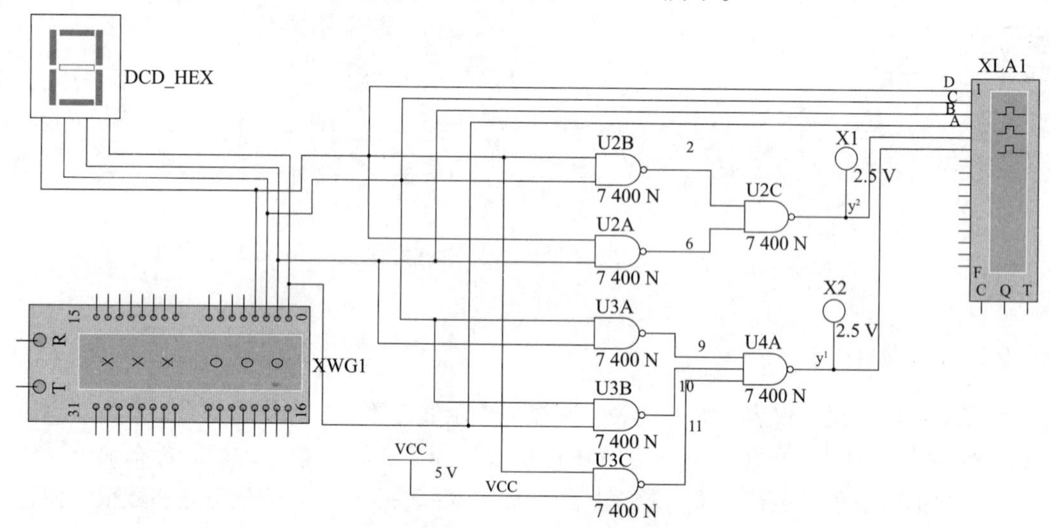

图 6－3－4　组合逻辑电路图

四、数字钟

本例用 Multisim 设计了一个需有数码管显示时、分、秒的数字钟电路，而且具有 24 与 12 小时制切换功能，如图 6－3－5 所示。

图 6－3－5 中使用的是 74LS92 和 74LS290 芯片，也可以使用其他中规模芯片；激励信号使用的是 DIGITAL_SOURCES，简单方便。除此之外，图中还添加了注释，用方框图形表示了时、分、秒的电路组成框图，让读者更容易阅读。

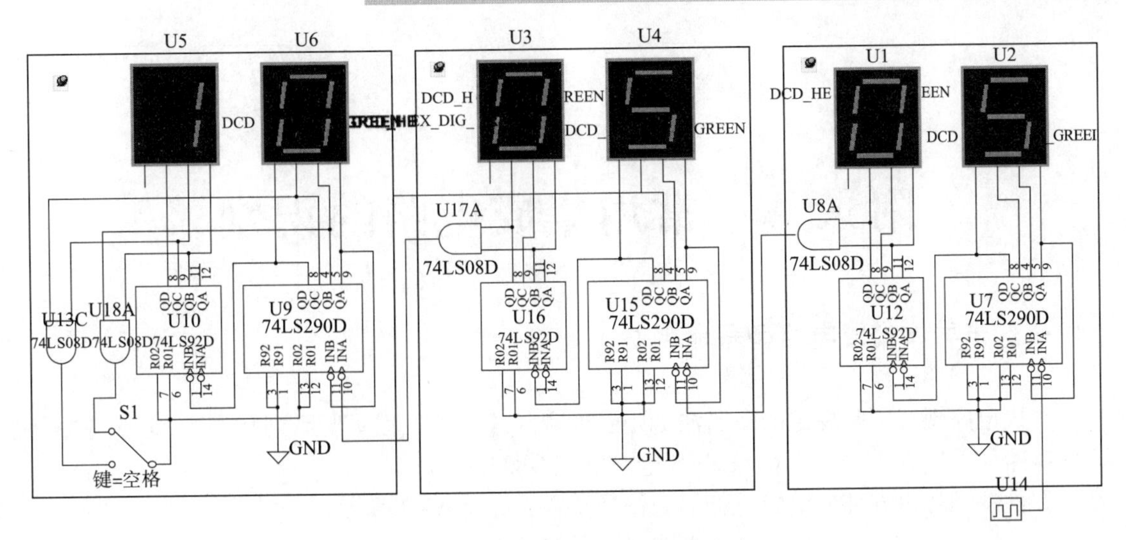

图 6－3－5　显示时、分、秒的电路

本节仅仅介绍了 Multisim 14.0 在模数电实验中的几种应用，有关其他应用，请参考相关书籍或软件的在线帮助。

附录A　常用集成电路的识别

一、半导体集成电路型号命名法

集成电路现行国际规定的命名法如下：（摘自《电子工程手册系列丛书》A15，《中外集成电路简明速查手册》TTL、CMOS 电路以及 GB3430。）

器件的型号由五部分组成，各部分符号及意义如表 A－1 所示。

表 A－1　器件型号的组成

第零部分		第一部分		第二部分	第三部分		第四部分	
用字母表示器件符合国家标准		用字母表示器件类型		用阿拉伯数字和字母表示器件系列品种	用字母表示器件的工作温度范围		用字母表示器件的封装	
符号	意义	符号	意义		符号	意义	符号	意义
C	中国制造	T	TTL 电路	TIL 分为：	C	0～70 ℃	F	多层陶瓷扁平封装
		H	HTL 电路	54/74×××①	G	－25～70 ℃	B	塑料扁平封装
		E	ECL 电路	54/74H×××②	L	－25～85 ℃	H	黑瓷扁平封装
		C	CMOS	54/74L×××③	E	－40～85 ℃	D	多层陶瓷双列直插封装
		M	存储器	54/74S×××	R	－55～85 ℃	I	黑瓷双列直插封装
		μ	微型机电器	54/74LS×××④	M	－55～125 ℃	P	黑瓷双列直插封装
		F	线性放大器	54/74AS×××			S	塑料单列直插封装
		W	稳压器	54/74ALS×××			T	塑料封装
		D	音响电视电路	54/74F×××			K	金属圆壳封装
		B	非线性电路	CMOS 为：4000 系列			C	金属菱形封装
		J	接口电路	54/74HC×××			E	陶瓷芯片载体封装
		AD	A/D 转换器	54/74HCT×××			G	塑料芯片载体封装
		DA	D/A 转换器				:	网格针栅陈列封装
		SC	通信专用电路				SOIC	小引线封装
		SS	敏感电路				PCC	塑料芯片载体封装
		SW	钟表电路				LCC	陶瓷芯片载体封装
		SJ	机电仪电路					
		SF	复印机电路					

注：①74：国际通用 74 系列（民用），54：国际通用 54 系列（军用）；

②H：高速；

③L：低速；

④LS：低功耗。

示例：

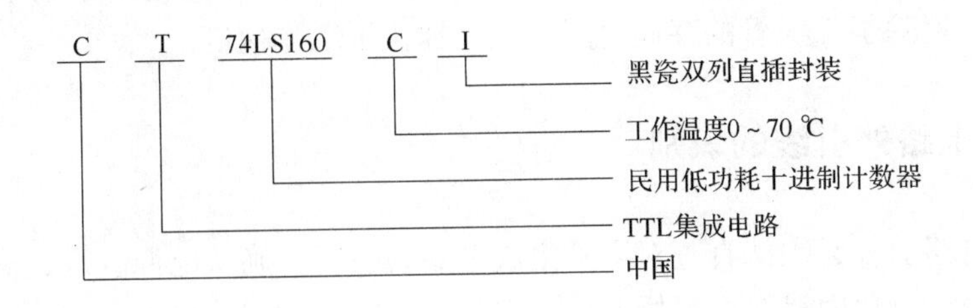

二、集成电路的分类

集成电路是现代电子电路的重要组成部分，它具有体积小、耗电少、工作性能好等一系列优点。

概括来说，集成电路按制造工艺，可分为半导体集成电路、薄膜集成电路和由二者组合而成的混合集成电路。

按功能，可分为模拟集成电路和数字集成电路。

按集成度，可分为小规模集成电路（SSI，集成度<10个门电路）、中规模集成电路（MSI，集成度为10~100个门电路）、大规模集成电路（LSI，集成度为100~1 000个门电路），以及超大规模集成电路（VLSI，集成度>1 000个门电路）。

按外形，又可分为圆型（金属外壳晶体管封装型，适用于大功率）、扁平型（稳定性好、体积小）和双列直插型（有利于采用大规模生产技术进行焊接，因此获得广泛的应用）。

目前，已经成熟的集成逻辑技术主要有三种：TTL逻辑（晶体管－晶体管逻辑）、CMOS逻辑（互补金属－氧化物－半导体逻辑）和ECL逻辑（发射极耦合逻辑）。

TTL逻辑：TTL逻辑于1964年由美国得克萨斯仪器公司生产。其发展速度快、产品多，有速度及功耗折中的标准型；有改进型、高速的标准肖特基型；有改进型、高速及低功耗的低功耗肖特基型。所有TTL电路的输出、输入电平均是兼容的。该系列有两个常用的系列化产品，如表A－2所示。

表A－2　常用TTL系列产品参数

TTL系列	工作环境温度/℃	电源电压范围/V
军用54×××	－55～＋125	＋4.5～＋5.5
工业用74×××	0～＋70	＋4.75～＋5.25

CMOS逻辑：CMOS逻辑的特点是功耗低，工作电源电压范围较宽，速度快（可达7 MHz）。CMOS逻辑的CC4000系列有两种类型产品，如表A－3所示。

表A－3　常用TTL系列产品参数

CMOS系列	封　装	温度范围/℃	电源电压范围/V
CC4000	陶　瓷	5～＋125	＋3～＋18
CC4000	塑　料	－40～＋70	＋3～＋18

ECL 逻辑：ECL 逻辑的最大特点是工作速度高。因为在 ECL 电路中数字逻辑电路形式采用非饱和型，消除了三极管的存储时间，大大加快了工作速度。

三、集成电路外引线的识别

使用集成电路前，必须认真查对识别集成电路的引脚，确认电源、地、输入、输出、控制等端的引脚号，以免因错接而损坏器件。引脚排列的一般规律如下：

扁平和双列直插型集成电路：识别时，将文字符号标记正放（一般集成电路上有一圆点或有一缺口，将缺口或圆点置于左方），由顶部俯视，从左下脚起，按逆时针方向数，依次为 1，2，3，4，…，如 A－1 所示。双列直插型广泛应用于模拟和数字集成电路。

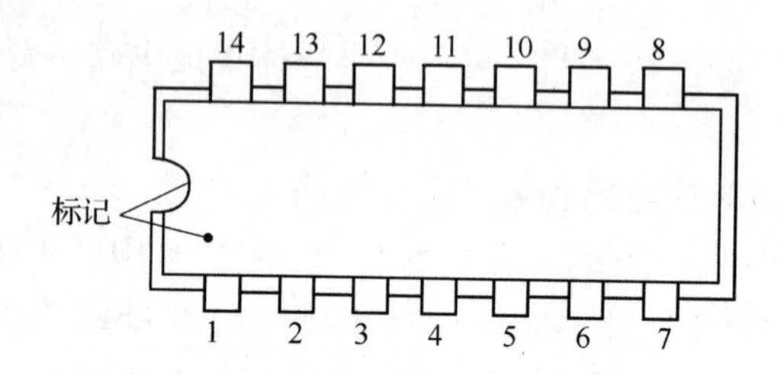

图 A－1　集成电路外线的识别

附录 B　数字集成电路型号与引脚功能端排列

数字集成电路型号与引脚功能端排列如表 B－1 所示。

表 B－1　数字集成电路型号与引脚排列

序号	型　号	名　称	引脚引线排列图	逻辑功能	备　注
1	74LS00	四重 2 输入与非门	V_{CC}　4B　4A　4Y　3B　3A　3Y 14　13　12　11　10　9　8 1　2　3　4　5　6　7 1A　1B　1Y　2A　2B　2Y　接地	正逻辑 $Y=(A \cdot B)'$	
2	74LS01	四重 2 输入与非门	V_{CC}　4Y　4B　4A　3Y　3B　3A 14　13　12　11　10　9　8 1　2　3　4　5　6　7 1Y　1A　1B　2Y　2A　2B　接地	正逻辑 $Y=(A \cdot B)'$	外接 RC 可线“与”
3	74LS02	四重 2 输入或非门	V_{CC}　4Y　4B　4A　3Y　3B　3A 14　13　12　11　10　9　8 1　2　3　4　5　6　7 1Y　1A　1B　2Y　2A　2B　接地	$Y=(A+B)'$	

续表

序号	型　号	名　称	引脚引线排列图	逻辑功能	备　注
4	74LS03	四重 2 输入与非门（OC）	V_{CC} 4B 4A 4Y 3B 3A 3Y 14 13 12 11 10 9 8 1 2 3 4 5 6 7 1A 1B 1Y 2A 2B 2Y 接地	正逻辑 $Y=(A \cdot B)'$	外接 *RC* 可线“与”
5	74LS04	六重反相器	V_{CC} 6A 6Y 5A 5Y 4A 4Y 14 13 12 11 10 9 8 1 2 3 4 5 6 7 1A 1Y 2A 2Y 3A 3Y 接地	$Y=A'$	
6	74LS08	四重 2 输入与门	V_{CC} 4B 4A 4Y 3B 3A 3Y 14 13 12 11 10 9 8 1 2 3 4 5 6 7 1A 1B 1Y 2A 2B 2Y 接地	$Y=A \cdot B$	
7	74LS11	3 输入端三与门	V_{CC} 1C 1Y 3C 3B 3A 3Y 14 13 12 11 10 9 8 1 2 3 4 5 6 7 1A 1B 2A 2B 2C 2Y 接地	$Y=ABC$	

续表

序号	型　号	名　称	引脚引线排列图	逻辑功能	备　注
8	74LS20	二重 4 输入与非门	V_{CC} 2D 2C NC 2B 2A 2Y 14 13 12 11 10 9 8 & & 1 2 3 4 5 6 7 1A 1B NC 1C 1D 1Y 接地	$Y=(ABCD)'$	
9	74LS32	四重 2 输入或门	V_{CC} 4B 4A 4Y 3B 3A 3Y 14 13 12 11 10 9 8 ≥1 ≥1 ≥1 ≥1 1 2 3 4 5 6 7 1A 1B 1Y 2A 2B 2Y 接地	$Y=A+B$	
10	74LS48	BCD－七段译码器或驱动器（有上拉电阻）	V_{CC} f g a b c d e 16 15 14 13 12 11 10 9 74LS48 1 2 3 4 5 6 7 8 B C LT′ BI/RBO RBI D A 接地		
11	74LS55	2 路 4－4 输入与或非门	V_{CC} H G F E NC Y 14 13 12 11 10 9 8 & ≥1 & 1 2 3 4 5 6 7 A B C D NC NC 接地		

续表

序号	型　号	名　称	引脚引线排列图	逻辑功能	备　注
12	74LS74	双上升沿 D 触发 （附预置清零端）	V_{CC}　2R_D'　2D　2CP　2S_D'　2Q　2Q′ 14　13　12　11　10　9　8 74LS74 1　2　3　4　5　6　7 1R_D'　1D　1CP　1S_D'　1Q　1Q′　接地		
13	74LS85	4 位数值 比较器	数据输入 V_{CC}　A_3　B_2　A_2　A_1　B_1　A_0　B_0 16　15　14　13　12　11　10　9 74LS85 1　2　3　4　5　6　7　8 B_3　$A<B$　$A=B$　$A>B$　$A>B$　$A=B$　$A<B$　接地 数据输入　级联输入　输出		
14	74LS86	四重 2 输 入异或门	V_{CC}　4B　4A　4Y　3B　3A　3Y 14　13　12　11　10　9　8 =1　=1　=1　=1 1　2　3　4　5　6　7 1A　1B　1Y　2A　2B　2Y　接地		
15	74LS90	十进制计 数器（二 分频和五 分频）	CP_A　NC　Q_A　Q_D　接地　Q_B　Q_C 14　13　12　11　10　9　8 74LS90 1　2　3　4　5　6　7 CP_B　$R_{0(1)}$　$R_{0(2)}$　NC　V_{CC}　$R_{9(2)}$　$R_{9(1)}$		

续表

序号	型 号	名 称	引脚引线排列图	逻辑功能	备 注
16	74LS92	十二分频计数器（二、六、十二分频）	CP_A NC Q_A Q_B 接地 Q_C Q_D 14 13 12 11 10 9 8 74LS92 1 2 3 4 5 6 7 CP_B NC NC NC V_{CC} $R_{0(1)}$ $R_{0(2)}$		
17	74LS93	4位二进制计数器（二、八分频）	CP_A NC Q_A Q_D 接地 Q_B Q_C 14 13 12 11 10 9 8 74LS93 1 2 3 4 5 6 7 CP_B $R_{0(1)}$ $R_{0(2)}$ NC V_{CC} NC NC		
18	74LS107	双主从JK触发器（附清除端）	V_{CC} $1RD'$ 1CP 1K $2RD'$ 2CP 2J 14 13 12 11 10 9 8 74LS107 1 2 3 4 5 6 7 1J $1Q'$ 1Q 1K 2Q $2Q'$ 接地		
19	74LS109	双上升沿JK触发器（附预置和清除端）	V_{CC} $2R'_D$ 2J $2K'$ 2CK $2S'_D$ 2Q $2Q'$ 16 15 14 13 12 11 10 9 74LS109 1 2 3 4 5 6 7 8 $1R'_D$ 1J $1K'$ 1CK $1S'_D$ 1Q $1Q'$ 接地		

续表

序号	型　号	名　称	引脚引线排列图	逻辑功能	备　注
20	74LS112	双下降沿JK触发器（附预置和清除端）	V_{CC} 1R_D' 2R_D' 2CP 2K 2J 2S_D' 2Q 16 15 14 13 12 11 10 9 74LS112 1 2 3 4 5 6 7 8 1CP 1K 1J 1S_D' 1Q 1Q′ 2Q′ 接地		
21	74LS125	四总线缓冲器（3S）	V_{CC} 4C 4A 4Y 3C 3A 3Y 14 13 12 11 10 9 8 1 2 3 4 5 6 7 1C 1A 1Y 2C 2A 2Y 接地		
22	74LS126	四总线缓冲器（3S，EN高电平有效）	V_{CC} 4C 4A 4Y 3C 3A 3Y 14 13 12 11 10 9 8 1 2 3 4 5 6 7 1C 1A 1Y 2C 2A 2Y 接地		
23	74LS138	3-8线译码器	V_{CC} Y_0' Y_1' Y_2' Y_3' Y_4' Y_5' Y_6' 16 15 14 13 12 11 10 9 74LS138 1 2 3 4 5 6 7 8 A_0 A_1 A_2 G_{2A}' G_{2B}' G_1 Y_7' 接地		

续表

序号	型　号	名　称	引脚引线排列图	逻辑功能	备　注
24	74LS147	10－4 线优先编码器	V_{CC}(16)　NC(15)　Y_3'(14)　I_3'(13)　I_2'(12)　I_1'(11)　I_9'(10)　Y_0'(9) 74LS147 I_4'(1)　I_5'(2)　I_6'(3)　I_7'(4)　I_8'(5)　Y_2'(6)　Y_1'(7)　接地(8)		
25	74LS151	8－1 线数据选择器（有选通输入端，互补输出端）	数据输入：D_4(15)　D_5(14)　D_6(13)　D_7(12)；数据选择：A(11)　B(10)　C(9)；V_{CC}(16) 74LS151 数据输入：D_3(1)　D_2(2)　D_1(3)　D_0(4)；输出：Y(5)　W(6)；S(7) 选通；接地(8)		
26	74LS153	双 4－1 数据选择器（有选通输入端）	V_{CC}(16)　选通 2G(15)　选择 A(14)　数据输入：$2C_3$(13)　$2C_2$(12)　$2C_1$(11)　$2C_0$(10)　输出 2Y(9) 74LS153 1G(1) 选通　B(2) 选择　数据输入：$1C_3$(3)　1C(4)　$1C_1$(5)　$1C_0$(6)　1Y(7) 输出　接地(8)		
27	74LS160	同步可预置十进制计数器（附异步清零）	V_{CC}(16)　C(15)　数据输出：Q_A(14)　Q_B(13)　Q_C(12)　Q_D(11)　使能 T(10)　L_D'(9) 74LS160 R_D'(1)　CK(2)　数据输入：A(3)　B(4)　C(5)　D(6)　P(7) 使能　接地(8)		

续表

序号	型　号	名　称	引脚引线排列图	逻辑功能	备　注
28	74LS161	同步可预置4位二进制计数器（附异步清零）	数据输出（Q_A～Q_D）　使能（T） V_{CC} C Q_A Q_B Q_C Q_D T L'_D 16 15 14 13 12 11 10 9 74LS161 1 2 3 4 5 6 7 8 R'_D CK A B C D P 接地 数据输入（A～D）　使能（P）		
29	74LS163	同步可预置4位二进制计数器（同步清零）	数据输出（Q_A～Q_D）　使能（T） V_{CC} C Q_A Q_B Q_C Q_D T L_D 16 15 14 13 12 11 10 9 74LS163 1 2 3 4 5 6 7 8 R'_D CK A B C D P 接地 数据输入（A～D）　使能（P）		
30	74LS164	8位移位寄存器（串行输入，并行输出）	数据输出（Q_H～Q_E） V_{CC} Q_H Q_G Q_F Q_E R'_D CK 14 13 12 11 10 9 8 74LS164 1 2 3 4 5 6 7 A B Q_A Q_B Q_C Q_D 接地 串行输入（A、B）　数据输出（Q_A～Q_D）		
31	74LS190	可预置同步十进制加/减计数器	输入（A）　时钟（CP_1）　输出（CP_0、C/B）　输入（C、D） V_{CC} A CP_1 CP_0 C/B L'_D C D 16 15 14 13 12 11 10 9 74LS190 1 2 3 4 5 6 7 8 B Q_B Q_A G D/U Q_C Q_D 接地 输入（B）　输出（Q_B、Q_A）　使能（G）　加/减（D/U）　输出（Q_C、Q_D）		

续表

序号	型 号	名 称	引脚引线排列图	逻辑功能	备 注
32	74LS191	可预置同步4位二进制加/减计数器	74LS191：16 V_{CC}；15 A（输入）；14 CP_1（时钟）；13 CP_0（输出）；12 C/B（输出）；11 L'_D；10 C（输入）；9 D（输入）；1 B（输入）；2 Q_B（输出）；3 Q_A（输出）；4 G（使能）；5 D/U′（加/减）；6 Q_C（输出）；7 Q_D（输出）；8 接地		
33	74LS192	可预置同步十进制加/减计数器（双时钟、有清零端）	74LS192：16 V_{CC}；15 A；14 CR；13 B'_O；12 C'_O；11 L'_D；10 C；9 D；1 B；2 Q_B；3 Q_A；4 CP_D；5 CP_U；6 Q_C；7 Q_D；8 接地		
34	74LS193	可预置同步4位二进制加/减计数器（双时钟、有清零端）	74LS193：16 V_{CC}；15 A；14 CR；13 B'_O；12 C'_O；11 L'_D；10 C；9 D；1 B；2 Q_B；3 Q_A；4 CP_D；5 CP_U；6 Q_C；7 Q_D；8 接地		
35	74LS194	4位双向移位寄存器（并行存取）	74LS194：16 V_{CC}；15 Q_A；14 Q_B；13 Q_C；12 Q_D；11 CP；10 S_1；9 S_0；1 C_{R5}；2 S_R；3 A；4 B；5 C；6 D；7 S_L；8 接地		

续表

序号	型　号	名　称	引脚引线排列图	逻辑功能	备　注
36	74LS248	BCD－7段译码器/驱动器（有上拉电阻）	74LS248 16 V_{CC}，15 f，14 g，13 a，12 b，11 c，10 d，9 e 1 B，2 C，3 LT′，4 BI′/RBO′，5 RBI′，6 D，7 A，8 接地		
37	74LS283	4位二进制超前进位全加器	74LS283 16 V_{CC}，15 B_3，14 A_3，13 $\sum_3$，12 A_4，11 B_4，10 $\sum_4$，9 C_4 1 $\sum_2$，2 B_2，3 A_2，4 $\sum_1$，5 A_1，6 B_1，7 C_0，8 接地		
38	4011	四2输入与非门	14 V_{CC}，13 4A，12 4B，11 4Y，10 3Y，9 3B，8 3A 1 1A，2 1B，3 1Y，4 2Y，5 2B，6 2A，7 接地		
39	4012	双4输入与非门	14 V_{CC}，13 2Y，12 2D，11 2C，10 2B，9 2A，8 NC 1 1Y，2 1A，3 1B，4 1C，5 1D，6 NC，7 接地		

续表

序号	型 号	名 称	引脚引线排列图	逻辑功能	备 注
40	4013	双上升沿D触发器	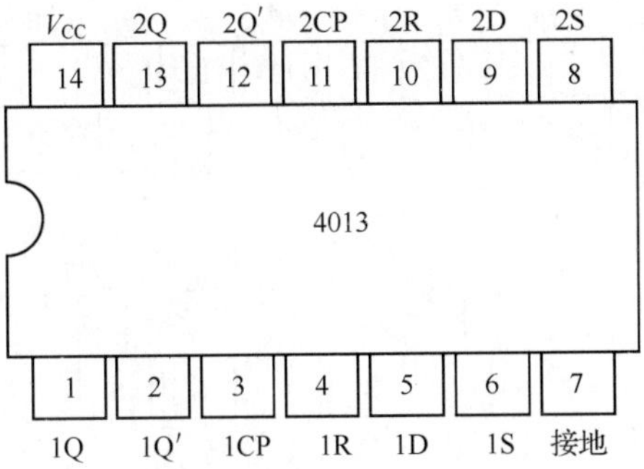 V_{CC} 2Q 2Q′ 2CP 2R 2D 2S 14 13 12 11 10 9 8 4013 1 2 3 4 5 6 7 1Q 1Q′ 1CP 1R 1D 1S 接地		
41	4017	十进制计数器/分配器	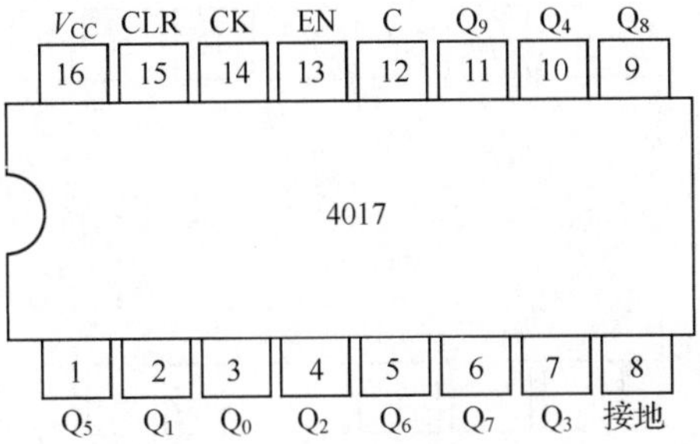 V_{CC} CLR CK EN C Q_9 Q_4 Q_8 16 15 14 13 12 11 10 9 4017 1 2 3 4 5 6 7 8 Q_5 Q_1 Q_0 Q_2 Q_6 Q_7 Q_3 接地		
42	4023	三重3输入与非门	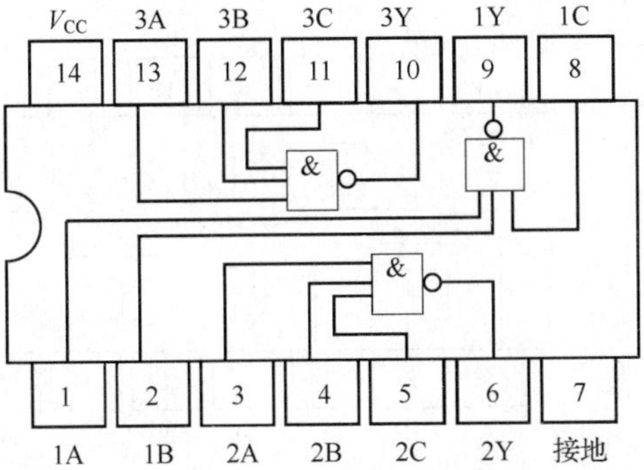 V_{CC} 3A 3B 3C 3Y 1Y 1C 14 13 12 11 10 9 8 & & & 1 2 3 4 5 6 7 1A 1B 2A 2B 2C 2Y 接地	$Y=(A\cdot B\cdot C)'$	
43	4049	六反相缓冲器	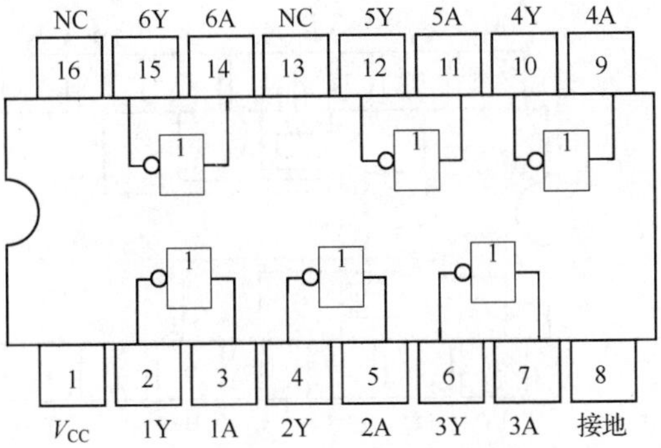 NC 6Y 6A NC 5Y 5A 4Y 4A 16 15 14 13 12 11 10 9 1 1 1 1 1 1 1 2 3 4 5 6 7 8 V_{CC} 1Y 1A 2Y 2A 3Y 3A 接地	$Y=A'$	

续表

序号	型　号	名　称	引脚引线排列图	逻辑功能	备　注
44	4050	六同相缓冲器	16 NC, 15 6Y, 14 6A, 13 NC, 12 5Y, 11 5A, 10 4Y, 9 4A; 1 V_{CC}, 2 1Y, 3 1A, 4 2Y, 5 2A, 6 3Y, 7 3A, 8 接地		
45	4060	14 位串行二进制计数器/分频/振荡器	16 V_{CC}, 15 Q_{10}, 14 Q_8, 13 Q_9, 12 Cr, 11 CP_1, 10 CP_0', 9 CP_0; 1 Q_{12}, 2 Q_{13}, 3 Q_{14}, 4 Q_6, 5 Q_5, 6 Q_7, 7 Q_4, 8 接地; 4060		
46	4070	四异或门	14 V_{CC}, 13 4B, 12 4A, 11 4Y, 10 3B, 9 3A, 8 3Y; 1 1A, 2 1B, 3 1Y, 4 2A, 5 2B, 6 2Y, 7 接地		
47	4072	四输入双或门	14 V_{CC}, 13 2Y, 12 2A, 11 2B, 10 2C, 9 2D, 8 NC; 1 1Y, 2 1A, 3 1B, 4 1C, 5 1D, 6 NC, 7 接地		

续表

序号	型　号	名　称	引脚引线排列图	逻辑功能	备　注
48	4077	四异或非门	V_{CC} 4B 4A 4Y 3B 3A 3Y 14 13 12 11 10 9 8 =1 =1 =1 =1 1 2 3 4 5 6 7 1A 1B 1Y 2A 2B 2Y 接地		
49	4511	BCD－7 段锁存译码/驱动器	V_{CC} f g a b c d e 16 15 14 13 12 11 10 9 CC4511 1 2 3 4 5 6 7 8 B C LT′ BI′ LE D A 接地		
50	LM324	运算放大器	4Y 4V－ 4V+ V_{CC} 3V+ 3V－ 3Y 14 13 12 11 10 9 8 1 2 3 4 5 6 7 1Y 1V－ 1V+ V_{EE}/GND 2V+ 2V－ 2Y		
51	LM386	集成功率放大器	AA C_0 V_{CC} OUT 8 7 6 5 L M 3 8 6 1 2 3 4 AA IN_- IN_+ GND		

续表

序号	型 号	名 称	管脚引线排列图	逻辑功能	备 注
52	uA741	运算放大器	NC V_{CC+} OUT 调零2 8 7 6 5 μ A 7 4 1 1 2 3 4 调零1 IN_- IN_+ V_{CC-}		

部分集成电路芯片功能表如表 B-2～表 B-26 所示。

表 B-2 74LS74 功能表

输 入				输 出	
S'_D	R'_D	CP	D	Q	Q'
0	1	×	×	1	0
1	0	×	×	0	1
1	1	↑	1	1	0
1	1	↑	0	0	1

表 B-3 74LS86 功能表

输 入		输 出
A	B	
0	0	0
0	1	1
1	0	1
1	1	0

表 B-4 74LS85 功能表

比较输入				比较输入			输 出		
A_3、B_3	A_2、B_2	A_1、B_1	A_0、B_0	$A>B$	$A<B$	$A=B$	$A>B$	$A<B$	$A=B$
$A_3>B_3$	×	×	×	×	×	×	1	0	0
$A_3<B_3$	×	×	×	×	×	×	0	1	0
$A_3=B_3$	$A_2>B_2$	×	×	×	×	×	1	0	0
$A_3=B_3$	$A_2<B_2$	×	×	×	×	×	0	1	0
$A_3=B_3$	$A_2=B_2$	$A_1>B_1$	×	×	×	×	1	0	0
$A_3=B_3$	$A_2=B_2$	$A_1<B_1$	×	×	×	×	0	1	0
$A_3=B_3$	$A_2=B_2$	$A_1=B_1$	$A_0>B_0$	×	×	×	1	0	0
$A_3=B_3$	$A_2=B_2$	$A_1=B_1$	$A_0<B_0$	×	×	×	0	1	0
$A_3=B_3$	$A_2=B_2$	$A_1=B_1$	$A_0=B_0$	1	0	0	1	0	0
$A_3=B_3$	$A_2=B_2$	$A_1=B_1$	$A_0=B_0$	0	1	0	0	1	0
$A_3=B_3$	$A_2=B_2$	$A_1=B_1$	$A_0=B_0$	0	0	1	0	0	1

表 B－5　74LS90 十进制计数器功能表

输　入				输　出			
$R_{0(1)}$	$R_{0(2)}$	$R_{9(1)}$	$R_{9(2)}$	Q_3	Q_2	Q_1	Q_0
1	1	0	×	0	0	0	0
1	1	×	0	0	0	0	0
×	×	1	1	1	0	0	1
×	0	×	0	计　数			
0	×	0	×	计　数			
0	×	×	0	计　数			
×	0	0	×	计　数			

表 B－6　74LS91 八位移位寄存器功能表

输　入		输　出	
A	B	Q_H	Q'_H
1	1	1	0
0	×	0	1
×	0	0	1

表 B－7　74LS92、74LS93 计数器功能表

复位输入		输　出			
$R_{0(1)}$	$R_{0(2)}$	Q_3	Q_2	Q_1	Q_0
1	1	0	0	0	0
0	×	计　数			
×	0	计　数			

表 B－8　74LS107 功能表

输　入				输　出	
CLR	CK	J	K	Q	Q'
0	×	×	×	0	1
1	↓	0	0	Q	Q
1	↓	1	0	1	0
1	↓	0	1	0	1
1	↓	1	1	Q	Q'

表 B－9　74LS109 功能表

输　入					输　出	
S'_D	R'_D	CK	J	K	Q	Q'
0	1	×	×	×	1	0
1	0	×	×	×	0	1
1	1	↑	0	0	0	1
1	1	↑	0	1	Q	Q
1	1	↑	1	0	Q	Q'
1	1	↑	1	1	1	0
1	1	0	×	×	Q	Q

表 B－10　74LS112 功能表

输　入					输　出	
S'_D	R'_D	CP	J	K	Q	Q'
0	1	×	×	×	1	0
1	0	×	×	×	0	1
1	1	↓	0	0	Q	Q
1	1	↓	0	1	0	1
1	1	↓	1	0	1	0
1	1	↓	1	1	Q	Q'
1	1	0	×	×	Q	Q

表 B－11　74LS138 功能表

输　入					输　出							
使　能		选　择										
G_1	$G'_{2A}+G'_{2B}$	C	B	A	Y'_0	Y'_1	Y'_2	Y'_3	Y'_4	Y'_5	Y'_6	Y'_7
×	1	×	×	×	1	1	1	1	1	1	1	1
0	×	×	×	×	1	1	1	1	1	1	1	1

续表

输入					输出							
使能		选择										
G_1	$G'_{2A}+G'_{2B}$	C	B	A	Y'_0	Y'_1	Y'_2	Y'_3	Y'_4	Y'_5	Y'_6	Y'_7
1	0	0	0	0	0	1	1	1	1	1	1	1
1	0	0	0	1	1	0	1	1	1	1	1	1
1	0	0	1	0	1	1	0	1	1	1	1	1
1	0	0	1	1	1	1	1	0	1	1	1	1
1	0	1	0	0	1	1	1	1	0	1	1	1
1	0	1	0	1	1	1	1	1	1	0	1	1
1	0	1	1	0	1	1	1	1	1	1	0	1
1	0	1	1	1	1	1	1	1	1	1	1	0

表 B-12 74LS147 功能表

输入									输出			
I'_1	I'_2	I'_3	I'_4	I'_5	I'_6	I'_7	I'_8	I'_9	Y'_3	Y'_2	Y'_1	Y'_0
1	1	1	1	1	1	1	1	1	1	1	1	1
×	×	×	×	×	×	×	×	0	0	1	1	0
×	×	×	×	×	×	×	0	1	0	1	1	1
×	×	×	×	×	×	0	1	1	1	0	0	0
×	×	×	×	×	0	1	1	1	1	0	0	1
×	×	×	×	0	1	1	1	1	1	0	1	0
×	×	×	0	1	1	1	1	1	1	0	1	1
×	×	0	1	1	1	1	1	1	1	1	0	0
×	0	1	1	1	1	1	1	1	1	1	0	1
0	1	1	1	1	1	1	1	1	1	1	1	0

表 B-13 74LS151 功能表

输入				输出	
选择			选通	Y	W
C	B	A			
×	×	×	1	0	1
0	0	0	0	D_0	D'_0
0	0	1	0	D_1	D'_1
0	1	0	0	D_2	D'_2
0	1	1	0	D_3	D'_3
1	0	0	0	D_4	D'_4
1	0	1	0	D_5	D'_5
1	1	0	0	D_6	D'_6
1	1	1	0	D_7	D'_7

表 B-14 74LS153 功能表

选择输入		数据输入				选通	输出
B	A	C_0	C_1	C_2	C_3	G	Y
×	×	×	×	×	×	1	0
0	0	0	×	×	×	0	0
0	0	1	×	×	×	0	1
0	1	×	0	×	×	0	0
0	1	×	1	×	×	0	1
1	0	×	×	0	×	0	0
1	0	×	×	1	×	0	1
1	1	×	×	×	0	0	0
1	1	×	×	×	1	0	1

表 B－15 74LS160 功能表

输入					输出					工作
RD'	LD'	CK	使能		Q_A	Q_B	Q_C	Q_D	C	
			P	T						
1	1	↑	1	1	—				—	计数
1	0		×	×	Q_A	Q_B	Q_C	Q_D	—	置数
↓	×	×	×	×	0	0	0	0	—	清零
0										
1	×	×	×	1	1	0	0	1	1	—

表 B－16 74LS161 功能表

输入					输出					工作
RD'	LD'	CK	使能		Q_A	Q_B	Q_C	Q_D	C	
			P	T						
1	1	↑	1	1	—				—	计数
1	0		×	×	Q_A	Q_B	Q_C	Q_D	—	置数
↓	×	×	×	×	0	0	0	0	—	清零
0										
1	×	×	×	1	1	1	1	1	1	—

表 B－17 74LS163 功能表

输入					输出					工作
RD'	LD'	CK	使能		Q_A	Q_B	Q_C	Q_D	C	
			P	T						
1	1	↑	1	1	—				—	计数
1	0		×	×	Q_A	Q_B	Q_C	Q_D	—	置数
0	×		×	×	0	0	0	0	—	清零
1	×	×	×	1	1	1	1	1	1	—

表 B－18 74LS164 功能表

输入				输出			
R'_D	CK	A	B	Q_A	Q_B	…	Q_H
0	×	×	×	0	0	…	0
1	0	×	×	Q_{A0}	Q_{B0}	…	Q_{H0}
1	↑	1	1	1	Q_{An}	…	Q_{Gm}
1	↑	0	×	0	Q_{An}	…	Q_{Gm}
1	↑	×	0	0	Q_{An}	…	Q_{Gm}

表 B－19　74LS190 功能表

输入				输出			工作
L'_D	D/U	CP_1	G	$Q_AQ_BQ_CQ_D$	CP_0	C/B	
1	0	↑	0	—	—	—	加计数
1	1	↑	0	—	—	—	减计数
0	×	×	×	$D_AD_BD_CD_D$	—	—	置数
×	0	0	0	1111（1001）	0	1	—
×	0	×	×		1		
×	1	0	0	0000	1	1	—
×	1	×	×		0		

表 B－20　4013 真值表

输入				输出	
CP	D	R	S	Q	Q'
↑	0	0	0	0	1
↑	1	0	0	1	0
↓	×	0	0	Q	
×	×	1	0	0	1
×	×	0	1	1	0
×	×	1	1	1	1

表 B－21　74LS191 功能表

输入				输出			工作
L'_D	D/U	CP_1	G	$Q_AQ_BQ_CQ_D$	CP_0	C/B	
1	0	↑	0	—	—	—	加计数
1	1	↑	0	—	—	—	减计数
0	×	×	×	$D_AD_BD_CD_D$	—	—	置数
×	0	0	0	1111	0	1	—
×	0	×	×		1		
×	1	0	0	0000	1	1	—
×	1	×	×		0		

表 B－22　74LS192 功能表

输入								输出			
C_R	L'_0	CP_U	CP_D	D_3	D_2	D_1	D_0	Q_3	Q_2	Q_1	Q_0
1	×	×	×	×	×	×	×	0	0	0	0
0	0	×	×	d	c	b	a	d	c	b	a
0	1	↑	1	×	×	×	×	加计数			
0	1	1	↑	×	×	×	×	减计数			

表 B－23　74LS194 功能表

输入						输出				功能
C_R	CP	S_1	S_0	S_L	S_R	Q_0	Q_1	Q_2	Q_3	
0	×	×	×	×	×	0	0	0	0	异步清零
1	↑	0	1	×	0	0	Q_0	Q_1	Q_2	右移
1	↑	0	1	×	1	1	Q_0	Q_1	Q_2	
1	↑	1	0	0	×	Q_1	Q_2	Q_3	0	左移
1	↑	1	0	1	×	Q_1	Q_2	Q_3	1	
1	↑	1	1	×	×	D_0	D_1	D_2	D_3	并行置数
1	×	0	0	×	×	Q_0	Q_1	Q_2	Q_3	保持

表 B－24　74LS248 功能表

十进制数	输入						BI'/RBO'	输出							显示
	LT'	RBI'	D	C	B	A		a	b	c	d	e	f	g	
0	1	1	0	0	0	0	1	1	1	1	1	1	1	0	0
1	1	×	0	0	0	1	1	0	1	1	0	0	0	0	1
2	1	×	0	0	1	0	1	1	1	0	1	1	0	1	2
3	1	×	0	0	1	1	1	1	1	1	1	0	0	1	3
4	1	×	0	1	0	0	1	0	1	1	0	0	1	1	4
5	1	×	0	1	0	1	1	1	0	1	1	0	1	1	5
6	1	×	0	1	1	0	1	1	0	1	1	1	1	1	6
7	1	×	0	1	1	1	1	1	1	1	0	0	0	0	7
8	1	×	1	0	0	0	1	1	1	1	1	1	1	1	8
9	1	×	1	0	0	1	1	1	1	1	1	0	1	1	9
10	1	×	1	0	1	0	1	0	0	0	1	1	0	1	
11	1	×	1	0	1	1	1	0	0	1	1	0	0	1	
12	1	×	1	1	0	0	1	0	1	0	0	0	1	1	
13	1	×	1	1	0	1	1	1	0	0	1	0	1	1	
14	1	×	1	1	1	0	1	0	0	0	1	1	1	1	
15	1	×	1	1	1	1	1	0	0	0	0	0	0	0	
BI'	×	×	×	×	×	×	0	0	0	0	0	0	0	0	消隐
RBI'	1	0	0	0	0	0	0	0	0	0	0	0	0	0	消隐
LT'	0	×	×	×	×	×	1	1	1	1	1	1	1	1	8

表 B－25 74LS283 功能表

输入				输出					
				$C_0=0$ / $C_2=0$			$C_0=1$ / $C_2=1$		
A_1 / A_3	B_1 / B_3	A_2 / A_4	B_2 / B_4	Σ_1 / Σ_3	Σ_2 / Σ_4	C_2 / C_4	Σ_1 / Σ_3	Σ_2 / Σ_4	C_2 / C_4
0	0	0	0	0	0	0	1	0	0
1	0	0	0	1	0	0	0	1	0
0	1	0	0	1	0	0	0	1	0
1	1	0	0	0	1	0	1	1	0
0	0	1	0	0	1	0	1	1	0
1	0	1	0	1	1	0	0	0	1
0	1	1	0	1	1	0	0	0	1
1	1	1	0	0	0	1	1	0	1
0	0	0	1	0	1	0	1	1	0
1	0	0	1	1	1	0	0	0	1
0	1	0	1	1	1	0	0	0	1
1	1	0	1	0	0	1	1	0	1
0	0	1	1	0	0	1	1	0	1
1	0	1	1	1	0	1	0	1	1
0	1	1	1	1	0	1	0	1	1
1	1	1	1	0	1	1	1	1	1

表 B－26 4511 真值表

输入							输出							
LE	*BI'*	*LT'*	*D*	*C*	*B*	*A*	*a*	*b*	*c*	*d*	*e*	*f*	*g*	显示
×	×	0	×	×	×	×	1	1	1	1	1	1	1	8
×	0	1	×	×	×	×	0	0	0	0	0	0	0	消隐
0	1	1	0	0	0	0	1	1	1	1	1	1	0	0
0	1	1	0	0	0	1	0	1	1	0	0	0	0	1
0	1	1	0	0	1	0	1	1	0	1	1	0	1	2
0	1	1	0	0	1	1	1	1	1	1	0	0	1	3
0	1	1	0	1	0	0	0	1	1	0	0	1	1	4
0	1	1	0	1	0	1	1	0	1	1	0	1	1	5
0	1	1	0	1	1	0	0	0	1	1	1	1	1	6
0	1	1	0	1	1	1	1	1	1	0	0	0	0	7
0	1	1	1	0	0	0	1	1	1	1	1	1	1	8
0	1	1	1	0	0	1	1	1	1	0	0	1	1	9

续表

输　入							输　出							
LE	*BI'*	*LT'*	*D*	*C*	*B*	*A*	*a*	*b*	*c*	*d*	*e*	*f*	*g*	显示
0	1	1	1	0	1	0	0	0	0	0	0	0	0	消隐
0	1	1	1	0	1	1	0	0	0	0	0	0	0	
0	1	1	1	1	0	0	0	0	0	0	0	0	0	
0	1	1	1	1	0	1	0	0	0	0	0	0	0	
0	1	1	1	1	1	0	0	0	0	0	0	0	0	
0	1	1	1	1	1	1	0	0	0	0	0	0	0	
1	1	1	×	×	×	×	锁　存							锁存

附录C　常用电子元件、器件的识别与主要性能参数

任何电子电路都是由元器件组成的，而常用的元器件有电阻器、电容器、电感器和各种半导体器件（如二极管、晶体管、集成电路等）。为了能正确地选择和使用这些元器件，就必须掌握它们的性能、结构、主要参数性能等有关知识。

一、电阻器的简单识别与型号命名法

（一）电阻器的分类

电阻器是电路元件中应用最广泛的一种，在电子设备中占元件总数的30%以上，其质量的好坏对电路工作的稳定性有极大影响。电阻器主要是稳定和调节电路中的电流和电压，其次还可作为分流器、分压器和消耗电能的负载等。电阻器按结构可分为固定式和可变式两大类。固定式电阻器一般称为“电阻”。由于制作材料和工艺不同，可分为膜式电阻、实芯式电阻和特殊电阻三种类型。

（1）膜式电阻包括：碳膜电阻RT、金属膜电阻RJ、合成膜电阻RH和氧化膜电阻RY等。

（2）实芯式电阻包括：有机实芯电阻RS和无机实芯电阻RN。

（3）特殊电阻包括：MG型光敏电阻和MF型热敏电阻。

可变式电阻器分为滑线式变阻器和电位器。其中应用最广泛的是电位器。电位器是一种具有三个接头的可变电阻器。其阻值可在一定范围内连续可调。

电位器的分类有以下几种：

（1）按电阻体材料分，可分为薄膜和线绕两种。薄膜又可分为WTX型小型碳膜电位器、WTH型合成碳膜电位器、WS型有机实芯电位器、WHJ型精密合成膜电位器和WHD型多圈合成膜电位器等。线绕电位器的代号为WX型。一般情况下，线绕电位器的误差不大于±10%，非线绕电位器的误差不大于±2%。其阻值、误差和型号均标在电位器上。

（2）按调节机构的运动方式，有旋转式、直滑式。

（3）按结构分，可分为单联、多联、带开关、不带开关等；开关形式又有旋转式、推拉式、按键式等。

（4）按用途分，可分为普通电位器、精密电位器、功率电位器、微调电位器和专用电位器等。

按阻值随转角变化关系，又可分为线性和非线性电位器，如图C-1曲线所示。

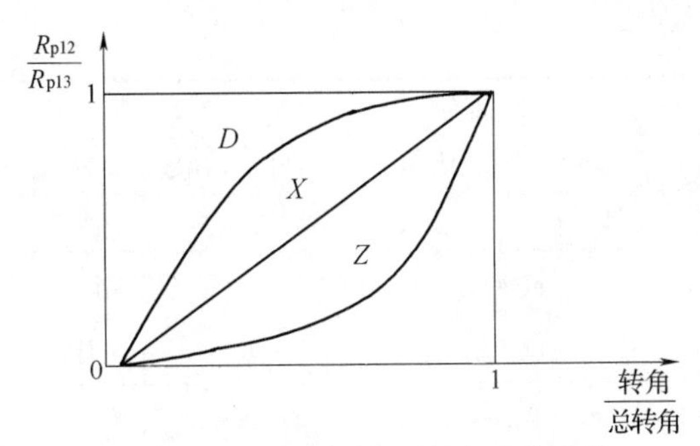

图 C－1 电位器阻值随转角变化曲线

它们的特点分别为：

X 式（直线式）：常用于示波器的聚焦电位器和万用表的调零电位器（如 MF-20 型万用表），其线性精度为 ±2%、±1%、±0.3%、±0.05%。

D 式（对数式）：常用于电视机的黑白对比度调节电位器，其特点是先粗调后细调。

Z 式（指数式）：常用于收音机的音量调节电位器，其特点是先细调后粗调。

所有 X、D、Z 字母符号一般印在电位器上，使用时应注意。

常用电阻器、电位器的外形和符号如图 C－2 所示。

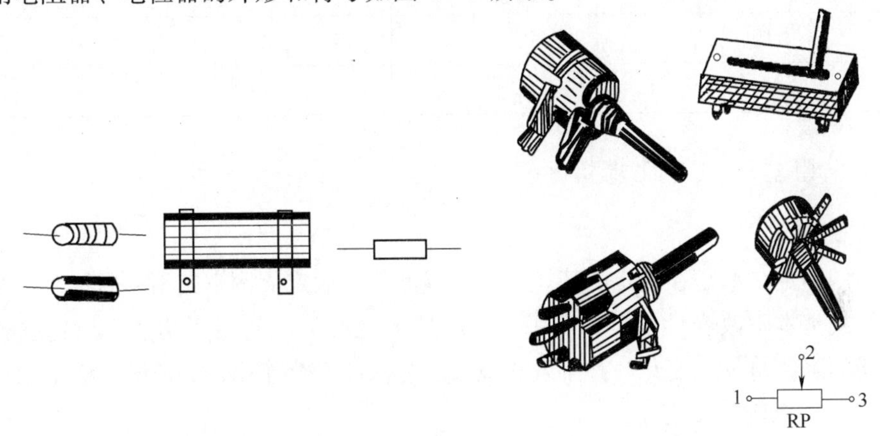

(a)电阻器外形及符号　(b)电位器外形及符号

图 C－2 常用电阻器、电位器外形及符号

（二）电阻器的型号命名

电阻器的型号命名如表 C－1 所示。

表 C－1 电阻器的型号命名法

第一部分		第二部分		第三部分		第四部分
用字母表示主称		用字母表示材料		用数字或字母表示特征		用数字表序号
符号	意义	符号	意义	符号	意义	
R	电阻器	T	碳膜	1，2	普通	包括：
RP	电位器	P	硼碳膜	3	超高频	额定功率

续表

第一部分		第二部分		第三部分		第四部分
用字母表示主称		用字母表示材料		用数字或字母表示特征		用数字表序号
符号	意义	符号	意义	符号	意义	
		U	硅碳膜	4	高阻	阻值
		C	沉积膜	5	高温	允许误差
		H	合成膜	7	精密	精度等级
		I	玻璃釉膜	8	电阻器——高压	
		J	金属膜（箔）		电位器——特殊函数	
		Y	氧化膜	9	特殊	
		S	有机实芯	G	高功率	
		N	无机实芯	T	可调	
		X	线绕	X	小型	
		R	热敏	L	测量用	
		G	光敏	W	微调	
		M	压敏	D	多圈	

（三）电阻器的主要性能指标

1. 额定功率

电阻器的额定功率是在规定的环境温度和湿度下，假定周围空气不流通，在长期连续负载而不损坏或基本不改变性能的情况下，电阻器上允许消耗的最大功率。当超过额定功率时，电阻器的阻值将发生变化，甚至发热烧毁。为保证安全作用，一般选其额定功率比它在电路中消耗的功率高1~2倍。

由此可见，这是精密金属膜电阻器，其额定功率为1/8 W，标称电阻值为5.1 kΩ，允许误差为±5%。

额定功率分19个等级，常用的有1/20 W、1/8 W、1/4 W、1/2 W、1 W、2 W、4 W、5 W等。在电路图中，非线绕电阻器额定功率的符号表示法如图C-3所示。

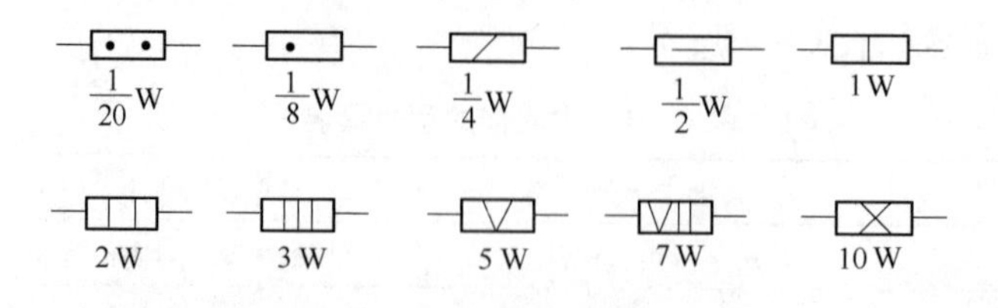

图C-3 额定功率的符号表示法

实际中应用较多的有1/8 W、1/4 W、1/2 W、1 W、2 W。线绕电位器应用较多的有

2 W、3 W、5 W、10 W 等。

示例：RJ71－0.215－5.1k Ⅰ型的命令含义。

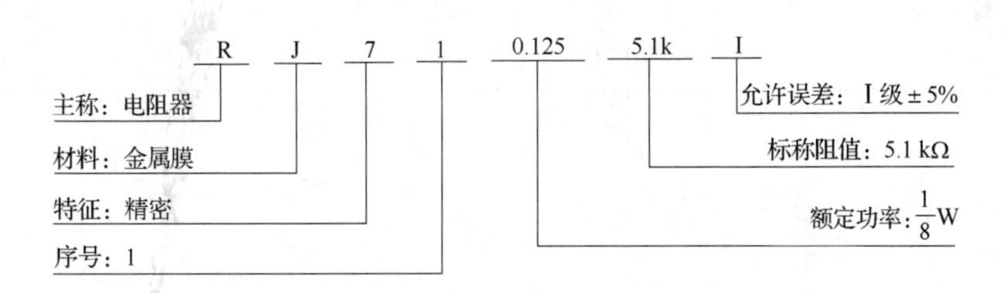

2. 标称阻值

标称阻值是产品标志的“名义”阻值，其单位为欧（Ω）、千欧（kΩ）、兆欧（MΩ）。标称阻值系列如表C－2所示。

任何固定电阻器的阻值都应符合表C－2所列数值乘以10^n Ω，其中n为整数。

表C－2　标称阻值

允许误差	系列代号	标称阻值系列
±5%	E24	1.0　1.1　1.2　1.3　1.5　1.6　1.8　2.0　2.2　2.4　2.7　3.0　3.3　3.6　3.9　4.3　4.7　5.1　5.6　6.2　6.8　7.5　8.2　9.1
±10%	E12	1.0　1.2　1.5　1.8　2.2　2.7　3.3　3.9　4.7　5.6　6.8　8.2
±20%	E6	1.0　1.5　2.2　3.3　4.7　6.8

3. 允许误差

允许误差是指电阻器和电位器实际阻值对于标称阻值的最大允许偏差范围。它表示产品的精度。允许误差等级如表C－3所示。线绕电位器允许误差一般小于±10%，非线绕电位器的允许误差一般小于±20%。

表C－3　允许误差等级

级别	005	01	02	Ⅰ	Ⅱ	Ⅲ
允许误差	±0.5%	±1%	±2%	±5%	±10%	±20%

4. 最高工作电压

最高工作电压是由电阻器、电位器最大电流密度、电阻体击穿及其结构等因素所规定的工作电压限度。对阻值较大的电阻器，当工作电压过高时，虽功率不超过规定值，但内部会发生电弧火花放电，导致电阻变质损坏。一般1/8 W碳膜电阻器或金属膜电阻器，最高工作电压分别不能超过150 V或200 V。

5. 常见电阻（色环电阻、贴片电阻）**阻值的识别**

常用电阻外形及符号见图C－2。

（1）色环电阻阻值的识别。四色环电阻的识别：第一、二环分别代表两位有效数的阻值；第三环代表倍率；第四环代表误差。熟记每种颜色所代表的数。可如下记忆：棕 1、红 2、橙 3、黄 4、绿 5、蓝 6、紫 7、灰 8、白 9、黑 0，具体如表 C－4 所示。

例如：棕红红金，其阻值为 $12\times10^2=1.2\ \text{k}\Omega$，误差为 ±5%。

表 C－4　色环识别表

—	银	金	黑	棕	红	橙	黄	绿	蓝	紫	灰	白	无
有效数字			0	1	2	3	4	5	6	7	8	9	
10 的 n 次方			10^0	10^1	10^2	10^3	10^4	10^5	10^6	10^7	10^8	10^9	
允许偏差/%	±10	±5		±1	±2			±0.5	±0.25	±0.1	±0.05		±20

五色环电阻的识别：第一、二、三环分别代表三位有效数的阻值；第四环代表倍率；第五环代表误差。

例如，红红黑棕金，其电阻为 $220\times10^1=2.2\ \text{k}\Omega$ 误差为 ±5%。

在实践中发现，有些色环电阻的排列顺序不甚分明，往往容易读错，在识别时，可运用如下技巧加以判断。

方法 1：先找标志误差的色环，从而排定色环顺序。最常用的表示电阻误差的颜色是金、银、棕，尤其是金环和银环，一般绝少用作电阻色环的第一环，所以在电阻上只要有金环和银环，就可以基本认定这是色环电阻的最末一环。

方法 2：棕色环是否是误差标志的判别。棕色环既常用作误差环，又常作为有效数字环，且常常在第一环和最末一环中同时出现，使人很难识别谁是第一环。在实际中，可以按照色环之间的间隔加以判别：比如，对于一个五道色环的电阻而言，一般第五环和第四环之间的间隔比第一环和第二环之间的间隔要宽一些，据此可判定色环的排列顺序。

方法 3：在仅靠色环间距还无法判定色环顺序的情况下，还可以利用电阻的阻值序列值来加以判别。比如，有一个电阻的色环读序是棕、黑、黑、黄、棕，其值为：$100\times10\ 000=1\ \text{M}\Omega$ 误差为 1%，属于正常的电阻系列值，若是反顺序读棕、黄、黑、黑、棕，其值为 $140\times1\ \Omega=140\ \Omega$，误差为 1%。显然按照后一种排序所读出的电阻值，在电阻的阻值系列中是没有的，故后一种色环顺序是不对的。

（2）贴片电阻（多为矩形）阻值的识别。贴片电阻具有体积小、重量轻、安装密度高、抗震性强、抗干扰能力强、高频特性好等优点，广泛应用于手机、电子词典等小型电子产品中。

①用 3 位数字表示电阻值。前 2 位数字为有效数值，第 3 位数字表示 0 的个数或称为 10 的 n 次方，如标注为 152，即为 1 500 Ω；标注为 101，即为 100 Ω；标注为 103，即为 10 kΩ。

若标注中带有字母 R，则表示小数点（单位是 Ω），如 1R5，即 1.5 Ω；R22，即 0.22 Ω。这类标注多用于小阻值电阻。

②用 4 位数字表示电阻值。前 3 位为有效值，第 4 位表示后面 0 的个数或称为 10 的 n 次方，如标注为 1 501，即为 1 500 Ω；标注为 1 000，即为 100 Ω；标注为 1 003，即为 100 kΩ。若标注中带有字母 R 的，其含义同上。

二、电容器的简单识别与型号命名法

（一）电容器的分类

电容器是一种储能元件。在电路中用于调谐、滤波、耦合、旁路、能量转换和延时等。电容器的种类如下：

1. 按其结构分

（1）固定电容器：电容量是固定不可调的，称为固定电容器。图C－4所示为几种固定电容器的外形和电路符号。其中图C－4（a）为电容器符号（带“＋”号的为电解电容器）；图C－4（b）为瓷介电容器；图C－4（c）为云母电容器；图C－4（d）为涤纶薄膜电容器；图C－4（e）为金属化纸介电容器；图C－4（f）为电解电容器。

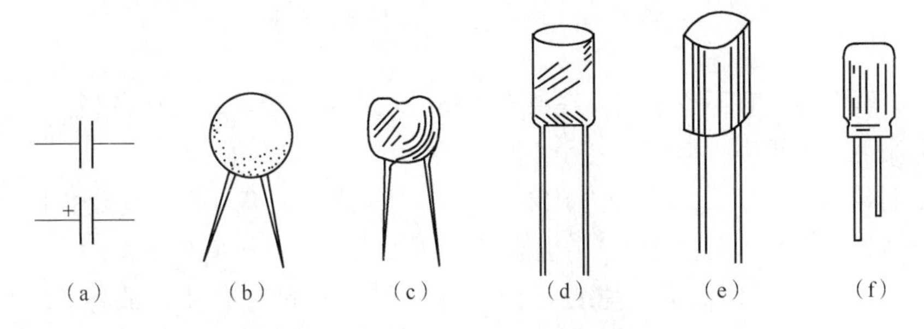

图C－4　几种固定电容器外形及符号

（2）半可调电容器（微调电容器）；电容器容量可在小范围内变化，其可变容量为几至几十皮法，最高达100 pF（以陶瓷为介质时），适用于整机调整后电容量不需要经常改变的场合。常以空气、云母或陶瓷作为介质。电路符号如图C－5所示。

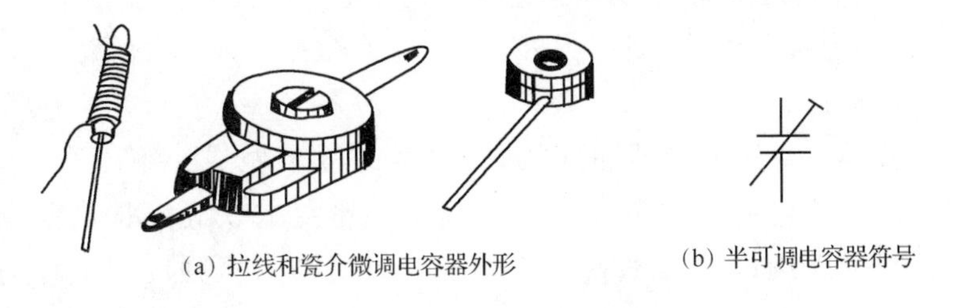

图C－5　半可调电容器外形和符号

（3）可调电容器：电容器容量可在一定范围内连续变化。常有“单联”“双联”之分，它们由若干片形状相同的金属片并接成一组定片和一组动片，其外形及符号如图C－6所示。动片可以通过转轴转动，以改变动片插入定片的面积，从而改变电容量。一般以空气作介质，也有用有机薄膜作介质的，但后者的温度系数较大。

2. 按电容器介质材料分

（1）电解电容器：以铝、钽、铌、钛等金属氧化膜作介质的电容器。应用最广的是铝电解电容器，它容量大、体积小，耐压高（但耐压越高，体积也就越大），一般在500 V以下，常用于交流旁路和滤波；缺点是容量误差大，且随频率而变动，绝缘电阻低。电解电容有正、负极之分（外壳为负端，另一接头为正端）。一般电容器外壳上都标有“+”、“-”记号，如无标记则引线长的为“+”端，引线短的为“-”端，使用时必须注意不要接反，若接反，电解作用会反向进行，氧化膜很快变薄，漏电流急剧增加，如果所加的直流电压过大，则电容器很快发热，甚至会引起爆炸。

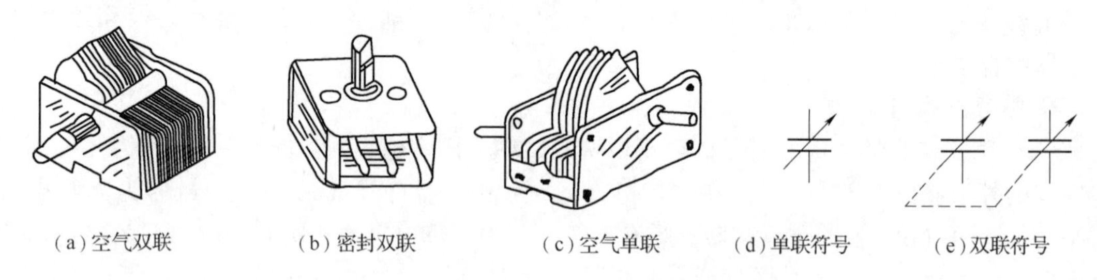

图 C-6　单、双联可调电容器符号

由于铝电解电容具有不少缺点，在要求较高的地方常用钽、铌或钛电容。它们比铝电解电容的漏电流小，体积小，但成本高。

（2）云母电容器：以云母片作介质的电容器，其特点是高频性能稳定，损耗小、漏电流小，耐压高（从几百伏到几千伏），但容量小（从几十皮法到几万皮法）。

（3）瓷介电容器：以高介电常数、低损耗的陶瓷材料为介质，故体积小、损耗小、温度系数小，可工作在超高频范围，但耐压较低（一般为 60 ~ 70 V），容量较小（一般为 1 ~ 1 000 pF）。为克服容量小的缺点，现在采用了铁电陶瓷和独石电容。它们的容量分别可达680 pF ~ 0.047 μF和 0.01 μF 到几微法，但其温度系数大、损耗大、容量误差大。

（4）玻璃釉电容：以玻璃釉作介质，它具有瓷介电容的优点，且体积比同容量的瓷介电容小。其容量范围为4.7 pF ~ 4 μF。另外，其介电常数在很宽的频率范围内保持不变，还可应用到 125 ℃高温下。

（5）纸介电容器：纸介电容器的电极用铝箔或锡箔做成，绝缘介质是浸蜡的纸，相叠后卷成圆柱体，外包防潮物质，有时外壳采用密封的铁壳以提高防潮性，大容量的电容器常在铁壳里灌满电容器油或变压器油，以提高耐压强度，被称为油浸纸介电容器。纸介电容器的优点是在一定体积内可以得到较大的电容量，且结构简单，价格低廉。但介质损耗大，稳定性不高，主要用于低频电路的旁路和隔直电容。其容量一般为 100 pF ~ 10 μF。

金属化纸介电容器用蒸发的方法使金属附着于纸上作为电极，因此体积大大缩小，其性能与纸介电容器相仿。它有一个最大特点是被高电压击穿后，有自愈作用，即电压恢复正常后仍能工作。

（6）有机薄膜电容器：用聚苯乙烯、聚四氟乙烯或涤纶等有机薄膜代替纸介质，做成的各种电容器。与纸介电容器相比，它的优点是体积小、耐压高、损耗小、绝缘电阻大、稳定性好，但温度系数大。

（二）电容器型号命名法

电容器的型号命名法如表C－5所示。

表C－5　电容器型号命名法

第一部分		第二部分		第三部分		第四部分
用字母表示主称		用字母表示材料		用字母表示特征		用字母或数字表示序号
符号	意义	符号	意义	符号	意义	
C	电容器	C	瓷介	T	铁电	包括品种、尺寸代号、温度特性、直流工作电压、标称值、允许误差、标准代号
		I	玻璃釉	W	微调	
		O	玻璃膜	J	金属化	
		Y	云母	X	小型	
		V	云母纸	S	独石	
		Z	纸介	D	低压	
		J	金属化纸	M	密封	
		B	聚苯乙烯	Y	高压	
		F	聚四氟乙烯	C	穿心式	
		L	涤纶（聚酯）			
		S	聚碳酸酯			
		Q	漆膜			
		H	纸膜复合			
		D	铝电解			
		A	钽电解			
		G	金属电解			
		N	铌电解			
		T	钛电解			
		M	压敏			
		E	其他材料电解			

示例：CJX－250－0.33－±10%电容器的命名含义。

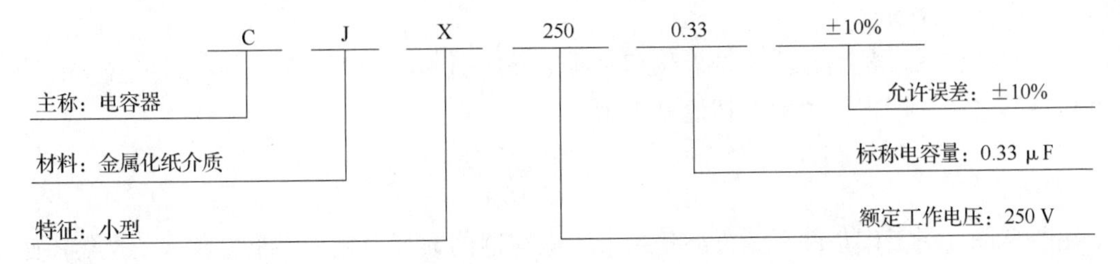

（三）电容器的主要性能指标

1. 电容量

电容量是指电容器加上电压后，储存电荷的能力。常用单位是：法（F）、微法（μF）和皮法（pF）。皮法也称微微法。三者的关系为

$$1\ \text{pF} = 10^{-6}\ \mu\text{F} = 10^{-12}\ \text{F}$$

通常，电容器上都直接写出其容量，也有的用数字来标志容量。例如，有的电容器上只标出“332”三位数值，左起两位数字给出电容量的第一、二位数字，而第三位数字则表示附加上零的个数，以 pF 为单位。因此“332”即表示该电容的电容量为3 300 pF。

2. 标称电容量

标称电容量是标志在电容器上的“名义”电容量。我国固定式电容器标称电容量系列为 F24、E12、E6。电解电容的标称容量参考系列为 1、1.5、2.2、3.3、4.7、6.8（以 μF 为单位）。

3. 允许误差

允许误差是实际电容量对于标称电容量的最大允许偏差范围。固定电容器的允许误差分 8 级，如表 C－6 所示。

表 C－6　允许误差等级

级别	005	01	02	Ⅰ	Ⅱ	Ⅲ	Ⅳ	Ⅴ	Ⅵ
允许误差	±0.5%	±1%	±2%	±5%	±10%	±20%	+20%～－30%	+50%～－20%	+100%～－10%

4. 额定工作电压

额定工作电压是电容器在规定的工作温度范围内，长期、可靠地工作所能承受的最高电压。常用固定电容器的直流工作电压系列为 6.3 V、10 V、16 V、25 V、40 V、63 V、100 V、250 V、400 V。

5. 绝缘电阻

绝缘电阻是加在其上的直流电压与通过它的漏电流的比值。绝缘电阻一般应在 5 000 MΩ以上，优质电容器可达 TΩ（10^{12} Ω 称为太欧）级。

6. 介质损耗

理想的电容器应没有能量损耗。但实际上电容器在电场的作用下，总有一部分电能转换成为热能，所损耗的能量称为电容器损耗，它包括金属极板的损耗和介质损耗两部分。小功率电容器主要是介质损耗。

所谓介质损耗，是指介质缓慢极化和介质电导所引起的损耗。通常用损耗功率和电容器的无功功率之比，即损耗角的正切值来表示

$$\tan\delta = \frac{\text{损耗功率}}{\text{无功功率}}$$

在同容量、同工作条件下，损耗角越大，电容器的损耗也越大。损耗角大的电容不适于

调频情况下工作。

三、电感器的简单识别与型号命名法

（一）电感器的分类

电感器一般由线圈构成。为了增加电感量 L，提高品质因素 Q 和减小体积，通常在线圈中加入软磁性材料的磁芯。

根据电感器的电感量是否可调，电感器分为固定、可调和微调电感器。

可调电感器的电感量可利用磁芯在线圈内移动而在较大的范围内调节。它与固定电容器配合应用于谐振电路中起调谐作用。

微调电感器可以满足整机调试的需要和补偿电感器生产中的分散性，一次调好后，一般不再变动。

除此之外，还有一些小型电感器，如色码电感器、平面电感器和集成电感器，可满足电子设备小型化的需要。

（二）电感器的主要性能指标

1. 电感量 L

电感量是指电感器通过变化电流时产生感应电动势的能力。其大小与磁导率 μ、线圈单位长度中匝数 n 以及体积 V 有关。当线圈的长度远大于直径时，电感量

$$L=\mu n^2 V$$

电感量的常用单位为 H（亨［利］）、mH（毫亨）、μH（微亨）。

2. 品质因数 Q

品质因数
$$Q=\frac{\omega L}{R}$$

反映电感器传输能量的本领。Q 值越大，传输能量的本领越大，即损耗越小，一般要求 $Q=50\sim300$。式中，ω 为工作角频率；L 为线圈电感量；R 为线圈电阻。

3. 额定电流

额定电流主要对调频电感器和大功率调谐电感器而言。通过电感器的电流超过额定值时，电感器将发热，严重时会烧坏。

四、半导体器件的简单识别与型号命名法

半导体二极管和晶体管是组成分立元件电子电路的核心器件。二极管具有单向导电性，可用于整流、检波、稳压、混频电路中。晶体管对信号具有放大作用和开关作用。它们的管壳上都印有规格和型号。其型号命名法如表 C－7 所示。

表 C-7 半导体器件型号命名法

第一部分		第二部分		第三部分		第四部分	第五部分
用字母表示器件的电极数		用字母表示器件的材料和极性		用字母表示器件的类别		用数字表示器件的序号	用字母表示规格号
符号	意义	符号	意义	符号	意义	意义	意义
2	二极管	A	N 型锗	P	普通管	反映了极限参数、直流参数和交流参数等的差别	反映了承受反向击穿电压的程度。如规格号为 A、B、C、D……其中 A 承受的反向击穿电压最低，B 次之……
		B	P 型锗	V	微波管		
		C	N 型硅	W	稳压管		
		D	P 型硅	C	参量管		
3	晶体管	A	PNP 型锗	Z	整流管		
		B	NPN 型锗	L	整流堆		
		C	PNP 型硅	S	隧道管		
		D	NPN 型硅	N	阻尼管		
		E	化合物	U	光电器件		
				K	开关管		
				X	低频小功率管 ($f_a=3$ MHz $P_c=1$ W)		
				G	高频小功率管 $f_a\geqslant 3$ MHz $P_c=1$ W		
				D	低频大功率管 $f_a=3$ MHz $P_c=1$ W		
				A	高频大功率管 $f_a\geqslant 3$ MHz $P_c=1$ W		
				T	半导体闸流管		
				Y	（可控整流器）		
				B	体效应器件		
				J	雪崩管		
				CS	阶跃恢复管		
				BT	场效应器件		
				FH	半导特殊器件		
				PIN	复合管		
				JG	PIN 管激光器件		

示例：

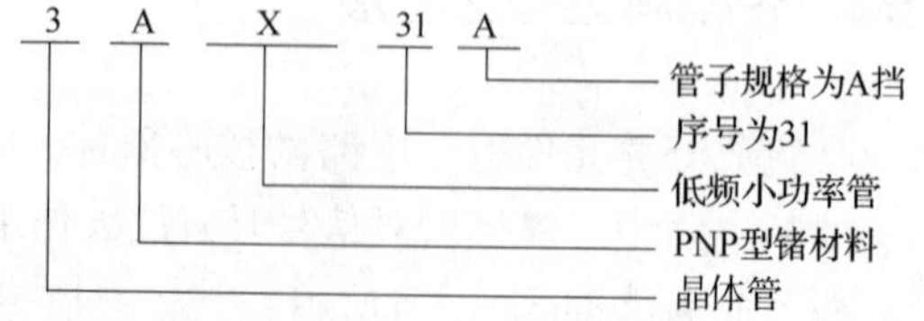

由标号可知，该管为 PNP 型低频小功率锗晶体管。

附录D 误 差 分 析

一、测量误差

在模拟电子技术实验中，使用了各种测量仪器、仪表来测量各种电信号，在测试过程中由于各种因素的影响，测试的结果一般都不等于被测量的真值，而是存在着不同程度的误差，这些误差可分为绝对误差和相对误差。

（一）绝对误差

令被测量的真值为 A_0，仪器的指示值为 X 则绝对误差 ΔX 为

$$\Delta X = X - A_0$$

上式只有理论上的意义，因为一般真值是难以掌握的，于是在实际测量中，把测量仪器通过与上一级标准仪器相比较，得出其实际值 A 来代替 A_0，但由于上一级标准仪器也有误差，因此 A 并不等于 A_0，但可以说 A 比 X 更接近 A_0。

故绝对误差也可以表示为

$$\Delta X = X - A$$

定义与 ΔX 大小相等，符号相反的值，称为修正值，一般用 C 来表示，即

$$C = -\Delta X = A - X$$

利用修正值便可以求出该仪器的实际值，即

$$A = X + C$$

（二）相对误差

为了说明测量精度的高低，经常采用相对误差的形式。常用的有以下几种：

1. 实际相对误差

实际相对误差用绝对误差 ΔX 与被测量的实际值 A 的百分比值来表示，即

$$r_A = \frac{\Delta X}{A} \times 100\%$$

2. 指示值相对误差

指示值相对误差用绝对误差 ΔX 与仪器的指示值 X 的百分比值来表示，即

$$r_X = \frac{\Delta X}{X} \times 100\%$$

3. 满刻度相对误差

满刻度相对误差用绝对误差 ΔX 与仪器的满刻度 X_m 之比来表示，即

$$r_m = \frac{\Delta X}{X_m} \times 100\%$$

电工仪表是按 r_m 之值来分级的，我国电工仪表共分为七级：0.1、0.2、0.5、1.0、1.5、2.5 及 5.0，这些分别表示各级仪表的满刻度相对误差 $r_m \leq \pm 0.1$、$r_m \leq \pm 0.2$、$r_m \leq \pm 0.5$、$r_m \leq \pm 1.0$、$r_m \leq \pm 1.5$、$r_m \leq \pm 2.5$、$r_m \leq \pm 5.0$。仪表的面板上标有级别，如果该表同时有几个量程，则所有量程均有同级的 r_m。

由于 r_m 是用绝对误差 ΔX 与一个常数 X_m 之比来表示的，故实际上标出的是绝对误差大小，如果仪表的级别 S 已定，也就是 r_m 已知，在同量程内（满刻度为 X_m），绝对误差基本上为常数即

$$\Delta X = X_m \cdot S\%$$

那么，测量指示值的相对误差为

$$r_m = \frac{\Delta X}{X} \cdot 100\% = \frac{X_m}{X} \cdot S\%$$

由上式可见，当仪表的级别 S 选定后，X 越接近 X_m 时，测量中相对误差越小，测量越准确。因此，为了减少测量中的指示值误差，在选择量程时，要使仪表的指针尽可能接近于满刻度值 X_m。一般仪表工作在大于满刻值$\frac{2}{3}$以上的区域最好。

（三）允许误差

一般测量仪器的准确度常用允许误差来表示。它是根据技术条件的要求规定某一类仪表误差不应越过的最大范围，称为极限误差。即一般仪器技术说明书所标明的误差。

允许误差的表示方法既可能是绝对误差形式，也可以是各种相对误差形式，或者是二者结合起来表示。在指示仪表中允许误差就是满刻度 r_m。

（四）测量误差的主要来源

1. 仪器误差

仪器误差是指仪器本身电气或机械性能不完善造成的误差，如精度较低、校准不好等。减少误差的办法是预先校准，确定修正值，以便在测量结果中引入适当的补偿值。

2. 操作误差

操作误差是指在使用仪器中，没有严格按操作技术规范操作所造成的误差，减少这种测量误差的办法是严格按技术规程操作，提高对各种现象的分析能力。

3. 外界误差

外界误差是由于环境（如温度、湿度及电磁场等）影响而产生的误差。为了避免外界误差，电子仪器必须在规定的额定使用范围内工作。

4. 方法误差

方法误差是由于测量方法本身带来的误差，在测量过程中，测量方法所依据的理论不够严格，对所用的方法探讨不够，采用了不适当的简化近似公式等。这类误差可凭借细致的分析研究而予以消除。

5. 人身误差

人身误差是指测量者个人所引起的误差。例如，有人读指示刻度习惯性地超过或欠少

等，为消除人身误差应改变不正确的测量方法和测量习惯。

二、元器件参数的误差

（1）晶体管β值的误差：厂家测定的晶体管β值或在晶体管图示仪上测量出来的β值都是在特定的条件下，读出的平均β值，由于器件参数的分散性，每支晶体管在不同的使用条件下其β值也不尽相同，除β以外，r_{BE}也是随偏置电流的变化而变化的。

（2）阻容元件，也都存在误差范围。实验室通常使用的电阻是质量较高的金属膜电阻，但它们的误差也约在5%。纸介质电容、涤纶电容在10%~20%，而电容的误差可高达100%。

在设计和调试电子线路的过程中，为了达到设计要求，首先，要对组成线路的各元器件进行认真的测试，选取尽可能接近所需参数的元器件，然后认真连接，在调试过程中，尽可能使用标准的仪器、仪表，按照正确的技术规程操作，并随时分析和纠正调试过程中出现的问题，这样才能较顺利地达到预定的目的。

附录 E　电平和分贝

在模拟电子技术实验中，我们常接触到“dB”，即分贝。例如，LM301 通用运算放大器的电压增益为 100 dB，共模抑制比为 120 dB 等。又如，在万用表上，真空管毫伏表上也标有“dB”刻度。分贝的定义究竟是什么呢?

分贝这个名词是从电信技术中引用来的。它是用来表示声音或电信号在传输过程中功率的增加（增益）和减少（损耗）的计算单位。它与常用的许多单位具有不同的性质，如常用长度单位“米”，当用它来测量不同物体的长度时，每 1 m 所表示的长度都是相等的。但分贝却不是这样，例如，当电路的功率都是消耗 1 dB 时，如果原来是 100 mW 功率，那么降低 1 dB 就是减少了 20 mW，如果原来的功率是 10 mW，那么就减少了 2 mW。可见 1 dB 只表示原来值的 20%，即分贝表示两功率的比值，但它不是直接表示这个比值，而是通过对数来表示，其定义为如下：

对于功率

$$分贝数 = 10\ \lg \frac{P_2}{P_1}$$

对于电压或电流

$$分贝数 = 20\ \lg \frac{U_2}{U_1}$$

或

$$分贝数 = 20\ \lg \frac{I_2}{I_1}$$

如果 P_1 表示某一电路的输入功率，P_2 为输出功率，若 $P_2 > P_1$，则表示电路使功率放大，这时分贝数为正，它表示功率增益；如果 $P_2 < P_1$，表示电路使功率损耗，这时分贝数为负，即表示功率衰减；若分贝数为 0，表示 $P_2 = P_1$，输出功率等于输入功率。对于电压和电流，上述关系同样成立。

分贝也可以用来作为功率的单位。如果将指定的功率作为比较标准，就可以用分贝数来表示功率的大小，这个指定的功率称为零“电平”或参照“电平”。

当用一标准数值功率作为参照电平时，所测得的或所算得的电平就称为绝对电平。通常用 1 mW 作为标准参照电平，因而

$$绝对电平 = 10\ \lg \frac{P}{1\ \text{mW}}\ \text{dB}$$

如 $P = 1$ W，则

$$绝对电平 = 10\ \lg \frac{1}{10^{-3}} = 30\ \text{dB}$$

标准参照电平也有其他数值，有的用6 mW作零电平，应用时必须注意到这一点。

在有些测量仪器上，标有“毫瓦，600 Ω”字样，即表示在600 Ω电阻上消耗1 mW的功率作为零电平。600 Ω电阻上消耗1 mW功率即表示通过此电阻的电流为1.29 mA，电阻两端的电压为0.775 V。因此，若用电流作0 dB时，必须是1.29 mA才是0电平，若用电压作0 dB时，必须是0.775 V才是0电平。

简单地说，“电平”是表示电量（功率、电压或电流）相对大小的量，其单位用分贝（dB）来表示。

附录 F　软件中的图形符号与国家标准图形符号对照表

序号	软件中的图形符号	国家标准图形符号
1		
2		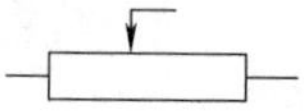
3	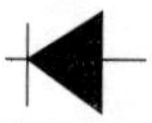	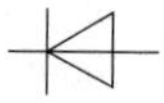
4	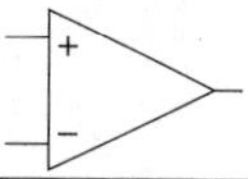	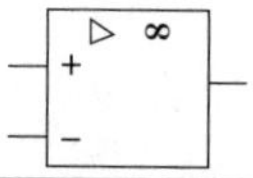
5		
6	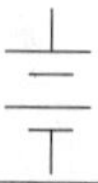	
7		
8		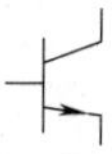
9	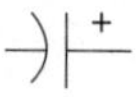	
10	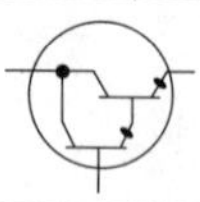	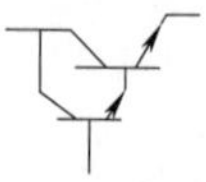
11	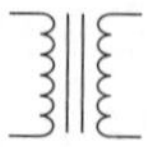	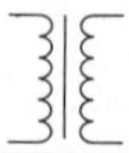
12	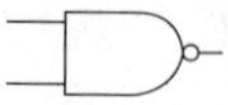	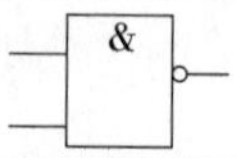
13	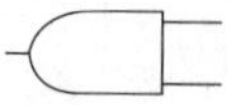	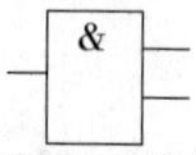